后经济危机时代，成功学大师助你再登人生巅峰！

THE DALE CARNEGIE
CLASSICS OF SUCCESS

[美] 戴尔·卡耐基 著
詹衡宇 译

70年畅销经典
新图解版

卡耐基成功经典

畅销全球2亿册

世界成功学第一书

北方联合出版传媒（集团）股份有限公司
万卷出版公司
VOLUMES PUBLISHING COMPANY

图书在版编目(CIP)数据

卡耐基成功经典／（美）卡耐基（Carnegie,D.）著；詹衡宇译.—沈阳：万卷出版公司，2010.3
（家庭阅读：无障碍版）
ISBN 978-7-5470-0734-1

Ⅰ.①卡… Ⅱ.①卡…②詹… Ⅲ.①成功心理学—通俗读物 Ⅳ.①B848.4-49

中国版本图书馆 CIP 数据核字(2010)第 032780 号

设计制作／智品書業

家庭阅读无障碍版

卡耐基成功经典

出版者	万卷出版公司
地址	沈阳市和平区十一纬路 29 号
邮编	110003
联系电话	024-23284090
电子信箱	vpc_tougao@163.com
印刷	北京振兴华印刷有限公司
经销	各地新华书店发行
成书尺寸	150mm × 220mm　1/16
印张	26
字数	300 千字
版次	2010 年 5 月第 1 版　2010 年 5 月第 1 次印刷
责任编辑	邢和明
书号	ISBN 978-7-5470-0734-1
定价	20.00 元

前言

卡耐基先生著作等身。他在自己的实践基础上撰写而成的著作，成为20世纪最畅销的成功励志经典丛书。卡耐基代表作主要有：《语言的突破》(1931)、《人性的光辉》(1932)、《美好的人生》(1936)、《人性的弱点》(1936)、《伟大的人物》(1943)、《人性的优点》(1948)、《快乐的人生》(1948)、《友谊的秘密》、《沟通的艺术》、《卡耐基人际关系学》等等。这些书出版之后，立即风靡全球，先后被译成几十种文字，被誉为“人类出版史上的奇迹。”这些书和卡耐基的成人教育实践相辅相成，将卡耐基对人性的理解传播到世界各地，影响了千千万万人的思想和心态，激发了他们生命的激情与斗志，令他们勇敢地正视与克服现实中的困难，追求自己丰富多采的人生。

卡耐基的书中并没有高深的理论，没有抽象的概念，没有复杂的符号，没有艰深的定义……但他从日常生活故事中提炼出的人生哲理，在帮助人们学习如何为人处世，如何获得别人的尊重，如何获得勇气和信心，以及克服人性的弱点、发挥人性的优点，从而获得事业的成功和人生的快乐方面，比同时代的其他人的作品都更有用、更伟大。卡耐基去世时，一家著名的报纸评论道：“千百万人受到他的影响，他的这些哲理如同文明一样古老，如“十诫”一般简明，然而它对于人们在这个狂热的年代里获得快乐和成功极有帮助。”

本套丛书主要收录了卡耐基最畅销的几部著作：《人性的弱点》、《人性的优点》、《快乐的人生》、《美好的人生》、《语言的突破》、《经商之道》的精华部分。时至今日，这些书籍仍被很多想要获得成功的人奉为圭臬。

第一章：人性的弱点

本章主要取材于《人性的弱点》一书，此书在世界各地至少已被翻译成五十八种文字，全球总销售量已达九千余万册，拥有四亿读者。除了《圣经》和《论语》以外，还没有哪本书有过这样的影响。

在这一章中，卡耐基以人性的各种弱点为基础，提出的一套人际关系学理论，使得整日挣扎在人际交往的漩涡中的人豁然开朗。不管你是雄心万丈的青年企业家、推销员，还是普通的家庭主妇、学生、热恋中的情侣，《人性的弱点》是一本让你惊喜，使你思想更成熟，举止更稳重的好书。

第二章：美好的人生

本章主要节选自《美好的人生》一书。起初，《美好的人生》是《人性的弱点和美好的人生》一书的一部分，后者最早于1936年出版，可以说，此书是卡耐基的成名之作，后来再版时将该书单独出版。作为《人性的弱点》的姊妹篇，《美好的人生》以简明的道理加上生动活泼的事例，从多种角度总结归纳了为人处世、接人待物以及家庭生活的原则和方法，内容涉及同事、朋友、领导和家庭成员之间的关系，是一本不可多得的处理复杂人际关系的成功手册。

第三章：人性的优点

本章节选自卡耐基的名作《人性的优点》。《人性的优点》是卡耐基一生中最重要、最生动的人生经验的汇集，也是一本记录人如何摆脱心理问题而最终走向成功的实例汇集。本书一经出版，便在全球畅销不衰，改变了千百万人的生活和命运，被誉为“克服焦虑获得成功的必读书”、“世界励志圣经”。这本充满智慧和力量的书能让你了解自己，深入地探求自己的内心，相信自己，充分开发蕴藏在自己身体里而尚未利用的财富，发挥出人性的优点，去开拓成功幸福的生活之路。

第四章：快乐的人生

本章取材于《快乐的人生》。这本书是卡耐基最具影响力的书籍之一——《人性的优点》的续篇。两书的不同之处在于，《人性的优点》主要告诉人们克服忧虑的一些基本原则，《快乐的人生》则更多地是指导人们采用什么样的方法和策略才能获得快乐。

在这本书中，卡耐基阐明了这样一个观点：消除错误的思想和行为，在心灵中注入激情和快乐，比割除身上的肿瘤和脓疮还要重要。该书的前三个章节，阐述了要想得到快乐就必须“培养快乐的心理”、“不为别人的批评而不快乐”、“支配你的工作和金钱”；第四个章节，卡耐基讲述了几十位名人如何得到快乐的经历。总之，这是一本引导人们踏上快乐之旅的书。

第五章：语言的突破

本章主要选自《语言的突破》一书。《语言的突破》中囊括了卡耐基口才艺术的精华部分，它把社交和口才作为基点，把语言与人性创造性地结合在一起进行思考，旨在传授人们如何运用口才在社会交际中能够立于不败之地。如果您能够深刻领悟《语言的突破》中的理论与实践精髓，发挥你的语言特长，展示你的演讲魅力，你的人生会更加丰富多彩。《语言的突破》中介绍了一些当众演讲的基本法则，讲演、讲演者及听众，成功演讲的技巧，演讲时的沟通艺术等。书中用通俗易懂的理论、结合经典的成功案例，详细地介绍了如何克服恐惧、如何建立自信、如何提高演讲口才方面的若干方法和技巧。提高你与人面对面的沟通与说服技巧，帮助你有效地增强社交中的语言能力。

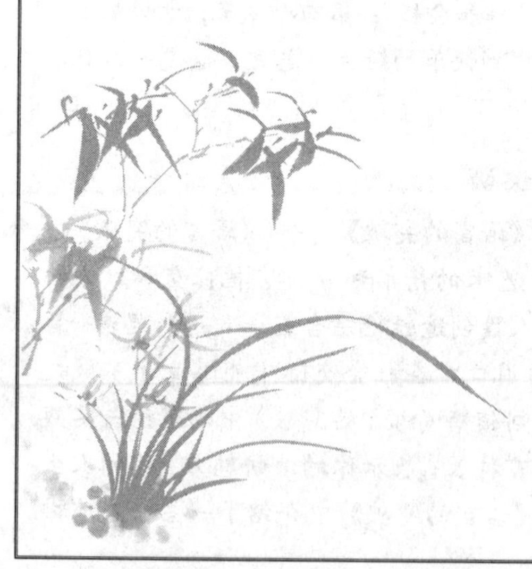

目录 contents

人性的弱点

第一章 待人的基本技巧

第二章 三种使别人喜欢你的方法

美好的人生

第一章 使人同意你的六种方法

第二章 巧妙说服别人的六种方法

第三章 使你的家庭和睦的四种方法

人性的优点

第一章 如何解决忧虑

第二章 如何分析忧虑

第三章 改变忧虑的习惯

快乐的人生

第一章 打造快乐心态

第二章 不要因别人的批评而气恼

第三章 怎样安排你的工作和金钱

第四章 获得快乐的秘诀

语言的突破

第一章 高效谈话的基本要则

第二章 演讲、演讲者、听众

第三章 演讲的目的和即席演讲

第四章 挑战高效能的谈话

【人性的弱点】

第一章　待人的基本技巧

第1节　如欲采蜜，勿蹴蜂房

1931年5月7日，一桩骇人听闻的围捕在纽约发生！素有“双枪”之称的克劳雷是个烟酒不沾的罪犯，他此刻被围陷在位于西末街的他的情人的公寓里。

150名警察把克劳雷团团围在公寓顶层的藏身处。警察在屋顶凿出一个洞口，然后施放催泪毒气，试图把克劳雷熏出来主动投降。同时，警察在附近四周的建筑物上架设了机枪，瞄准凶手。一个多小时后，原本清静的西末街住宅区，响着阵阵惊心刺耳的枪声。克劳雷手持短枪，躲在堆满杂物的椅子后面，连连向警方人员射击。数万的市民，激动而兴奋地观看着如电影一样的真实场面。

克劳雷还是没能逃脱警察的围捕。他被捕后，警察队长马罗南认为暴徒克劳雷是纽约治安史上最危险的一个罪犯，并且肯定地说道：“他杀人不眨眼，像切葱一样，肯定要被判处死刑！”

然而，“双枪”克劳雷是怎样看待自己的呢？在警察围住他藏身的公寓，克劳雷在伤口不断流血的时候，写了一封公开信，信纸上滴满血迹！信的内容中有这样一句话：“被我黑色衣服紧紧包裹的，是我的疲惫的心——一颗不愿给任何人带去伤害的仁慈的心。”

克劳雷被捕前不久，他驾驶着自己的汽车在长岛的公路上跟自己的女伴调情。一个警察突然走到他汽车旁，说：“请出示你的驾驶执照。”

谁知克劳雷理也没理，就掏出手枪朝警察连开数枪，警察当场死亡。看警察倒在地上，克劳雷从车里跳出来，拾起警察的手枪，又朝尸体射了一枪。这就是克劳雷自己说的“被我黑色衣服紧紧包裹的，是我的疲惫的心——一颗不愿给任何人带去伤害的仁慈的心”！

法庭宣判克劳雷死刑。当他走进受刑室坐电椅时，或许他会想：这是我作恶多端的下场！不，他想的是：我要保护我自己，才不得已这样做的。“双枪”克劳雷在临死时，也没有对自己有一丝的责备。

如果我们认为这是罪犯常见的态度，那就让我们再来看下面这些话：

美国第一号公敌卡邦是横行芝加哥最凶恶的匪首，他却说：“我一生中最美好的岁月都献给了人们，是为了他们过上幸福愉快舒心的好日子，而我得到的只是屈辱，遭人追捕。”这个最凶恶的罪犯始终认为自己是一个对人们有益的人，而不应该是被人们误会的人。

休士在纽约中弹倒下时，也说过这样的话。他曾在接受新闻记者访谈时说：“我是一个对社会有益的人。”实际上，他是纽约凶残的令人发指的罪犯。

星星监狱负责人华赖·劳斯在与我的通信中有趣地说：“在星星监狱里，罪犯很少承认自己是坏人，他们就跟你、我、他一样，有着自己的见解和解释。他们会告诉你撬开保险箱的理由，或者为什么要持枪杀人，甚至他们维护自己反社会现实的行为，坚持认为把他们囚禁起来的做法是错误的。”

卡邦、“双枪”克劳雷、休士以及在监狱中的暴徒，他们从不把责任归咎在自己身上，那我们所接触的人又是怎样的呢？

已经故去的华纳梅格这样承认：“我在30年前就明白，责备人是一件愚蠢的事情，我不抱怨上帝没有赋予每个人同样的智力，但是我

对克制自己的缺陷感到十分困难。”

华纳梅格较早地意识到这点，但是我盲目地在这个世界上行走了30多年，到今天才豁然顿悟……任何一桩事情，无论我们错到何种程度，我们几乎不会批评自己。

批评是无用的，不仅使人们增加了防御，而且还竭力地为自己辩护。同时批评也是危险的，它会无情地伤害一个人的自尊，并激起他的反抗。

德国军队里有条不成文的规定：如果发生某一件事，禁止立即申诉和批评，如果违反规定，就会遭受处罚。所以他们只能满怀怨气地去睡觉，而往往一觉醒来怨气也消失了。日常生活中，这样的规定似乎也有必要——我们身边有整日嘀咕埋怨的父母、唠叨不休的爱人、情绪无常的上司等等，以及周围许多吹毛求疵、令人反感的人。

在浩瀚的历史河流中，我们可以找到很多无视“批评”的事例。西奥多·罗斯福和塔夫特在那次著名的争论中说道：“……争论使共和党分裂了，使威尔逊进入白宫，并使他在世界大战中写下勇敢光荣的一笔，改变了历史的发展方向。”

让我们飞快地去回想当时的经过：

1908年，西奥多·罗斯福离开白宫，并促使塔夫特成为他的继任，自己去非洲度假——狩猎狮子。等他回来，看到塔夫特的守旧作风，很是震怒。他除了公然批评塔夫特，还想再次竞选总统，于是他代表“进步党”参选总统。这对共和党是致命的打击。果然，在选举时，塔夫特和共和党仅仅获得佛蒙特州

和犹他州两个州的赞助，共和党遭受一次最大的失败。

到底是谁错了？这并不需要我们去关心。不过需要指出的是，面对罗斯福的批评，塔夫特并没有觉得自己不对，他只是眼含泪水竭力为自己辩护，反复地说："我该怎样去做，才能与我所做的不同？"

或许我们早忘了铁泡脱·顿姆煤油舞弊案件，这件事曾使舆论愤怒了多年，惊动了全美国。因为所有关于美国公务员的事情中，没有发生过像这样的事情。

这桩舞弊案的事实经过是这样的：当时哈丁总统任上的内政部长哈尔信托·福尔委派主事在爱尔克山与铁泡脱商谈油田保留地出租事宜。那块油田，本来是政府预备为以后海军用油的基地。福尔当时并没有公开招标，而是把这份丰厚的合约私自给了他的朋友图海尼。图海尼知恩图报，他把称为"债款"的十万美金送给了这位福尔部长。

接着，福尔用自己手中的权力，采用高压手段命令海军进驻基地，赶走其他竞争者，因为附近的油井也吮吸着爱尔克山的财富。那些在枪杆威逼下被赶走的竞争者，心里不甘心，联合在法庭上揭发了铁泡脱一亿美金舞弊案。事情发生后，其恶劣的影响几乎毁灭了哈丁总统整个行政工作的开展，全国上下一片哗然，共和党几乎下台，福尔最终被判入狱。

在政治生涯中，福尔被指责得遍体鳞伤，几乎没有人像他这样被指责过。那么福尔后悔了么？不，从来没有！几年后一次的公开演讲中，胡佛暗示哈丁总统的死亡，是因为心理的忧虑和神经的刺激，因为一个朋友出卖了他。当时福尔的妻子在场，她听后失声痛哭，两手紧握着，大声说："什么！是福尔出卖了哈丁？不，我丈夫从来没有亏欠过任何人。即使眼前堆满黄金，我丈夫也不会被诱惑做下坏事的。是别人辜负了他，他才被钉上十字架的。"

从这些可以看出，我们每个人都是如此，人类的天性就是自己做错事只会责备别人，绝不会责备自己。因此当我们想去批评别人的时候，就先让自己想想卡邦、克劳雷和福尔他们这些人吧。

批评好像饲养的鸽子，它们早晚会飞回家的。我们需要彼此理解，我们想要去谴责和批评的人，他们同样会为自己辩护，甚至会谴责我们。就同温和的塔夫特，也会这样说：我该怎样去做，才能与我已做的不同。

1865年4月15日，一个星期六的清晨，林肯躺在他遭到狙击的福特戏院对面的简陋的公寓卧室中。一张短而下沉的床上躺着林肯瘦长的身体。靠床的墙壁上方，挂着一副朋汉的复制画《马群展览会》，煤气灯散发着幽暗的亮光。

林肯安静地躺在床上，即将离世。当时的陆军部长斯坦顿哀伤地说："躺在那里的，是世界上最完美的总统。"

林肯待人非常成功，他的秘诀是什么？我花费了十年的时间去研究他的一生，又用三年的时间，写了一本关于他的书，书的名字是《我们不熟知的林肯的另一面》。

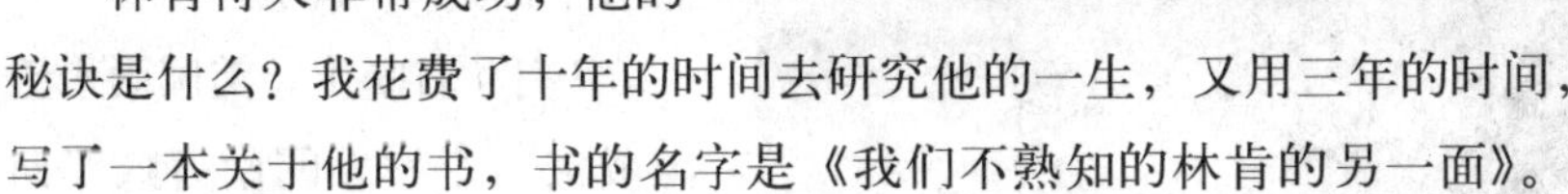

我详尽地去研究了林肯的人格和他的家庭生活，我相信我的研究是任何人所能做到的极限。我仍不满足，我对林肯的待人方法做了专门的研究。林肯也放任地批评过人么？回答是肯定的。在印第安纳州的鸽溪谷，当他年轻的时候，甚至写信作诗去讥笑过人，把写好的信扔在别人一定会捡到的街路上，其中的一封信，引起那人对他终身的厌恶。在伊利诺伊州春田镇的时候，他挂牌做了律师，曾在报纸上发表文稿，公开攻击他的敌人。但是，他只做了一次这样的事。

1842年秋天，林肯在春田的报纸上发表了一封匿名信，讥笑一个名叫西尔滋的自大好斗的爱尔兰政客，使全镇的人哄然而笑。西尔滋性格敏感自傲，这件事令他非常恼火，当他查出这封信是林肯所写，立即跳上马要与林肯决斗。

林肯反对决斗，也不愿意打架，但是为了面子也不能逃避。对手西尔滋让他选用武器，因为林肯手臂长，曾经与一个西点军官学校的毕业生实习过刀战，就选用了马队用的大刀。决斗日期到来，他和西尔滋在密西西比河的河滩上，一决生死。就在决斗要开始的关键时刻，被两方面的人劝开，制止了这场决斗。

那次经历对林肯来说影响是十分巨大的。那件事使林肯在待人的艺术上得到一个特别宝贵的教训。此后，他再没有写过凌辱他人的信，再没有讥笑过任何人。也自那时起，他再没有为任何事批评过别人。

美国内战期间，林肯连续委派新将领统率波托麦克军队，但均遭到沉痛的惨败……林肯一个人在房间里踱步，心情失望而沉重。当时美国人民都纷纷指责这些不能胜任的将领，可是林肯仍坚持着平和的态度。他最喜欢的一句格言就是“不要议论人，免得为人议论”。

林肯的妻子和身边的人刻薄地议论南方人的时候，林肯总是劝告着：“不要批评他们，在同样的情况下，我们也会与他们一样。”

事实上，如果说有机会有权力批评他人的话，那就是林肯。让我

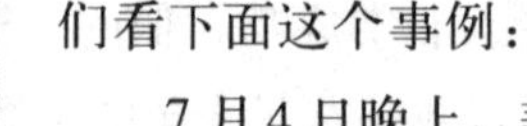
们看下面这个事例：

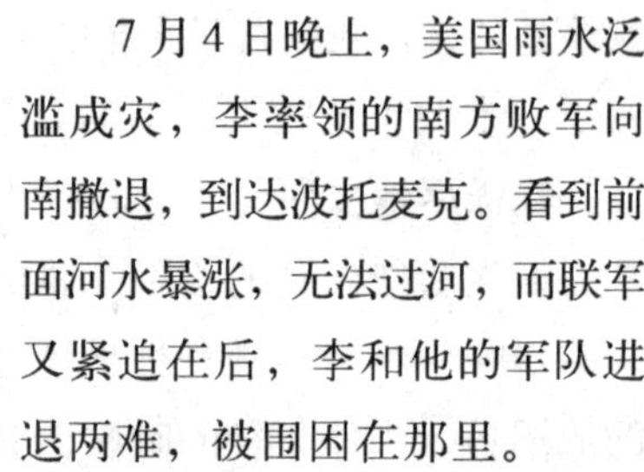
7月4日晚上，美国雨水泛滥成灾，李率领的南方败军向南撤退，到达波托麦克。看到前面河水暴涨，无法过河，而联军又紧追在后，李和他的军队进退两难，被围困在那里。

林肯知道这是天赐的机会，他抱着胜利的希望想立即结束这场战争。林肯先向指挥作战的密特将军发出电报，命令他不必召开军事会议，立即袭击李和他率领的军队，然后秘密

派出特使去见密特。

可是密特将军并没有按照林肯的命令执行，他采取的行动恰恰与林肯的命令相反。密特先召开了军事会议，犹豫不决地延误着战机，同时用各种借口复电，实际上是抵抗着袭击李军的命令。等河水退去，李和他的军队顺利逃离了波托麦克。

林肯得知消息后，非常震怒，“这是何用意？”林肯对他的儿子大声说道：“上帝，这是何意……李军手到擒来，就在我们的手心里……上帝，那个时候，任何人都能够带兵打败李军，如果我亲自去，早就亲手把他捉住了。”

林肯感到非常的沉痛和失望，给密特写了封信。林肯在他的短暂的一生中，非常保守，用词遣句非常小心，但是这封信，应该是他在1863年里最严厉的指责了。信的内容是如下：

> 亲爱的将军：
>
> 我相信你想象不到，由于李的逃脱，所造成的不幸和事态的严重性。如果我们顺利将李抓获，再加上我们其他地方的胜利，这场战争就可以立即结束。但是根据目前的情形推断，战事也许会继续延长下去。上次你就没有按照命令去袭击李，还怎能再次发起袭击……我想你不会再有成功了，因为你已经白白丧失了黄金一样的胜利的机会。对于这件事，我感到非常沉痛……

假如让你猜想，密特看到这封信后，他会如何呢？

可是林肯并没有把他写的信寄出去，密特也从没有看到那封信。林肯去世后，那封信从他的文件中被发现。

我是这样想的——仅仅是我的猜想。林肯写完信，望着窗外，思考着……

> 或许我不能这样去指责他，换个角度考虑，我在安全的白宫里指挥，下命令给他，非常简单。可是假如我在战场，看到战场上的流血的尸体，耳朵里塞满伤员的呼叫和呻吟，也许我也像密特一样不急于进攻李和他的军队……如果我的个性也像密特一样懦弱，我也许会跟他做的没有分别。

事已至此，无法挽回。如果我把信寄出去，固然我心里是解脱了，但是密特会默认自己的失误么？他也许会替自己解释，也会谴责我，引起他对我的反感，而且影响他以后作为将领的威信，甚至会逼他辞去职务。

也许正如我的想像，林肯没有把信寄出去，搁在一边。因为他知道，多年前痛苦的经验告诉他，尖锐的批评和斥责，永远不会收到自己想要的结果。

罗斯福总统曾说，在他任总统的时候，每当遇到棘手的问题，他总会把座椅向后一靠，仰首去看写字台上方那幅林肯的大画像，然后问自己：“如果林肯面对跟我一样的困难，他将会怎么想？怎么去解决问题呢？”

在以后的生活或工作中，如果我们想要去批评别人的时候，就让我们也从口袋里掏出一张 5 美元的钞票，去看看林肯的像，然后问自己：“如果林肯遇到这样的事，他会如何对待呢？”

我们总希望自己认识的人先改变、先调整，也许这样很好，可是我们为什么不能从自身先开始改变呢？从自私的角度去想，首先改变自己比改变他人要受益得多。

鲍宁这样说过：“当一个人争论是自己引起的，他在某些方面就不是平凡的。”

年轻时，鲍宁希望人们知道他，他曾给美国文坛上一位名声很大的作家戴维斯写过一封信。那时他写些与文坛作家有关的文章，准备投稿给一家杂志社，因此他写信给戴维斯，希望戴维斯会告诉他一些写作的方法。

过了几个星期后，他接到戴维斯的回信，在信的附注里，有这样一句：“信系口述，未经修改。”看到附注，他觉得写信的这个人肯定是事务非常繁忙，而他却十分清闲，但是由于他非常渴望引起这位大作家的注意，鲍宁写了回信后也加上了“信系口述，未经修改”的字样。

戴维斯自然不屑于回信给他，鲍宁的信被原封退回，但是在信的背面潦草写着：“你的态度过于恶劣。”

是的，鲍宁承认自己做错了，他应该得到那样的斥责。可是，人性使然，这件事使他一直对戴维斯怀着深深的愤恨。直到十年过后，戴维斯不幸去世，鲍宁心里仍恨意未消。他不愿意承认，当时的戴维斯曾在心灵上给了他难以忘记的伤痕。

如果我们非要引起别人的愤恨，使人在心上记恨你数十年，甚至更长时间，那么我们就可以随便地对别人提出激烈的批评。

当我们与一个人相处时，我们应该牢记，我们不是理智的动物，而是感情的动物。

并且批评是一根危险的导火线——一根促使自尊的火药库爆炸的导火线。这种爆炸也会置人于死地。真实的事例就在我们眼前，胡特将军受到人们的指责，并且不被同意带兵去法国，这种打击，几乎葬送了他的生命。

英国文坛上最优秀的小说家——哈代，面对苛刻的批评，敏感的他也曾差点就永远放弃了执笔写小说的勇气。

年轻时候的富兰克林并不聪明，但是他后来却成为颇有手段、待人处事极有技巧的人，甚至还担任过美国驻法大使。他的成功的秘诀就是："我不说任何人的错。"随后他又接着说："我说每一个人的好！"

一个愚蠢的人，总会批评斥责他人。只有愚蠢的人才总会这样那样不断地去抱怨别人。

如果我们渴望宽恕和彼此了解，必须在个人人格和克己上下工夫。

"要表现一个伟人的伟大之处，只要看他怎样对待一个卑微的人就可以了。"卡莱尔曾这样说。这句话与强森博士所说的含义是相同的：

“上帝在末日来临前，并不打算审判人。”

试问，你我为什么要去批评别人呢？

处世规则

待人的第一个基本技巧：不要批评、责怪或抱怨。

第2节 教你如何与人相处

世界上只有一个方法，可以使任何人去做任何一件事，你有没有静下心来想过呢？真的只有一个这样的方法，使人心甘情愿地去做那一件事。

记住，没有其他任何方法——

当然，你可以用手枪指着某人的胸脯，那个人会老实地把他的手表献给你；你也可以用恐吓解雇的方法，要求一个雇用的人与你合作；你也可以用皮鞭让一个儿童做你想要他做的事情。可是这些都是愚蠢的，都是极端的错误的方法。

能够让人去做任何事情的唯一方法，就是给予他们所需要的。

你需要什么？

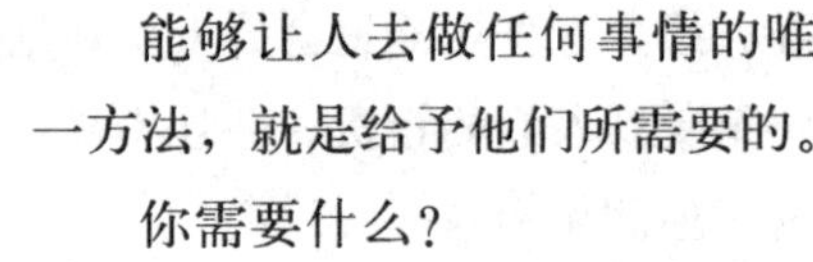

20世纪最有名望的维也纳心理学家——弗洛伊德曾经这样说过：“我们做的事情，都起源于两种动机：一个是性的冲动，另一个是成为名人的欲望。”

美国著名的哲学家杜威教授，与弗洛伊德的见解有所不同，他说，人类本性里最深的冲动，是“成为重要人物的欲望”。“成为重要人物的欲望”是本书中最重要

的一句话，在后面的章节中你会看到很多关于这句话的注解。

你需要什么？也许不是很多，可是你真正所需要的东西，你会坚持不懈地去追求。我们每个正常的成人都会想要——

健康的身体和生命的安全

充足的食物

睡眠

金钱和金钱所能购买的东西

生活的保障

性生活的满足

子女的健康成长

自尊感

以上这些欲望即使都能满足，可是还有一种欲望，同睡眠、食物一样深深地难以满足，那就是弗洛伊德所言“成为名人的欲望”，也是杜威所说的“渴望成为重要的人物的欲望”。

林肯在一封信的开头写道：每个人都喜欢被人恭维。威利·贾姆士也说过：人类的本质深处，就是渴求被人重视。他并没有用“希望”、“欲望”或者“渴望”这些词，而是用“渴求”来说明人希冀被重视的程度。

这是人类一种痛苦的、亟待解决的“饥饿”，如果能够真诚地满足具有这种饥饿的心灵的人，那么就能将他控制在手心。

寻找自尊是人类和动物之间一项重要的差别。我小时候是密苏里的农家儿童。当时我父亲饲养着一头品种优良的猪和一匹白脸牛。由于我们的猪和牛品种优良，在牲口展览会上，我们曾经多次获得过第一名。

当有亲朋好友到我家时，我父亲就把别在白布上的各种蓝缎带奖章取出来，我握着一端，父亲握着另一端，让他们来观赏中头奖的奖章。

猪、牛根本没有在乎过它们赢得的奖章，父亲却视若珍宝，为什么？因为这些奖品给了他一种“自豪”的感觉。

设想一下，如果我们的祖先没有这种“自豪”感，没有这种强

烈的冲动感，也许就没有我们现在的文化，我们仍然与动物一样。

这种自重感的欲望激发了一个在杂货店工作的贫困的店员，他没有受过高等教育，但是这种欲望促使他翻遍堆满杂货的大木桶，痛下决心去研究他所买的基本法律书籍。这个店员的名字叫林肯。

也是这种自重感，驱使着狄更斯写出不朽的著作。使华伦完成了他著名的设计。同样地，是这种自豪的欲望，让洛克菲勒挣了一辈子花不完的钱，使他成为世界巨富。

如果没有这种欲望，你就不会穿上最时髦的衣服，驾驶最前卫的轿车，你就不会开心地与别人聊起自己的孩子。

但是，这种欲望也使许多青少年成为匪徒。担任过纽约市警察局长的玛罗尼曾说："现在年轻的罪犯，心里充满对名利的盲目追求。他们遭到逮捕后的唯一想法，就是想要看把他们写成'英雄'的小报。他们只要看到自己的照片登在报纸上，就感觉自己成了爱因斯坦或罗斯福一样的英雄。但是他们从来不去想，等待他们的将是受刑室坐电椅的现实。"

如何得到自己的自重感，是了解一个人最重要的标志。洛克菲勒在中国北京捐助建造了最先进的医院，救济了无数他从来没有见过、也永远不会见面的贫民，他从这些事情中得到满足。相反地，狄林是土匪，他杀人抢银行，也是在满足自己的自重感。当警察抓捕他时，他冲进一家农户，大声喊："我是狄林，我不会杀害你，相信我，我是狄林……"他以他是全国头号公敌为荣。

这就是狄林和洛克菲勒最大的区别，区别的根本就是获得自己自重感的途径和方式。

古往今来，有很多名人为了自重感闹出有趣的事来。华盛顿喜欢人们称他为至高无上的美国总统；哥伦布强烈要求皇帝赐给他"海洋统帅"、"印度总督"的名誉；女皇凯瑟琳不愿意拆开封面没有尊称她"女皇陛下"的信笺；林肯的夫人曾像雌老虎一样对格兰特怒吼：我没有说"请"，你怎么就敢出现在我面前！

有些百万富翁，在资助探险者去南极时，常附加一个条件，发现的冰山要以他们的名字命名。有个叫夫古的富翁，甚至渴望把巴黎也换成他的名字。

为了引起别人的同情和注意，也有不少人故意装病。比如麦金利夫人，强迫着她当总统的丈夫，丢下国家重要公务，去依偎在她的床边抱拥着她，哄劝着她安然入睡。在丈夫陪伴的几个小时里，她借着丈夫的安慰得到她想要的自重感。

麦金利夫人医牙的时候，坚持要求麦金利陪同她一起，以此满足自己医牙痛楚时希望被心疼的欲望。一次，麦金利有公务缠身，只好让她自己呆在牙医处，她气得大发雷霆。

有一次，林哈特夫人告诉我，一个年轻能干的女人，想要得到自重感，而假装成一个病人。林哈特夫人说："总有一天，这个女人只好面对这样一个事实，年龄越来越大，但没有人愿意娶她，她面临的就是漫长的孤独的晚年，能够得到的快乐和幸福，少得可怜。"

林哈特夫人继续说道："她整整躺在床上十年，她的年老的母亲每天捧着碗筷，上下三楼去精心伺候她。等她的母亲因过度疲劳而不幸去世后，躺在床上的这个女人，悲伤了几个星期后，不得不穿衣起床，自己的病没有治疗就好了。"

一些专家公布：人也许真的会发疯，发疯可以让自己在疯狂的想象中，得到在冷酷的现实世界里找不到的自重感。在美国医院里，精神病患者比其他患者的总和还要多。如果你住在纽约州，年满 15 岁以上，那么你就有二十分之一的机会患上精神病，在你短短的一生中住了 7 年时间的精神病院。

精神错乱是什么原因造成的？

目前还没有人能回答这样抽象的问题，但是我们知道有一些疾病，比如性病，就会对脑细胞造成伤害，最后导致疯癫。事实上，多半以上的精神病，都是归根于这些生理上的原因造成。

比如脑部遭受损伤，中毒、喝酒以及其他原因造成的伤害。

但是也有某些精神病患者，他们的脑细胞结构完全跟我们一样健全，没有任何病态。但是他们却是疯狂的人，这些人才真的令人恐慌。

为什么会有精神错乱的人？

最近，我曾向一个精神病院的主治医师提出这样的问题。这位医师知识渊博，是精神病理方面的专家，获得过最高的精神病学荣誉。他说，说实在话，我也不知道人们为什么会精神失常。随后他这样解释说，许多精神错乱的人，在他的意识里，能够得到在现实世界里无法获得的自重感。这个医师向我讲述了一个真实的故事：

“现在我有个病人，婚姻对她来说是出悲剧，爱情、孩子和社会上的声望都是她需要的。但是在现实生活中，她认为是没有任何希望得到的。丈夫一点不爱她，拒绝与她一起吃饭，自己在楼上的房间里吃，还要求她在一边伺候。他们婚后没有孩子，也没有社会地位，到最后她终于神经错乱。现在的她整天沉浸在自己的幻想里：跟她的丈夫已经离婚了，并且相信自己已嫁给了英国皇家贵族，坚持让别人称呼她斯密斯夫人。在她的幻想中，一直盼望的那个孩子也有了。我每次去看她，她总会说：‘医生，我在昨天夜里生了一个孩子。’”

这故事听起来是不是很悲惨？那位医师继续说：“假如我能够治愈她的疾病，恢复她的清醒，我也不愿意去做，现在的她才真正地获得了她所希望的快乐。”

精神失常的人，总体来说，好像比我们要快乐。许多人以疯癫为快乐，精神病患者为什么不能这样？他们已经解决了面临的苦恼。在他们所想的梦境里，他们可以随意地签一张百万支票给你，也可以恩赐似的为你写封介绍信，允许你去拜见名人。他们找到了他们一直渴望的那种自重感。

如果有人迫切饥渴地希望获得自重感，以至于成了精神失常的病人。设想一下，如果在他没有疯癫之前，我们就真诚地赞扬他，会产生什么样的奇迹呢？会有什么样的成就？

据调查，世界上年薪百万的人只有两个：一个是克莱斯勒，一个是司华伯。

我们一定想问，凭什么司华伯就能一天挣3000多美元呢？为什么？

难道是因为司华伯是优秀的天才，安德鲁·卡内基才付给他年薪百万？答案是否定的。那么是因为司华伯在钢铁的制造方面有特殊的专长？答案也是否定的。

司华伯这样告诉我说："许多在他手下工作的人，对钢铁制造方面的知识远比他懂得多。但他是因为有特殊待人的能力才拥有这样高的薪金。"我好奇地问他是如何做的，这本书就是他亲口所说的……这些言语应该刻在永不褪色的铜牌上，全国每个家庭、学校、商店、办公室都应该悬挂这面铜牌。如果在我们还是孩子的时候，就背诵这些话，并且按照这些话去做，也许我们今天的生活方式跟过去会完全的不同。

"我认为，我具有的最大的资源，就是能够激发人们的热诚。我用赞赏和鼓励去充分发挥每一个人的才能。"司华伯这样告诉我。

他还说："上司的批评最容易摧毁一个人的志向。在工作中，我只给人们激励，从来不批评任何人。我急于称赞别人，而不是找错。我喜欢的话就是：'诚于嘉许，宽于称道。'"

这就是司华伯日常所行所做，跟普通人正好相反。一般人讨厌一件事，就会尽量地挑剔错误，相反，真喜欢一件事，却什么话也不会说。

司华伯又这样说："我一生交友广泛，在与世界各地的名人交往中，深知无论如何伟大、社会地位如何崇高，他还是逃不脱这个道理，就是只有在被赞许的情况下而非被批评的情况下，才能够成就他伟大的事业。”

他说的很对，这也就是安德鲁·卡内基成就惊人事业的最明显的理由。安德鲁·卡内基经常公开地称赞他的同事，而非私下地。

在安德鲁·卡内基的墓碑上，他甚至仍然称赞着他的朋友。他自己为自己写下这样的碑文：“这里埋葬的，是一个知道怎样与比他聪明的人融洽相处的人。”

洛克菲勒待人的成功秘诀之一就是真诚的称赞。有这样一件事：培德福是他的一个伙伴，在南美做一桩买卖时，因方法失当，导致公司亏损了一百万美元。洛克菲勒知道后，对他没有一句批评或指责。

他知道这件事已经结束，培德福尽了他最大的努力。洛克菲勒于是找了其他值得称赞的事情，恭喜他保全了公司投资金额的百分之六十没有流失，他这样说：“你做的已经很了不起，并不是每一件事都会称心如意的。”

闪耀在百老汇的拥有惊人成就的歌舞剧家齐格飞，他因有着捧红女艺人的技巧而名声在外。很不出色的、人们不愿意多看一眼的女子，被他屡次改变成在舞台上散发神秘诱人气质的尤物。

齐格飞非常实际，他从每周30美元到175美元，逐渐增加歌女的薪金。同时他也非常注重义气，每次福利斯歌舞剧开场的夜晚，他都赠予每个表演的歌女一朵漂亮的玫瑰花，同时还给剧中的明星发去贺电。

有一次，我曾经有六个日夜没有吃东西，着迷于“流行”的绝食。到第六天时，情形没有想象的那么糟，好像还没有第二天那样感到饥饿。但是我们都知道，如果有人使他的家人、雇员六天内没有吃东西，那就是犯罪。可是他们常常是在六天、六周甚至六十年内，不给身边的人或是雇员所期盼的得到像食物一样的赞美。

爱尔法利特·仑脱当年在《维也纳的重合》剧中担任主角的时候，曾这样说：“我最需要的，是我自尊的滋养。”

孩子、朋友和员工们，我们照顾了他们身体所需要的营养，可是他们自尊上所需要的营养，我们给的却十分稀少。我们一味地给他们牛排、马铃薯等食物，养着他们的体力，却忽略了那些温和的言语和衷心的赞赏。

有些朋友看到上面这段话，可能会不满地说："又是老一套，我都已尝试过那些了，恭维、奉承、拍马屁，一点也没用……这对那些受过教育的知识分子一点用也没有。"

拍马屁那一套，当然是骗不了明白人的，那是肤浅、自私、虚伪的，也应该是失败的，而且注定是要失败的。可是，对于赞赏、出于内心的赞赏，某些人是非常需要的。

举例来说：狄文尼兄弟俩曾屡次结婚，在婚姻方面，他们为什么会有这样成功呢？狄文尼兄弟，这两位所谓的"公子哥儿"，为什么能与美丽的两位电影明星和一位拥有数百万家产的哈顿，还有一位著名的歌剧主角结婚？他们是怎么做的？是什么原因呢？

《自由》杂志上，圣约翰曾这样说："狄文尼对女人有什么魅力？这是人们许多年来，心里感到迷惑的谜……"

他还说："妮格雷是一位艺术家，这女人也能识别男人，一次她解释给我说：'狄文尼兄弟懂得恭维、赞美的艺术，他们是我见到的所有人中最成功的。'在这真实幽默的时代中，恭维的艺术几乎是快要被人遗忘的东西。对女人的魅力，狄文尼的吸引力也许就在这上面。"

谄媚和赞赏的区别很容易被识别出来，区别在于：赞赏出于真诚，谄媚出于虚伪。一个是心底由衷而发，一个是表面嘴上而言，赞赏不

是自私的，谄媚是自私的。一个是人们钦佩的，一个是人们不耻而抛弃的。

“吉伯尔铁匹克宫”位于墨西哥城，我最近去看到了奥伯利根将军的半身人像。半身像的下面刻着奥伯利根将军的名言：“别怕攻击你的敌人，提防谄媚你的朋友。”

不！不！我不是叫人去谄媚、恭维，那相差远了，我是在讲一种生活的方法，一种新的方法。

英皇乔治五世共有六条格言，这套格言悬挂在他白金汉宫书房的墙上。其中有一句就是：“不要奉承并拒绝卑贱的赞美。”“谄媚”就是“卑贱的赞美”的解释了。我以前看到一句很值得写在这里的关于谄媚的话，这句话是：“明白地告诉别人他想到他自己的种种就是谄媚。”

利夫华尔特·爱默生说：“你想要说的，无论用任何的言语，总是脱离不开自己的种种。”

如果我们所要做的，就是去恭维、谄媚别人，对任何人来说都非常容易学会，那任何人都能成为“人类关系学”专家了。

在我们不去思考某个明确的问题的时候，我们常用百分之九十五的时间去思考自己。如果现在我们停止一刻不去想自己，而开始去想想他人的优点，我们就不会言语卑贱，甚至虚伪，话还未说出口的时候，就已经发觉是违心的谄媚了。

爱默生还有一句话：“我所遇到的每一个人，有的地方都会胜过我，他那些好的地方我就要去学习。”

爱默生的见解非常正确，也非常值得我们重视。立即停止思考我

们自己的成就和需要，让我们去发觉别人的优点，给予他人由衷地、诚恳地赞赏，忘掉对他人的恭维和谄媚。人们将会重视和珍惜你所讲的话，并终生藏之回味……他将牢牢记着你曾说的话，即使你已把这件事忘了很久……

处世规则

待人的基本技巧：表达你真实、由衷的赞赏。

第3节　如何让自己左右逢源

从我自己的角度来说，我喜欢吃杨梅和奶油，所以每一年的夏天，我都要去缅因州钓鱼。去的次数多了，我发现因为某些特殊的理由，小虫是水里的鱼爱吃的。因此我去钓鱼的时候，我总去想它们所需要的，而不想我所要的。我不会用杨梅或奶油作鱼饵，而且把一条小虫或是一只蚱蜢放在钓鱼钩扣上，放在水中，引诱着鱼儿说："你是不是要吃这个？"

为什么你不用同样的方法，去"钓"一个人呢？

有人向路依特·乔琪提问：别的战时领袖们怎么都在战后退休，他还身居权位？他是这样回答的：假如他官居高位是归功于一件事，那么是由于他钓鱼时放对了鱼饵。

我们只关心自己想要的，这显然是非常孩子气的。你当然在意你的需要，永远在意。但要知道其他的人都像你一样，他们关心的也只有他们自己，对别人却漠不关心。

谈论他所要的，并且告诉他如何才能得到它，这是世界上唯一能影响对方的方法。

你明天要别人替你做些什么时，一定要记住那句话！拿一个比方来说：你的孩子吸烟，如果你不愿意，你可以告诉他吸烟会使他参加不了棒球队，或是不能在百米跑步竞赛中获得胜利，而不需要去教训他。

这是你值得去注意的一件事，不论你是应付儿童，或是一头小牛、一只猿猴。

一次，爱默生和他的儿子，同样犯了一般人身上的错误，他们想让一头小牛进入牛棚，但是没有想到那头小牛，只想到自己所需要的。爱默生的儿子拉，他在后面推。而那头小牛也只想它自己所想要的，挺起它的腿，坚持拒绝离开那块草地。

他家的爱尔兰女佣人站在旁边，看到这情形，上前把她的拇指放进小牛的嘴里，小牛吮吸她的拇指，乖乖地温和地跟着她进了牛棚。爱尔兰女佣虽然不会写书作文章，但她懂得牛马牲口的感受和习性，至少这次她了解这头小牛需要的是什么。

自你出生来到世界上这一天起，你的每一种行为，所有的出发点都是为了你自己，都是因为你需要些什么。

如果你捐助一百美元给红十字会的时候，是因为自己需要吗？那也不会是例外，那是因为你要做一件神圣的事，因为你要做一件善举……当然也许你的捐助，是因为一位主顾，请你捐款之故，你是由于不好意思拒绝，所以才捐出的。无论怎样，有一件事是肯定的，你捐款是因为你需要些什么的缘故。

哈雷·欧弗斯屈脱教授在他的《影响人类行为》这本书中说："行为是由我们的基本欲望产生出来的……无论是在商业、家庭、学校或政治中，对那些以后想要说服的人，最好的建议是要先激起对方某种迫切的需要，如果做不到这点，就会到处碰壁，做到这一点，就可以左右逢源。"

早年的安德鲁·卡内基是个贫困的苏格兰儿童，当时他工作每小时只有两分钱的酬劳，但是后来他把三亿六千五百万美元捐献给了别人。他很早就已知道了唯一影响人的方法，就是从对方的需要去想。他虽然只受过四年的学校教育，但是学会了如何应付人。

安德鲁·卡内基身上发生过一桩启发人的事：他嫂嫂有两个孩子，都在耶鲁大学念书。大概由于他们自己的事情很多，疏忽了给家里写信这回事，忘记了家里在挂念的母亲。嫂嫂因为思念他们而忧急成病。

安德鲁·卡内基知道事情的原委后，给他的两个侄儿寄了封闲谈的信。在信后他附上一句，说是寄上5美元钞票给他们每人一张。

但是，他并没有把钱装在信封里面。

回信很快来了，两个侄儿在信中首先感谢了叔父，而他们也带上一句话：没有收到钱。

你如果明天要劝说某人去做某件事，在你尚未开口之前不妨先问自己："我如何才能使他去做这件事？"

这个问题可以使我们避免，在匆匆忙忙的情况下去见人，最后造成与他人毫无结果的谈论。

纽约一家饭店里的大舞厅，我每一季需要二十个晚上，在那里举行一项演讲研究会。

一次有一季开始之初，那家饭店突然通知我，要我支付三倍于以前的租金。可是接到这项消息时，我已经公布了通告，印发了全部的入场券。

我自然不情愿付出增加的租金，可是，我和饭店说我所要的什么用也没有。他们所需要的才是他们所注意的。等过了两天，我才去见那家大饭店的经理。

我对那位经理说："我心里感到有点惶恐，在接到你的信的时候，……如果我们站在对方的角度去想，我想我也会写出这样类似的信，所以我不会怪你。如何使这家饭店盈利，是你当经理的职责。如果你不这样做，也许你的这个职务就会被撤去，而且也可能被解雇。如果你是坚持要加租的话，现在让我们拿纸笔来，你写上有关的利和害……"

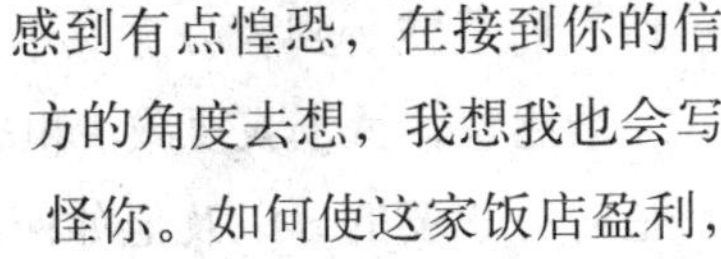

我取出一张纸，

找到纸上的中心点，划上一条线，上面写上“利”，下面写上“害”字。

在“利”的那一面，我写上“舞厅空着”几个字，然后向经理说：“舞厅空着做诸类聚会之用，你也可以自由地出租舞厅，这是一项很大的收入。类似这种情况，你的收入显然要比租给一个以演讲集会为用的收入要多。在这一季中，如果我占用了舞厅的二十个晚上，这些有更多盈利的收入你一定会失去了。”

我紧接着说：“我们现在来谈谈另一方面……因为你的要求我无法接受，你的收入也减少了。对我而言，由于我不能支付你所需要的租金，我只有不得已在别处举行演讲。但是，我相信你该想到还有一项事实，我的这个演讲研究会，吸引上层社会知识分子到你这家饭店来，对你来言，也是做了一次非常成功的广告。我想即使你肯付出5000美元的广告费，事实上也不会有我研究会演讲班里的那么多人到你这家饭店，这是不是对你来说是很有价值的呢？”

在我说话的时候，我同时把这两种情形写在纸上面，然后把那张纸交给了经理看，又说：“希望你仔细考虑一下这两种情形，当你作最后决定时，请通知我一声。”

次日，那家饭店就给我发了一封信，告诉我租金不是加到百分之三百，而是减少到百分之五十。

请注意，关于我要减少租金的任何词语我都没有说出，我所说的都是对方想要的，以及他如何做才能得到它。

如果我与一般人的做法一样，贸然闯进这位饭店经理的办公室与他理论。我可以这样说：“我的通知已经公布了，入场券也已经印好，你是什么意思，在关键时候却突然增加我三倍的租金？太可笑了……不近情理，我坚决不付！”

在这种情形下，事情会如何呢？争论、辩论不可避免地就要升级、沸腾了！即使这位饭店经理认同我所指的情形，相信自己是错误的，结果又能如何呢？由于他的自尊，他会感到承认自己的错误是很困难的。

这里就如何在人与人之间建立关系的艺术，有一个很好的建议。亨利·福特曾这样说过：“了解对方的立场，并从他的观点去设想，好像自己的观点一样，这就是一个成功的秘诀。”

让我把福特的话，再重说一遍：“了解对方的立场，并从他的观点去设想，好像自己的观点一样，这就是一个成功的秘诀。”道理是这样的简单和明显，每个人都容易找出其中的原理来。可是，世界上百分之九十的人在百分之九十的时候，都把这件事遗忘了。

让我举出一些例子来说明吧。在你每天早上的餐桌上，你可以看到有很多的写信的人，违背了这种常识的规则。下面这封信是写给全国各无线电台负责人的信，一家全国各地都有分公司、极具规模的广告公司里的一位无线电部主任写来的。（在下面的括号中，我注明的是对每一句话的见解或反应。）

亲爱的白莱克先生：

本公司希望保持在无线电界里广告业务的领袖地位。

（我正为着自己的各种问题烦恼呢！谁关心你公司的希望？害虫正在损害我种的花草……银行要取消我房产抵押的赎权……中午差点误了八点一刻的火车……昨天市场交易混乱……昨晚强斯家没有请我参加舞会……医生说我有高血压、神经炎的毛病……）

全国广告的账户，是本公司初步营业网的保障，我们已保持以后所需要的电台时间每年都在各家公司之上。

（你自大、有钱，什么都遥遥领先，对不对？那又怎么样？全国汽车公司、全国电气公司、美国陆军总部，即使你像他们联合起来那么大，也不关我什么事。你如何“大”，我才不关心，如果你自己也只是一知半解，你就该知道我只关心我是如何“大”。）

我们希望用无线电台的最近消息，服务我们的客户。

（“你”希望！“你”希望！我不在乎是“你”所希望的，或是墨索里尼所希望的，或是平克劳斯贝所希望的，你这头蠢驴。我直接告诉你，我只在乎“我”自己所希望的……你这封情理不通的信，从没有提到这样的字。）

只要你将本公司列入优先名单，凡对于广告公司在消息登记时有用的每一项细目，本公司会每周供给电台消息。

（“优先名单”，你要我将你列入优先名单，你需要我的时候连“请”字也不说，还一个劲替你公司自吹自擂，让我觉得自己那么微小……）

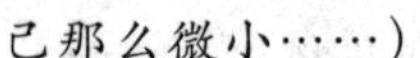

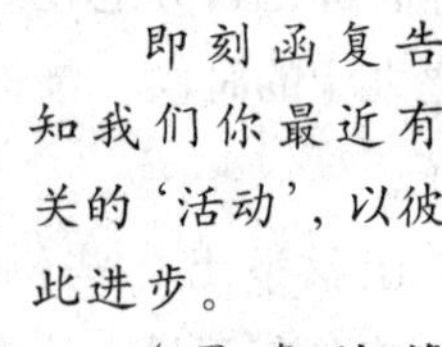

即刻函复告知我们你最近有关的‘活动’，以彼此进步。

（愚蠢的笨蛋，你只寄了我一封分发各地的通知信，还是普通的油印信——就如秋天的落叶一样多。要我正在抵押房产、高血压的时候，坐下来回复你那封油印的信，而且还要我“即刻函复”给你。“即刻”的意思难道你不知道？我也跟你一样的忙。我问你，谁给你的“权力”，让你来吩咐我的？你说“彼此进步”，到最后你才开始提到我的立场，可是究竟如何对我有益，你却没有详细说明，模糊不清。）

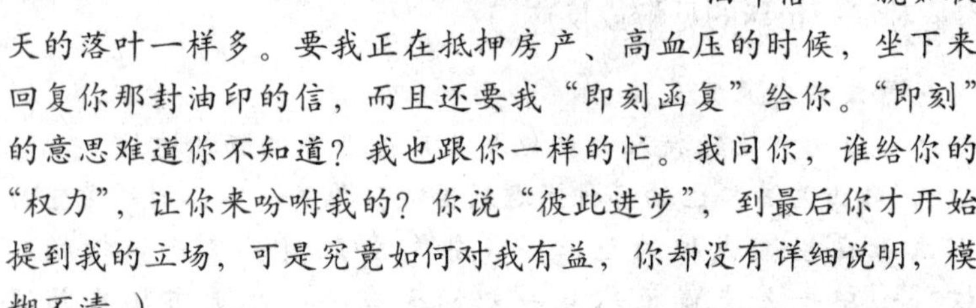

再者，信后附上《白莱克维尔报》复印本，假如你愿意在电台广播的话，可供参考。

（这一则附启中，你说可以帮助我解决一项问题的事，为什么不用这些，作为你这封信的开头？即使这样，也根本没有什么用。任何广告公司的人，脑神经一定都不正常，都会犯像你的这封信中那种愚蠢的毛病。）

有个一生致力于广告事业，自以为有影响他人的力量的人，假如换作他写出那样的一封信来，我们怎样给他更高的评价呢？

现在有一位颇有规模的货运站总监写的另外一封信，那是给我研究会讲习班里夫姆雷先生这个学员的。这封信会有什么影响呢？对一个收到信的人来讲。等看完这封信，我再告诉你。

致爱德华·夫姆雷执事先生：

由于大部分交运货物的客户都在傍晚时分把货送到，造成敝处外运收货工作受到极大困扰。这样不仅会引起货运停滞，延迟我们员工的工作时间，还影响了卡车运送效率，而导致了交货缓慢的不良结果。

11月10日这天，贵公司交运我们的货物5101件，在下午4点20分送达。

我们希望获得贵公司充分的合作，以减少因货物迟交所发生的不良影响。交运大批货物时，以后是否可以上午送来一部分，或者尽量提早时间送来我们这里？

该项措施将十分有益于贵公司业务，你们的载货卡车可以迅速返回，同时敝处保证，你们货物收到后立即发出。

总监某某谨启

首雷格公司推销主任夫姆雷先生看完这封信后，注上下面的见解，交给我看："这封信产生与对方的原意相反的效果。信的开端说出对方货运站的困难，一般来讲我们不会注意这些的，接着对方要求我的合作，可是他们丝毫没有想过这是否对我们有所不便。末尾一段说，假如我们合作，可以保证我们的货物在收到之日立即发出，并且卡车也能迅速返回。换句话说，在最后才提到我们最注意的事，使整个效果没有体现合作的精神，却起了相反的作用。"

让我们想想这封信是否能加以改善而重写，就像亨利·福特曾经说过的让我们"了解对方的立场，并从他的观点去设想，好像自己的观点一样，这就是一个成功的秘诀"。我们不去浪费时间谈我们的问题，看是不是能改善过来呢？这是一种修改的方法，也许不是最好。

亲爱的夫姆雷先生：

14年来，贵公司始终是我们欢迎的好主顾。当然，对你们的照顾，我们表示由衷的感激，并且非常愿意为你们提供更迅速有效的服务。可是，我们感到十分抱歉的需要谈到一件事，像11月10日那种情形，当贵公司的卡车在傍晚时候才交下大批货物，这种服务就不可能了！

那是什么原因呢？在傍晚时候，因为很多其他的客户也交货，就会自然发生停滞的现象。贵公司的运货卡车有时也难免受阻在码头，而导致延误了你们的货运。

如何避免这种非常不好的情形呢？贵公司在上午闲时，如果可以的话，请把货物交送到码头。这办法可使你们交运的货物，我们可以立即处理，贵公司的运货卡车，可以迅速地继续流动；而敝处的员工可以每晚提早回家，品尝贵公司出品的鲜美食品。

这封信的目的，并非敝处向贵公司建议改善业务方针，是使敝处对贵公司有更有效的服务。看过这封信后，请勿介意。

贵公司的货物无论何时到达，我们仍愿竭力迅速地为你们服务。

你处理业务的时间很紧。望不必费神赐复！

某某谨启

今天在路上徘徊着成千的推销员，他们疲倦、沮丧、酬劳不足！是什么原因造成的？因为他们永远只打算、着想他们自己所需要的，而没有注意到，我们所需要的东西是不是他们所推销的。

我们会自己出去买我们需要的东西，因为是我们所注意的，是如何解决自己的问题。如果一个推销员的服务和他推销的货物，能够切实帮助我们解决问题，我们不需要他喋喋不休的推销，就会买他的东西。顾客不是由于听了推销才买东西的，他是觉得喜欢自己主动买的。

但有很多人，在销售工作上耗费了一生的光阴，从不站在买主的立场去想事情。

有这样一个例子。有一天，在我去车站的时候，恰巧遇到一个经营房地产的代理人，他很多年前在长岛一带从事买卖房地产工作。那时我住在纽约市中心住宅区“林邱”。因为他对“林邱”住宅区十分熟悉，我便问他我住的是用什么材料建造的房子。他回答说他不知道，但是却说了一些我原本就知道的。对于我问他的那些问题，他说我可以去问住宅区的询问机构。

第二天早晨，我收到他的一封信。难道他是要把我想知道的事告诉我？那花60秒钟时间，给我挂个电话就行了，不需要写信的。但他没有这样做，还是要我去那个询问机构去问，最后却是要我办理他的保险业务。

他只是在注意帮助他自己，根本没有注意到如何帮助我。

我该给他《去赐予》和《幸运的分享》这两本梵许·杨写的著名的小册子。他如果看了那两本书，相信他会有所收获，假如他又能履行书中的哲学，肯定有办理我保险的利益的千倍收入。

犯有这种同样错误的，往往也有那些专业的人们。数年前，我去费城一家著名的喉鼻医生的诊疗室。这位医生首先问我职业是什么，在他还没有诊看我喉间扁桃腺前。他注意的是我钱袋的大小，而不去注意我扁桃腺的大小。他所关心的，是能从我钱袋里得到多少钱，而不是帮助我、替我解决一个问题。我轻视他人格的欠缺，结果我放弃请他诊治的想法，就走出他的诊疗室，他什么也没有得到。

世界上充满了掳取、自私的人们。那些不自私的、服务他人的人不可多得，却相反地获得了很大的利益。欧文·杨曾经说过这样的话：“一个人能设身处地地为他人着想，了解他人心中的活动，他将来的前途如何不必考虑。”

看这本书，如果你能明白一件事——你会站在对方的观点上去观察事物的趋向，永远站在别人的立场去打算、设想。如果你真明白了这本书上的那些事，这就是你一生事业关键的转折点。

许多受过大学教育的人，钻研深奥的学问，可是，自己的心是如何起作用的，他们从未觉察到。一次，在一家冷气装置公司，我为一些刚大学毕业参加工作的年轻职员，举行“有效力的演讲术”的课程。我找出一些资料，举了个例子：要劝别人打篮球，有个人的话是这样说的：“我喜欢篮球，我要你们去打篮球。前几次去体育馆，都是由于人数不够，不能分队对垒。我们两三人玩掷球活动……那晚我的眼睛不小心给打紫了，不过我希望明天晚上你们来，我要打篮球。”

他没有说，你需要些什么？你是不是去那谁也不要去的体育馆？不管他要什么，你只希望别把眼睛打紫了。

去体育馆能得到你所要的，他能告诉你吗？完全可以，就是激发精神、清晰头脑、增强食欲、游戏、消遣。

欧弗斯屈脱教授明确的见解是这样的：“如果能做到先激起对方某种迫切的需要，就可左右逢源，否则四处碰壁。”

研究会训练班的一位学生，他因为孩子的体重很轻，不肯乖乖地吃东西，感到十分忧虑。通常孩子的父母这样责骂孩子：要他吃这些、那些！要他快快茁壮长大成人！

孩子会在意父母的这些话吗？当然不会注意，就像跟你漠不相关的盛宴你根本不会注意一样。

一个一点常识没有的父亲，希望3岁的孩子能对一个30岁父亲的见解有所理解。最后那个父亲明白过来，这是不合情理的。因此他告诉自己说：“孩子需要的是什么？我需要什么？我如何将我的需要和他的需要连结起来？”

开始想到这点后，他的问题解

决得就很顺利。他的孩子喜欢踩着一辆三轮脚踏车，在屋前人行道上玩。有个住在间隔他们几家的邻居家的大孩子，他常常“很坏”地把他的孩子推下三轮车，自己骑上。

那小孩跑回来，哭着告诉自己母亲，他母亲出来把那“很坏”的大孩子推下三轮车，再让自己孩子坐上车子。每天都发生类似这样的情形。

这小孩所需要的是什么？对这问题作深奥的探索是不需要的。他性格中最强烈的情绪——包括他的愤怒、他的自尊、他求得自重感的欲望，这都驱使他想报复、痛击那“很坏”的大孩子的鼻子！

他父亲这样地告诉他，如果他吃母亲要他吃的东西，就能快快长大，将来就可以把那个“很坏”的大孩子一拳打倒。这孩子现在什么都喜欢吃了，菠菜、白菜、咸鱼和其他食物。他盼望自己快快长大，去打那个一再欺侮他的暴徒。当他父亲应许他那件事后，饮食已不再是问题了！

这个问题解决后，又有了困扰。这位父亲的另外一个问题……这小男孩有遗尿的坏毛病。

祖母跟小男孩睡一起，早晨祖母醒来摸摸床单，对小男孩说：“强尼，你看昨夜你又干了些什么？”

“不，没有，我没有尿床，那是你湿的，”强尼总是这样回答。

他母亲无数次地告诉他别那样，家里的父母亲也打他、骂他、羞辱他，可是强尼这个坏习惯没有改变。“怎样让强尼这孩子改了遗尿湿床的坏毛病？”强尼的父母亲自问。

强尼希望要的是什么？第一，他要一张属于他自己的床——对这件事祖母也不反对；第二，他不愿意穿像祖母那样的睡袍，要穿像父亲一样的睡衣。祖母已受够了他每晚的扰乱，使她每夜不能舒服地入睡，所以如果强尼改掉他的坏毛病，替他买套睡衣她也乐意。

母亲领着强尼去一家百货商店，用眼神示意柜台女售货员：这位小绅士要买些东西！

女售货员会意，令他感到自重地问：“你要买些什么，年轻人？”

强尼踮起脚跟，站得高些，说："我要为我自己买张床。"

当强尼看到他要买的床时，他母亲又使了个眼色给女售货员，女售货员就给强尼介绍那张床的可爱和实用。于是床就买了下来。

买到床的当晚，父亲回家的时候，强尼跑到门口大声地叫着说："快上楼来看，爸爸，爸爸，我自己买的床！"

看到那张床，父亲想到司华伯所说过的话，就对这小男孩点头赞许。

他问儿子："强尼，你是不是不会再弄湿这张床了？"

强尼连连摇头说："哦，不，不，我不会再弄湿这张床的。"因为他的自尊心，他的床也是他自己买的，强尼再也不遗尿弄湿床了，这孩子遵守了自己的诺言。现在强尼穿上睡衣，就像个"小大人"一样，他想做个"大人"，他做到了。

另外有个叫特许门的父亲，也是我训练班里的学员，他的职业是电话工程师。他三岁的女儿不肯吃早餐是他所面临的困扰。即使天天对这小女孩责骂、请求或是哄骗，也无法达到效果。

这小女孩觉得自己似乎已长大了，总是喜欢模仿她的母亲。有一天早晨，他们把她放在一张椅子上，让她做早饭——这小女孩心里想的正是眼前的情形。父亲走进厨房时，她正在做早餐，看到父亲进来，小女孩就说："嗨，爸爸，你看——我在做早饭呢！"

那天早晨，小女孩在没有任何人的哄骗、诱劝的情形下，乖乖地吃了两大碗。这是由于她自己对这件事感到兴趣，她的自重感满足了。她找到表现自己的机会，在做早餐的时候。

威立姆·温德曾经说过："人性最主要的需要就是表现自己。"可是，这种同样的心理学为什么不用在我们事业上呢？

处事规则

待人的第三个基本技巧：引起他人的渴望。

小　结

待人的三个基本技巧：

一、不要批评、责怪或抱怨。

二、表达你真实、由衷的赞赏。

三、引起他人的渴望。

附录：如何从本书获得最大效益

（一）如果你要从这本书里得到最大的益处，有一个必须具备的条件。你必须有这种基本的条件。不然，你再如何研究，也不会有多少用处。如果有这种天赋的才智，你可以不用去看那些从书中受益最多的建议，就能获得奇迹。

这种奇妙的条件是什么？那是一种深切、向上的学习欲望，一个增加你应对他人能力的强烈决心。

你如何触发这样一个冲动呢？经常提醒你自己，让自己知道这些原则对你是何等的重要。替你自己作这样的想象——如果将这些原则运用自如，将使你接触到多彩多姿的环境；在经济酬劳上，又如何能有更多的帮助。你要一次又一次地跟自己说："我所以受人欢迎，我所获得的快乐和我酬劳收入的增加，那是由于我知道了应对他人的技巧。"

（二）把每一章迅速地阅读过，得到一个概念。你或许想接着就看下一章，可是，我希望你别这样。除非你仅仅是为了消磨时间而阅览的——如果你是为了增加你在人与人之间的关系中的技巧而阅读，那么你就把这一章详细研读，这才是省时间和最有效果的办法。

（三）当你阅读的时候，不妨稍微停一下，思索你读到的是些什么？你这样问自己——在何时何地，你如何运用书中的每一项建议。

（四）阅读这本书时，手里拿一只红墨水钢笔或是红色圆珠笔——遇到一项你认为能用的建议时，就在这列字旁边划出一条线。如果看到一项极好的建议，那么就在那些句子旁边，划出一列“XXXXX”的符号。如果在这本书上，有着像这样的划线和符号后，不但使你有更多的趣味，也可迅速有效地温习，同时使你收受到更大的益处。

（五）我认识一个人，他在一家极具规模的保险公司，担任经理职务已有15年的历史。他每月浏览公司所发出的保险单，每月、每年都浏览同样的保险单。他这么做是为了什么？因为经验告诉了他，那是使他记忆保险单上的条款的唯一办法。

有一次，我几乎花费了两年的时间，写一部演讲术的书稿。我发觉我必须反复重读，才能把书稿内容很清楚地记下来。

所以，你如果要从这本书里获得真实持久的益处，不能草率地看过一遍就认为够了。你把这本书详细阅读过后，每月应该抽出若干时间加以温习，同时要放在你书桌上，不时地翻看。别忘记，只有恒久地、深切地温习，才能使这些原则的运用成为习惯。

（六）萧伯纳曾这样说过：“如果你教一个人某件事，他永远不去学了。”萧氏所讲是对的，学习是一种自动的过程。

所以，你如果要把这本书中所研究的原则加以运用自如，那就应在遇到有这样的机会时，运用这些原则。如果你不这样做，很快就会把书上所看的内容忘记干净——原因是切身运用过的学识，才会深深地留在脑海。

你或许会感觉到，随时随地找出这些原则加以实施，是桩困难的事。是的，我也有这样的感觉，因为我写这本书的时候，要实施我所建议的主张，尚觉困难。

我可以找出这样一个例子。当人们使你不愉快时，批评、斥责要比了解对方的观点容易得多。也就是说，找出别人的错处，要比找出对方值得称颂的事容易多了。谈论你自己所需要的，比谈论对方所需要的，也显得自然得多。所以你读这本书的时候，有一点你别忘了，你不只是要获得书中的知识，同时要养成你新的习惯。你

是在尝试一项新的生活方式，那是需要时间、持久力，需要每天坚持的。

所以你要经常阅读这本书，把这本书看做是如何沟通人与人之间关系的活用手册。无论什么时候，如果你遇到特殊的问题——诸如如何管理小孩子，如何使妻子顺从你的意思，如何满足一个气愤的顾客！这都是些常会遇到的事，当你翻开这本书，试着去做其中的某项提议，说不定就会有奇迹般的发现。

（七）这或许是个新奇而突出的尝试，当你的妻子、子女或是同事，找出你违反某一项原则时，你不妨付出1美元或2美元给他们，作为对自己处罚的罚款。

（八）华尔街一家极具声誉的银行的一位经理，有一次在我讲习班的演讲中，说出他如何做到改进自己的一项极有效的办法。这位银行经理，只受过很短的正式学校教育，可是现在他是美国极受重视的一位理财家。他认为他今天的成就，得益于他自己所构思出来的方法，下面就是他的做法。我现在说出这位经理当时所讲的情形：

“这些年来，我有一本约会的记录簿，记上所有约会的时间。我家里向来不替我在星期六订约会，原因是他们知道我要利用星期六晚上的若干时间，作自我检讨、启发、反省的工作。那天晚饭后，我自己独处一间房里，翻看我的约会记录簿，回忆这一个星期来，所经过的会谈、讨论和各项集会，我问自己：

‘那回，我做错了些什么？’

‘如何做才是对的——我如何做才能改进自己？’

‘从那次经验中，我得到了些什么教训？’

“我发觉每周这样的反省，会使自己感到很不愉快，可是我经常对自己的错误感到惊讶。这样过了数年后，这些错误渐渐减少，终于不再发生了。现在，经过这样的自我反省后，有时便自己有了安慰这种自我分析、自我教育的方法，对于我来讲，比我所尝试的其他任何方法，都更为有益。

“这种方法，已帮助我改进了决断的能力，使我跟人们接触时，受到极大的益处。”

为什么不用跟这位银行经理类似的方法，检讨你对这本书里的原则的实行程度？如果你这样做，会获得两种结果：

其一，你会发觉自己在从事一项有趣而又宝贵的教育课程；

其二，你会发现你应对人的能力，在逐渐伸展和成长。

（九）不妨再加上一本记事簿，把你实施这些原则后的效果，记入这本记事簿中，要写得很清楚，把日期、效果，和对方的姓名都记下来。使用这样一本记事簿，可以激励你更加地努力。做这些记录是项有趣又有意义的工作。

为了使你从这本书中，获得更多的益处，你必须：

一、养成一种深入、前驱，对人类之间关系的原则，能运用自如的欲望。

二、当你要看下一章前，先把这一章仔细地看两次。

三、当你阅读的时候，常停下来自问，如何才能实行这本书中的每一项建议。

四、在有重要意义的文句旁边，加上一些符号。

五、按月温习这本书。

六、每遇有机会时，就实施这些原则，把这本书视为“活用手册”，帮助你解决日常遇到的问题。

七、每当你的朋友发现你违反其中某项原则时，给他1美元或2美元。把你的学习当做一种有趣的游戏。

八、每星期作一次检讨。自省你又犯了什么错误，有哪些地方需要改进，将来该怎么做。

九、不妨再加上一本记事簿，写明你什么时候、如何运用的这些原则。

第二章 三种使别人喜欢你的方法

第1节 如何养成优雅而得人好感的谈吐

一处桥牌聚会最近邀请我参加。我不会玩桥牌，巧的是另外一位漂亮的小姐也不会玩！在汤姆斯从事无线电事业前，我曾做过他的私人助理。那时在汤姆斯到欧洲各地去旅行期间，我帮助汤姆斯记下他一路上的所见所闻。这位漂亮的小姐知道我是谁后，立即问："卡耐基先生，你经过哪些名胜古迹，看到哪些离奇景色？能不能请你告诉我？"

我们坐在旁边的沙发椅里，她接着说她跟丈夫最近去了非洲。"非洲！"我说，"我总想去一回非洲，多么有趣。但是除了曾经在阿尔及尔停留24小时外，就没有去过非洲的其他地方。你去了值得你回忆的地方，真是幸运，我真羡慕你。你能给我说说关于非洲的情况吗？"

我们的谈话持续了45分钟，她不再问我到过什么地方、看过什么东西，也不再谈我的旅行。她现在需要的是一个专心地静听者，以使她能扩大她的自我讲述她所到过的地方。

她其实并没有与众不同、特殊的地方，她像许多人一样。

最近，在纽约出版商格林伯的一次宴会上，我遇到一位

著名的植物学家。我从未接触过植物学的专家，认为他的话很有吸引力。我坐在椅子上静静听他讲有关大麻、“浦邦”和布置花园等等，像入迷似的，听他说有关马铃薯的惊人现象。后来我谈到自己有个小型的室内花园时，他非常热情地告诉我怎样解决我亟待解决的问题。

这次宴会还有十几位客人在座，我几乎忘记了其他所有的人，与这位植物学家聊了数小时。

到了午夜，我准备告辞，这位植物学家在主人面前对我极度恭维，说我“极富激励性”，最后说我是最风趣、最健谈、具有“优雅谈吐”的人。

“优雅谈吐”？我自己几乎没有说话啊！我对植物学方面所知甚少，我们刚才所谈的内容即使我想谈，也无从谈起。不过我知道，我刚才在仔细地、静静地听。我用心静静地听他所讲的，我发现自己确实产生了兴趣，他也感觉到了，所以自然地也高兴了。“静听”是我们对他人一种尊敬和恭维的表现。在《异乡人之恋》一书中，伍福特这样说：“没有人能拒绝专心专意里包含的谄媚。”

我对那位植物学家说，我得到他的细心指导，真希望拥有与他一样的丰富学识。我告诉他，希望能再见到他，能同他一起去田野散步。

因为这些，他认为我善于谈话。其实，我只是一个善于倾听、善于鼓励他谈话的人罢了。

谈成功一桩生意的秘诀是什么？依照依烈奥脱这位笃实的学者所说：“生意的成功没有什么特别的诀窍。最重要的是专心静听向你讲话的人说的话，没有比这个更重要的了！”

道理非常明显，你根本不用在哈佛大学花四年时间研读。商人大多租用豪华的店面，降低进货成本，陈设漂亮新颖的橱窗，花去巨额的广告费。但是他们所雇用的往往是一些不愿意倾听客户讲话的店员：那些打断顾客的话、反驳顾客、激怒顾客的店员，把顾客赶出大门似乎才甘心！

在讲习班里，胡顿说出这段故事：

在近海的新泽西州纽华城的一家百货公司，他买了一套衣服。这套衣服不仅上衣褪色，而且衬衫领子也弄黑了，穿起来实在令人太失望了。

他把这套衣服送回那家百货公司，找到那个出售给他的店员，想要把衣服情况告诉那店员。可是他想要说的话，都被那个似乎有“口才”的店员给打断了。

那店员反驳说：“我们卖出去这种衣服已经有几千套了，这是第一次有人来挑剔。”

那店员说话时声音大得出奇，他话中的含意就是说：“你在撒谎，别以为我们是好欺侮的！我给你点颜色看看！”

正在激烈争论时，另外一个店员也进来插嘴，他说：“所有黑色的衣服开始都会褪一点颜色的，那是不可避免的。这种价钱的衣服这种情形很普遍，都是料子的原因！”

“我那时满肚子都冒出火来了。”胡顿先生说着他的经过，“第一个店员怀疑我的作假，第二个店员暗示说我买的是劣等货。我非常恼怒，正准备责骂他们时，那家百货公司的负责人过来了。

那负责人似乎明白他的职责，他完全改变了我的态度，把一个恼怒的人变成了满意的顾客。他是怎样做的？整个情形分为三个阶段：

第一，他让我从头到尾讲述了我的经过，他没有插进一句话来，始终静静听着。

第二，我讲完那些话，那两个店员又与我开始争论了。那负责人却站在我的一边跟他们讲理，他说这套衣服很明显地染污了衬衫领子。他坚持表示不能使客人满意的衣服，卖出去是不应该的。

第三，他承认不知道这套衣服品质这样差，并坦白地说：“该如何处理这套衣服，我完全依照您的意思办理，请您尽管吩咐。”

几分钟前，我还想退掉这套讨厌的衣服，可是后来我却这样说："我想知道这褪色的情形是否是一时的。如果你们有什么办法，能使这套衣服不再继续褪色，我就接受你的建议。"

他建议我把这套衣服带回去，再穿一个星期看看情况如何。他最后说："届时如果仍然不满意的话，再换一套满意的。我们感到非常抱歉，增加了你的麻烦。"

我后来满意地离开百货公司。一个星期后，那套衣服没有发现任何毛病，我恢复了对那家百货公司的信心。

那位先生难怪是百货公司的负责人。至于那些店员，只能一辈子在"店员"的位置上停留，最好把他们调到包装部，永远别跟客人见面。

最激烈的批评者，最爱挑剔的人，往往在一个抱着忍耐、同情的倾听者面前会软化下来！静听者必须要有过人的沉着，在气愤的寻衅者像一条大毒蛇张开嘴巴吐出毒物一样的时候也要静听。

一个例子是这样的：

纽约电话公司多年前遇到一个凶狠不讲理的顾客，这顾客使用最刻薄的言语辱骂接线生。后来他又说电话公司印制假账单，因此他拒绝交费。同时他要投诉给媒体，并向公众服务委员会提出申诉。这个客人对电话公司有好几起诉讼。

电话公司最后派出一位富有经验技巧的"调解员"，去拜访那位蛮不讲理的客人。"调解员"到那里后，静静听着那位喜欢争论的老先生发泄他满腹的牢骚。对他的话，电话公司"调解员"都回答简短的"是！是！"，并表示对他的委屈很同情。

这位电话公司"调解员"在讲习班上，说出当时的状况："他大声连续不断地狂言，我差不多静静听了三个小时。后来我又去他那儿听他没发完的牢骚，一共访问了他四次。第四次访问结束后，我成为他始创的'电话用户保障会'组织的基本会员。据我所知，除这位老先生外，我是目前为止唯一的会员。

"在访问中我一直静静听着，对他所举的每一点理由我都深表同情。他表示，电话公司里的人从没有跟他这样说过话，他对我的态度也逐渐地和善起来。在前三次中我对他需求的事，不提一个字，在第四次，我最后结束了整个案件。他付清了所有的账款，并且第一次撤销了对公众服务委员会的申诉。”

这位先生表面上无疑的是为社会公义而战，保障公众的利益不受无理的剥削，实际上他是由挑剔抱怨去获得他需要的自重感。当他从电话公司调解员身上得到这种自重感后，那些不切实际的委屈也不再列举了。

一个多前年的早晨，一位顾客愤怒地闯进第脱茂毛呢公司创办人第脱茂的办公室里。

第脱茂先生给我解释说，这位顾客始终不肯承认欠我们15美元，可是错的确实是他，因此公司信用部要求他付款。他接到信用部的几封信后，就急忙来到芝加哥我的办公室，告诉我说，他拒绝付那笔钱，而且表示，以后我们公司别想再做他一分钱的生意。

我耐着性子安静地听他所说的话，有好几次忍不住，几乎要跟他反驳争吵，可是我明白这不是最好的办法。我让他尽量发泄，他的这股气最后慢慢地平息下去了。我平静地说：“你特地来芝加哥告诉我这件事，我非常感激。实际上你帮我做了一件非常有意义的事。我们公司信用部如果得罪了你，相信他们也一定得罪别人，后果不堪设想。请相信我，我迫切地需要你来告诉我刚才你所言的事实。”

我会讲出这些话来，他根本没有想到，也许他感到有点失望。他来芝加哥的目的是跟我谈判的，我却并没有跟他争论，还感谢了他。我心平气和地告诉他，公司会消除那笔15美元账款，同时忘掉这件事。我向他这样解释，他是个心细的人，需要处理的只是一份账目，但是我们公司职员每天要处理的账目成千上万份，所以他大概不会弄错。

我说我很了解他的处境，如果遇到与他同样的问题，我也会有与他同样的想法。由于他不准备再买我们公司的物品，我饱含诚意地向他推荐了几家其他毛呢公司。

他以前来芝加哥时，我们经常一起吃饭，所以我那天也请他午餐，他答应得很勉强。午餐后回到办公室，他订购了比以前更多的货物，带着平静的心情回家去了。似乎因为我对他的接待和处理，这位顾客回去仔细地查看了他的账单，终于找了出来，原来他放错了地方。于是他把那笔15美元的账款汇来，并附了一封致歉信。

他妻子后来生了一个男孩，他给他儿子取名“第脱茂”，就是取用我们公司的名称。直到22年后他去世，他始终是我们公司的忠实客户，也是很好的朋友。

多年前，荷兰籍的一个小男孩，在放学后替一家面包店擦窗，每周赚半美元。因为他家很贫穷，所以常常提着篮子去水沟捡从煤车掉落的煤块。这男孩叫爱德华·巴克，一辈子没有受过超过六年的教育，可是他后来却成为美国新闻界最成功的杂志主编。他是如何成功的，说来话长，但他怎样开始，则能够简单地叙述。

13岁离开学校时，他在“西联”机构里充当童役，工资是每周6.25美元，虽然处在十分贫穷的环境中，可是他时刻都在追求接受教育的机会。他不但没有放弃求学的信念，还自己教育自己。他从不搭乘公共汽车，总是以步当车，把午饭的钱也省下来。钱积攒起来后，他买了

一本美国名人传记——后来他做了一件人们闻所未闻的事。

爱德华·巴克把美国名人传记仔细阅读后，就给传记上的每一位名人写信，请他们多告诉他一点关于他们童年时候的情况。这个表现可以表明，巴克有一种善于倾听的本质——他希望那些名人谈谈他们自己。

他给当时正竞选总统的贾姆士将军写信，问他是否真的做过运河上拉船的童工。贾姆士给他回了一封详细的复函。巴克又给格雷将军写信，问他那本传记上记述的有关一次战役的情况。格雷将军画了一张详细的地图给他回信，并邀请这个14岁的男孩吃饭，他们聊了整个通宵。

巴克给爱默生写信，希望爱默生说些他自己的事。一个原来在“西联”机构传信的童役，很快就和国内不少著名的人物通过信，比如爱默生、布罗斯、郎菲洛、林肯夫人、奥利弗、休曼将军和戴维斯等等。

他不仅给那些名人写信，还利用他放假的时候，去拜访他们中间的名人，从而成为那些人家里受欢迎的客人。巴克的这种经历，给了他一种无价的自信心，激发了他的理想和意志，也改变了他以后的人生。所有的一切，让我再重复一遍，都是因为实践我们正在说的这个原则。

著名记者马可逊访问过很多风云名人，他曾经告诫我们：“一些人不能给人留下好印象的原因，是因为不注意倾听别人的谈话。这些人只关心自己想要说什么，可是他们从不张开自己的耳朵。”马可逊还说：“一些成名的人物曾说，他们喜欢的不是善于谈话的人，而是那些善于倾听的人。能善于倾听的人，比任何好性格的人还要少见。”不仅只有大人物才喜欢善于倾听的人，即使一般普通人也是如此，都喜欢人家听他说话。

正像《读者文摘》所言：“找医生的人，他们需要的不过是个倾听者。”

内战最黑暗的时候，林肯给伊利诺伊州春田镇的一位老朋友写了封信，请他来华盛顿，说是需要跟他讨论一些问题。这位老邻居到白

宫后，就关于解放黑奴的问题，林肯与他说了数小时。林肯把这项行动赞同和反对的原因都予以思考，又看了报上和信件上的评论，有的因为他不解决黑奴问题而谴责他，有的是因为怕他解放黑奴而谴责他。谈了几小时后，林肯和这位邻居老朋友握手言别，送他回到伊利诺伊州。

林肯并没有征询这位老邻居的意见，他自己说了所有的话，说出这番话后，他的心情好像舒畅了许多。老邻居后来这样说："林肯跟我说过话后，他的心情好像舒适畅快了很多。"是的，林肯不需要这位老邻居的意见，他需要的是友谊和同情，一个静静听他说话的人，以此排遣他心里的苦闷。在苦闷、困难的时候，我们也有这样的需要！

假如你想知道如何让人远远躲开你，背后笑你，甚至轻视你，有个很好的办法就是永远不要去听人家说话，不断地说你自己。假如别人正谈论一件重要的事情，你有自己不同的意见，还不等对方把话说完，你把自己的见解立即提出来。在你想来，他绝对没有你聪明，你为什么浪费那么多时间，去听一些没有见解的话？于是就马上插嘴，用自己的话，去打断别人的高论。

你遇到过那种人吗？我很不幸地遇到过。不可思议的是，有些人还是社交界的名人。

这种人是令人讨厌的，他们为自己的自私和自重感所陶醉，让一般人去憎厌他。

哥伦比亚大学校长白德勒博士曾经这样说过："只谈论自己，永远只为自己想的人是无药可救的，没有受过教育的！"白德勒博士还说："他无论接受过什么教育，都跟没有受过教育一样。"

所以，你要想成为一个谈笑风生、受人欢迎的人，必须倾听别人的谈话。就如李夫人说的："要使别人对你感兴趣，首先要对别人感兴趣。"问别人喜欢回答的问题，鼓励他谈谈自己的成绩。

必须记住：跟你说话的人，对他自己而言，他的需要和他的问题，比你的问题要重要一百倍。他的牙痛对他来说，要比发生死了数百万人的天灾重要得多；他自己头上一个小疮，要比发生一场大地震还重要得多。

处事规则

做一个善于倾听的人，鼓励别人多说说他们自己。

第2节　如何使人产生兴趣

去牡蛎湾拜访过罗斯福的每一个人，都会对他渊博的学识感到惊讶。勃莱福特曾说过："无论是一个政客或是外交家、牧童或骑士，罗斯福都知道该跟他说些什么。"这是怎么回事呢？答案很简单，在来访的客人到来前，他就把客人喜欢说的话题和特别感兴趣的事准备好了。

跟其他具有领袖才干的人一样，罗斯福懂得沟通的技巧：对他人讲他知道得最多的事，是深入人们心底的最佳途径。

耶鲁大学文学院前任教授费尔浦司很早就知道了这个道理，他这样说过："我8岁时的某个周末，去姑妈家度假。那晚有个中年人也到我姑妈家，他跟姑妈寒暄过后，就注意到我。我那时对帆船很有兴趣，说到这个话题上，那个客人也非常感兴趣，我们谈得十分投机。他走后，我对姑妈说，他对帆船也很感兴趣，这人真好。姑妈对我说那客人是一位律师，按理说他对帆船方面是不会有兴趣的。我问：'那他怎么一直说帆船的事呢？'

"姑妈对我说：'他是一位有修养的绅士，为了让自己很受欢迎，因此才对你的话题感兴趣，陪你讨论帆船！"

费尔浦司教授还说："姑妈所说的话，我永远不会忘记。"

在写这一个章节时，我面前有一封热心童子军工作的基尔夫先生寄来的信。

在信上基尔夫这样写着："一天，因为欧洲将举行一次童子军大露营，我要请美国一家大公司资助一个童子军的旅费，我需要找个人帮忙。在会见一个大老板之前，我听说他曾签过一张百万美元的支票，随后又作废了那张支票。他后来把那张支票装入镜框，作为纪念。所以，我走进他办公室后的第一件事，就是请求观赏那张支票。我给他说，我从没听说过有人开过百万美元的支票，我要跟那些童子军们宣扬我确实见到过百万美元的一张支票了。他非常兴奋地拿出来让我看，我表示羡慕和赞美，同时请他讲讲这张支票开出的经过。"

你注意到没有，开始基尔夫先生没有立即谈到他的来意和童子军的事，而是谈对方最感兴趣的事。结果怎样呢？基尔夫信上这样说："那位经理后来问我有什么事吗？我于是就说明了我的来意。

"出乎我意料的是，他不但马上答应我的请求，而且比我原来想的还要多。我原来希望他赞助一个童子军去欧洲，但是他同意赞助五个童子军去欧洲，我自己也受请在内。他签了一张千元外汇银行的支付凭证单，让我们在欧洲住 7 个星期。他又写介绍信，嘱咐欧洲各城市分公司的经理要妥善地照顾我们。

"他后来去欧洲，还在巴黎亲自见了我们，并领着我们游览全市。最后他还主动为家境贫寒的几个童子军介绍工作。这位大老板直到现在仍尽其所能地在资助这个童子军团体。

“当然我知道，假如没有事先找出他兴趣所在，令他高兴起来，跟他接近是不可能这样顺利的。”

在商场上这同样也是有价值的方法。我再举一个事例：

杜凡诺先生是纽约一家面包公司经理，他希望把公司的面包卖给一家大旅馆。他打这个主意已经四年了，找那家旅馆的经理他几乎每周必去。杜凡诺知道那个经理常去一家交际场所，因为盼望有接触见面的机会，他也跟着去那家交际场所。为获得生意，他甚至在那家旅馆租下一间房间，可惜他都失败了。

杜凡诺先生说：“我后来上了卡耐基先生的课程才明白应该改变方式，想办法找出他比较感兴趣的事。他会在哪方面感兴趣呢？

“我发现他不但是美国旅馆业公会的会员，还因为热衷推进这个团体的业务，被推选为这个团体的主席。他同时还兼任了国际旅馆业联合会的会长，不管在哪里开会，不论是飞越高山，还是横渡沙漠、大海，他都搭乘飞机去开会。

“于是在第二天见他的时候，我就向他咨询关于该会的详细情况，果然得到很好的回应。他讲了30分钟关于会里的情况。他兴高采烈说的时候，我就明显地看出来他的兴趣就是那个团体组织，那是他生活中的一部分。由于我表现出对该会的极大兴趣在跟他分手时，我被邀请加入他们的团体。

“我那时并没说起面包的事。几天过后，他旅馆的管事给我打了一个电话，让我把面包的价目和样品送过去。

“我到了那家旅馆，那管事招呼我说：‘我想知道你在那老头儿身上下了些什么功夫，这下你真的搔到他的痒处了。’

“我回答说：‘站我

这边想想——我花了四年时间，想要做成他的生意。如果不费尽心思找出他的兴趣所在，他喜欢什么，不知道还要费多少时间呢！’”

处事规则

假如要使别人喜欢你，请谈论别人感兴趣的话题。

第3节　如何很快地让人喜欢上你

一天，在纽约三十二街和第八道交叉口处的邮局里，我排队等着发一封挂号信。

我对自己说：“我要让那个邮务员喜欢我，必须要说些关于他的有趣的事，而不是我的。”随后又问自己：“他什么地方值得赞赏呢？”这个难题不容易找出答案，特别是当对方是素昧平生的陌生人。可是我很容易地从这邮务员身上有了发现，找出一件值得称赞的事了。

他称我的信的时候，我很微笑着说：“我真希望有像你这样好的头发！”

那邮务员抬起头，神情从惊讶换出一副笑容来，他很客气地说：“不如以前那样好了！”　我很明确地告诉他也许不如过去有光泽，不过现在看来仍然很美观。我们愉快地聊了几句，最后他高兴地对我说：“很多人都夸奖过我的头发。”

我敢打赌，那位邮务员中午下班回家吃饭时，他的脚步就像腾云驾雾般轻松。晚上回到家里，他一定会跟妻子说这事，还会对着镜子说：“嗯，我的头发确实很好。”

在公共场所，我曾讲过这个经历，有人问我：“从那个邮务员身上，你想得到什么？”

我想得到什么？从那个邮务员身上，我想得到些什么？

如果我们卑贱自私，没有从别人身上得到什么，就不乐意给别人分一点快乐，如果我们的气量比酸苹果还小，那我们注定是要失败的。

我确实想要从那人身上获得些什么！我想获得一些非常贵重的东

西，而我已经得到了——我觉得我为他做了一件不需要他回报的事。那件事无论过了多久，在他的回忆中，仍然会闪耀着光芒。

有一项对人们的行为绝对重要的定律，如果遵守这项定律，我们大概永远不会遇到忧愁。

如果遵守这项定律，实际上会给我们带来很多的朋友和永久的快乐。可是如果违反了那项定律，我们也会遭遇到很多的困难。这条定律是：永远让别人感觉重要。

杜威教授曾说过："人们本性中最急切的要求是自重的欲望。"贾姆斯博士说："人们本性的最深本质是渴望被人重视。"我也说过，人与动物的相异之处，就在于有无自重感，而人类的文化也是由此起源的。

哲学家们思考了数千年关于人类关系的定律，所有的思考结果只引证出一条定律。那条定律跟历史一样的古老！三千多年前，索罗斯特把那条定律教给所有拜火教徒。中国的孔子宣讲过这条定律，道教始祖老子也教给他的门徒这条定律。释迦牟尼也在公元前五百年把那条定律留传世人。耶稣把那条定律也综合在他的思想中。

这条重要的定律是："你希望别人如何待你，你就该如何去对待别人。"

你想要与你接触的人都同意你，想要别人承认你的价值，想要在自己的世界里获得自重感。你不希望得到无价值、不真诚的奉承，渴求真心的赞赏。你希望你的朋友像司华伯说的那样"诚于赞赏，宽于称道"，这些所有的人都需要。

所以我们要遵守这条金科玉律，希望别人给我的，同样去给别人。

如何做？何时做？何地做？答案是："所有的时间，无论任何地点。"

例如，我有一次去无线电城询问处，询问苏文的办公室号码。那个制服整洁的询问员，自己显得好像很高贵，他清晰地回答："亨利·苏文（顿了顿），18楼（顿了顿），1816房间。"

我走向电梯，想了想，接着又返身回来，对那个询问员说："你回答问题很清楚、恰当，方法很漂亮，就像一个艺术家，实在难得。"

他脸上显出愉快的笑容，他给我说为何在答话时，中间要顿一顿，为什么要那么说每句话的几个字。听了我那些话，他高兴得把领带略微往上拉高些。当我乘电梯到了18层时，我觉得在人们快乐的总量上，我又添了一点。

你不必等到担任驻法大使，或是做了较大俱乐部的主席时，才去称赞别人，你天天都可以应用它。

例如，我们要一份法式煎马铃薯，而女服务生却端来了煮的马铃薯，我们那时就不妨这样说："抱歉，要麻烦你了——法式煎马铃薯是我喜欢的。"这样她会回答"一点也不麻烦"，并很乐意的为你去更换，因为她先得到了你的尊重。

像"对不起、麻烦你、你会介意吗、请你、谢谢你！"这些平时客气简短的话，不仅减少了人们之间的纠纷，也自然地显示出高贵的人格来。

美国著名小说家柯恩是铁匠的儿子，他一生受的教育没有超过八年，可他去世的时候，已是世界上最富有的作家之一。

事情是这样的——柯恩喜欢诗词，因此他读遍了罗赛迪的诗。为此他写了一篇演讲稿歌颂罗赛迪艺术上的成就，并且给罗赛迪还送了一份。罗赛迪高兴地这样表示："一个年轻人对我的才学有这样深刻的见解，他肯定很聪明。"

罗赛迪就请这个铁匠的儿子来伦敦做他的私人秘书。这件事是柯恩一生的转折点。在这个新的职位上，他见到了当代许多大文豪，得到了他们的指导和鼓励，他的写作生涯顺利展开，使他享誉世界。

他的故乡格利巴堡现在已是旅游的名胜，遗产有250万美元。可是谁会想到，如果没有那篇赞赏著名诗人的演讲稿，他或许会默默无闻贫困的去世。

这就是真诚，出自内心的赞赏的一种力量。

罗赛迪认为自己重要并不奇怪，几乎每个人都认为自己是最重要的，一个国家也是同样。

你是否觉得你比日本人优越？可是实际上，日本人觉得他们比你优越得多。如果一个守旧的日本人，看到一个白种人跟一个日本女人跳舞时，他会感到非常恼怒。

你有权去想你比印度人优越，可是他们的感觉跟你完全相反。

你以为你比爱斯基摩人优越？可是你是否知道，爱斯基摩人对你的看法又怎样呢？在他们的传统里，对好吃懒做、不务正业的无赖汉，爱斯基摩人称为"白人"，这是他们最轻视最刻薄的词。

每个国家都觉得比别的国家优越，这样就产生爱国主义或发生战争。

你所遇到的每个人，几乎都觉得自己某方面比你优秀，这是一条最明显的真理。有一个可以深入他心里的方法，就是你要真诚地承认他在自己的小天地里是高贵重要的。

别忘了爱默生说的："凡我所遇见的人都有比我优秀之处，那些我应向他学习。"

有些人容易自满于自己刚刚取得的若干成就，结果却引起别人的反感和厌恶。

莎士比亚曾经说过："一个骄傲自大的人，凭着一点点的能力就在上帝面前胡作妄为，让天使为之落泪。"

我讲习班里有三个学员，运用了这条原理，使他们获得了惊人的收获。首先是一个康涅狄格州的律师，他不愿说出自己的名字，我们就用R 先生来替代。

R 先生到讲习班没多久，有一天开着汽车陪太太去长岛拜访亲戚。他太太让他陪亲戚老姑妈闲谈，自己去看别的亲戚去了。R 先生想着把学习所得实际运用，以便将来写篇报告，他便从这位老姑妈身上开始。于是他朝屋子四周看了看，有那些是他值得赞赏的。

他问老姑妈："这栋房子是建造于1890年，是吗？"

"是的，"老姑妈回答，"就是那年建的。"

他又说："这令我想起我出生的那栋房子——建筑好，也非常美丽。而现代人对这些都不讲究了。"

"是的，"老姑妈点点头，"现在年轻人只需要一间小公寓和一台电冰箱，再就是一部汽车而已，早已不讲究住好看的房子了。"

老姑妈抱着回忆的心情温柔地说："这栋房子在建造之前，我已梦想了很多年。我和我的丈夫没有请建筑师设计，完全是我们自己理想的房子。这屋子是用'爱'建造成的。"

老姑妈领着R 先生去参观各房间。R 君对她珍爱一生收藏的各种物品，像法式床椅、意大利的名画、古式英国茶具和一幅曾经在法国

封建时代宫堡里挂过的丝帷，都加以真诚的赞美。

R 先生接着说：“我参观了老姑妈的房间后，她又带我去车库，里面停着一辆崭新的‘派凯特’牌汽车。”

她轻轻说：“我丈夫去世前不久买的这部车子——自从他去世后我再也没有开过——美丽的东西你爱欣赏，这部车子我送给你！”

听到这话 R 先生非常吃惊，婉转辞谢，说：“姑妈，感激你的好意，但是我不能接受。我已经有一辆新车，你有很多亲密的亲戚，相信他们也会喜欢这部车的。”

“亲戚！”老姑妈提高了声音说，“对，我有很多希望我尽快离开这个世界的亲戚，那样他们就能得到这部车子。但是，他们永远得不到。”

R 先生说：“姑妈，你可以把这部车卖掉，如果不愿意送给他们。”

“卖掉！”老姑妈叫了起来，“你认为我会卖掉这部车么？看着陌生人在街上开着这部车子你想我会忍心？这是我丈夫特意买给我的，我做梦也不会卖。因为你知道如何欣赏美丽的东西，我愿意送给你！”

R 先生婉转辞谢，不愿接受她的赠予，可是他不能去伤老姑妈的感情。

老太太单独一个人住在宽敞的房子里，看着屋子里精致、珍贵的陈设，缅怀过往的回忆——她盼望有一个人与她有相同的感受。她过去的一段金色年华，她美丽动人，男士们疯狂追求。她建造了这栋饱含“爱”的房屋，还从欧洲各地搜罗了很多珍品加以装潢陈设。

现在的老姑妈已风烛残年，孤零零的

一个人，她渴望着得到人间的一点温暖，一点源于内心的赞美——然而，没有一个人给她。当她发现她找到的时候，就像沙漠中冒出的一泓泉水，让她心底感动，甚至愿意相赠那部“派凯特”牌的汽车。

让我再举一个纽约一位园艺设计家麦克乌霍的事例：

> 我听了“如何交友和影响他人”的演讲后不久，给一位著名的司法官设计园艺。那位司法官对我提出他的意见，什么地方应栽种些什么花。
>
> 我说：“法官，你的业余嗜好很好，养的几条狗都很可爱，听说你曾得过多次赛狗会中的蓝丝带优等奖。”
>
> 我这句话果然有效，那位司法官说：“嗯，对于养狗我很感兴趣。要不要参观我的狗舍？”
>
> 他带我去看他的狗和获得的许多奖状，差不多费了一个小时的时间。他取出那些狗的血统系谱，告诉我每条狗的血统。因为有优质的血统，所以他豢养的狗都活泼又可爱。
>
> 最后他问：“你有小男孩吗？”
>
> 我回答说有的。
>
> 他接着问我：“你孩子喜欢小狗吗？”
>
> 我说：“嗯，我想他一定非常喜欢的。”
>
> 司法官点头说：“那太好了，我送他一只。”
>
> 他对我说怎样豢养小狗，顿了顿他接着说：“这样告诉你，你很快就会忘了，我还是给你写下来。”那位司法官进屋里，用打字机把他要送我的小狗的血统系谱和喂养方法很清楚地打了出来，然后送我一条价值一百美元的小狗，并浪费了他1小时零15分钟的宝贵时间。这是我对他的喜好和成就表示真诚赞赏所获得的结果。

柯达公司的伊斯曼发明了透明胶片以后，摄制活动电影才获得了真正的成功，同时他也获得上亿美元的财富，成为世界上著名的一位商人。虽然他有伟人的成绩，可是他与我们一样渴望别人的赞扬。

比如，伊斯曼几年前在洛贾士德建造“伊斯曼音乐学校”和“凯本剧场”，剧场是纪念他母亲用的。纽约优美座椅公司经理爱达森盼望

能接下剧场里的座椅工程，他给建筑师打电话，约好去洛贾士德见伊斯曼。

爱达森到了那儿，建筑师说：“我明白你想签订座椅的订货合同，不过我还是告诉你，伊斯曼非常严肃，工作很忙，如果你花五分钟以上的时间，就别想做这笔生意了。他脾气大，事情忙，因此我告诉你，你要快速地向他表明来意，然后离开他的办公室。”

爱达森听了，就那样准备做。

他被领进一间办公室，看见伊斯曼正埋头工作，正处理一堆桌上文件。伊斯曼见有人进来，抬头摘了眼镜，向建筑师和爱达森说：“两位好，有何见教？”

建筑师介绍了他们互相认识，爱达森说：“伊斯曼先生，我真羡慕你的办公室。假如我也拥有像你这样的办公室，我想我一定很高兴在这里工作。我从事室内木工营业，这您知道，可是我从未见过像这样漂亮的办公室。”

伊斯曼回答说：“这间办公室很漂亮，谢谢你提醒我差点忘了的事。这间办公室当初布置结束后，我真是非常喜欢。但是由于我现在工作太忙，甚至接连数星期，我都不会在意这上面了。”

爱达森用手摸摸办公室的壁板，说：“这是英国橡木？它的品质与意大利橡木略有不同。”

伊斯曼回答说：“对，这是一位专门研究细木的朋友，替我特地挑选的进口的英国橡木。”

伊斯曼接着陪同他参观了他设计的室内陈设，包括木门、油漆颜色和雕刻工艺等。

他们在一扇窗前停下来，伊斯曼表示他准备给洛贾士德大学和公立医院等捐助些钱，为社会尽一点心意。爱达森热情地赞叹说，这是一件古道热肠的慈善善举。伊斯曼打开玻璃橱的锁，拿出他从前购买的首架摄影机——那是买下的一个英国人的发明品。

爱达森问他当初在商业上是如何挣扎和奋斗的？伊斯曼感慨地回忆了幼年时的贫苦状况。他守寡的母亲办了一家出租小公寓；自己是一家保险公司的小职员，每天只赚0.5美元……因为饥寒所迫，为了免得母亲辛劳一辈子，所以他立志刻苦奋斗。

爱达森又问些别的问题，而他自己始终静静地听着！伊斯曼说起他实验室的一段往事：过去做实验的时候，他在办公室里工作一整天的时间，有时候甚至穿着工作服，三天三夜不能休息。

爱达森在上午10点15分进伊斯曼办公室，那位建筑师还劝告他至多只能逗留5分钟，可是一小时、两小时过去了，他们仍然热烈地交谈着。

伊斯曼最后向爱达森说："我上次去日本买回来几张椅子，我把它们搁在阳台上，阳光后来晒脱了椅子上的漆。我买些油漆回来自己漆了，你看看我漆椅子的手艺如何？欢迎你到我家一起吃午饭，我让你看看。"

伊斯曼午饭后给爱达森看他漆的椅子。那些椅子每把不会超过15美元，而资产达上亿美元的伊斯曼却认为很自豪，仅仅因为那是他自己漆的。

这笔凯本剧场座椅订货的总额是9万美元。究竟谁得到了订货合

同？除了爱达森外，不会有其他人。

就从那时候起，直到伊斯曼去世，他们始终保持着极深切的友谊。

你我该从何地开始实施这种神奇的试金石？你为什么不从自己的家庭开始？我知道还有其他地方更为需要或是更容易忽略。我相信你的妻子一定有她的优点，至少曾经有过，不然你不会娶她做老婆的。但是，你有多久没有称赞过她的美丽了？有多久了？

一次，我独居在加拿大森林的一个帐篷里，在纽白伦斯维克的米拉密契河钓鱼。那时每天只能读到一份镇上出版的报纸。因为空闲的时间太多，这份报上的每一个字，我都详细地看过。

一天，在报上"狄克斯婚姻指导"一栏里，我认为她的文章写得很好，就把它剪下保存起来。她那篇文章上指出，她说她听烦了人们对新娘所讲的话，她觉得应该给新郎一些明智的建议。

她的建议是："结婚前赞美女人是必然的事，不会甜言蜜语不要结婚，结婚以后，给她赞美也是一种必须任务。婚姻的经营需要有外交的手段，不只是靠诚实。"

你如果想过天天快乐、美满的生活，千万不要指责你太太治家有错误之处，或者拿你的母亲和她作没有意义的比较。

相反的，你要赞美她治家有方，而且还要表示自己很幸福，找到了一位贤内助。她把饭菜做坏了，使你几乎无法下咽，你不要抱怨，试着这样的暗示，今日的饭菜没有昨天可口。你太太明白了你的暗示，她一定不怕辛苦，直到你满意为止。

不要立即就开始这样做，你太太会起疑心的。

不妨今晚或是明晚，买一束鲜花或一盒糖果给她，不要只停留在嘴上说："我是应该这样做的。"你要实际地去行动，给她一个温柔的微笑，说几句甜蜜的话。如果当丈夫的都能跟妻子这样做，我相信每6对的夫妇中，绝不会有一对要闹离婚。

你想知道怎么让一个女人爱上你，这里就有一个有效的秘诀，这不是我瞎想，是从狄克斯女士那里得来的。

一次，狄克斯女士去访问已成为新闻人物的一位重婚者。这人曾经拥有23个女人的芳心和她们银行里的存款（狄克斯女士是在监狱访问他）。当狄克斯女士问他猎取女人爱情的方法，他说并没有什么计策，只是对女人谈论她们自己就是了。

这方法用在男人身上一样有效。英国最聪明的一位首相狄瑞理说："和一个男人谈论他自己的事，他可以说几个小时的时间。"

处事规则

假如要使别人喜欢你，请必须真诚地让别人感觉到他的重要。

小　结

使人喜欢你的六种方法：

一、对别人真诚地产生兴趣。

二、微笑。

三、牢牢记住你所接触的每一个人的姓名。

四、做一个善于倾听的人，鼓励别人多说说他们自己。

五、谈论别人感兴趣的话题。

六、必须真诚地让别人感觉到他的重要。

【美好的人生】

第一章　使人同意你的六种方法

第1节　在争辩中你不可能获胜

一战结束不久后，在伦敦的一个晚上，我得到一个很宝贵的经验。那时我任澳洲飞行家史密斯的经理人。大战期间，澳大利亚在巴勒斯坦飞行的工作由他担任代表。战事结束，世界宣布和平后不久，史密斯在30天的时间里绕地球飞行半周，此事举世震惊，英皇封授他爵位，澳洲政府颁赠5万美元奖金。

在那段日子，史密斯爵士在英国领土是备受瞩目的人物，他被称为不列颠帝国的“林白”。一个晚上，我参加欢迎史密斯爵士的一个宴会，坐在我旁边的一位嘉宾用了一句成语，还讲了一段很风趣的故事。

讲故事的嘉宾说那句话是出自《圣经》！他其实错了，我清楚记得那句话出自莎士比亚作品，我那时为满足自己的自重感，还为了表现我的突出，而毫无情面地纠正了他的错误。那人坚持自己的看法：“这句话出于莎士比亚？不是，绝对不是的！是出自《圣经》！”

我的右边坐着讲故事的嘉宾，左边是我的老朋友贾蒙。贾蒙曾在很多年的时间里研究莎士比亚的作品，所以我和讲故事的嘉宾，都一致同意由贾蒙先生决定谁对谁错。贾蒙静听

着，用脚在桌下踢了我，随后说："戴尔错了，那句话是出自《圣经》，这位先生是对的。"

那晚回家路上，我问贾蒙说："你为什么说我不对？明明那句话是出自莎士比亚的作品。"

贾蒙回答说："是的，那是莎翁作品里哈姆雷特的第五幕第二场上。可是戴尔，我觉得你应该明白，我们是宴会上的客人，为何非要找出一个证明去指责人家的错误呢？

"这样做人家会喜欢你，对你有好感？你为何不给他留点面子呢？他并没有问你的意见，也不要你的意见，你又何苦与他去争辩呢？戴尔，我最后要告诉你，永远避免正面冲突才是正确的。"

"永远避免正面冲突"！说这句话的人早已去世，可是他给我的教训却依然珍贵。

那个教训让我受到极大的影响，我小时候就喜欢跟朋友们争辩，本来是固执、拗强的一个人。进大学后我学习逻辑和辩论，经常参加各类辩论比赛。后来我在纽约讲授辩论学，甚至还打算写一部有关辩论方面的书。几年后的今日，我始终羞于承认。

我从那时开始倾听批评，参与数千次的辩论，同时关注所产生的影响。因为这些，我总结一个结论，也是一条真理，就是：只有避免辩论这一种方法，才能使辩论得到最大的胜利。避免辩论，就同避开地震和毒蛇一样。

十分之九参加辩论的人，在一场辩论的最终会更坚持他们的论点，相信自己是绝对正确的。

辩论不能获胜，说明你真的失败了，可是即使你胜了，还是跟失败同样。为什么？假设在辩论中你胜了对方，把对方的论点批驳得体无完肤，几乎说得他是神经错乱，结果又能如何呢？你也许会很高兴，可是对方呢？你伤了他的尊严，让他感到了自卑，他不满意你获得的胜利。

你必须要知道，当他人逆反自己的意见，又被你说服时，他一样会固执地坚持自己是正确的。

巴恩互助人寿保险公司为他们的职员定下一条规则，即“不许争辩”。

真正成功的推销员决不会与客人争辩，纵然是轻微的争辩，也小心避免。人们的思想不是轻易能改变的。

有这样一个例子：多年前，有一个喜欢争辩的爱尔兰人叫奥哈尔，到讲习班听课。他没有受过良好的教育，做过司机，后来当汽车公司推销员。他喜欢争辩、挑剔别人，因为他觉得自己的业务表现不理想，才来找我。跟他说过话，我才明白他推销汽车时，常因接受不了客户的批评而发生口角。他说：“我听了气愤，说那家伙几句，他就不买我推销的东西了。”

对于奥哈尔，我开始教他如何减少讲话，避免与人争吵，并不是教他如何说话。

奥哈尔现在已是纽约怀特汽车公司的成功的推销员了。奥哈尔是怎么做的？他说：“我现在走进客户的办公室，如果对方这样说：‘不行，怀特汽车就是白送给我，我也不要。我准备买胡雪公司的卡车。’听了他的话，我不会反对，相反地会顺着他的口气说：‘你说得很对，胡雪的卡车的确很好’相信你买他们的不会有错。胡雪牌汽车是大公司出品的，推销员也都很优秀。

“他听了我的话，无话可说，想争论也无能为力。我不反对他赞美胡雪牌车子好，他只好把话停住了。他不会一直说胡雪牌的车子怎样好怎样好。我于是就瞅一个机会，向他推荐怀特牌车子的优点。

“如果过去我碰到这种情形，一定会觉得火冒三丈，我会争论说胡雪牌汽车是如何不好。我越说那家公司的汽车不好，对方可能越会说它如何好，争辩越来越激烈，使对方决心不买我的汽车。

“现在回想起来，我过去推销货物真不知道是怎么做的。那样的争论使我失去了不知多少宝贵的时间和金钱。我现在学会了怎样避免争论，少讲话，我从中获得许多的好处。”

聪明的老富兰克林说：“在辩论、反驳中，也许你会获得胜利，但是那胜利是短暂、空虚的。对方对你的好感你永远失去了。”

不妨替自己作这样的衡量，你是想要空虚的胜利，还是想要人们对你的好感？这两件事，不能同时得到。

波士顿一本杂志上曾经刊登过一首含意很深而且有趣的诗：

这里安静地躺着威廉姆的身体，
他死的时候觉得自己是对的，
死得其所，
但他的错误像他的死亡一样。

在进行辩论时也许你是对的，可是要改变一个人的思想时，即使你对，也跟错误一样。

威尔逊总统任内的财政总长是玛度，他在多年政治经验中得到一个教训，他说：“辩论绝不可能使一个无知的人口服心服。”

玛度先生说得很温和。据我所知，不仅仅是无知的人，任何人你都别想用辩论改变他的思想。

有一个例子：为了一笔9000美元的账目，所得税顾问派逊与政府的税收稽查员发生纠纷，争吵了一个小时。派逊说这是无法收回的一笔呆账，

因此不应该课征人家的所得税。那稽查员反对说："不是呆账，我认为是必须缴税的。"

派逊在讲习班上说："跟那种傲慢、固执、无理的稽查员说什么，都是废话。跟他争辩愈久，他愈固执，于是我想跟他避免争论，换个做法，去夸奖他几句。

"我说：'由于你处理过很多这类问题，对你而言是一件很小的事。我虽然学习过税务，但都是书上的知识，而你知道的都是由实际经验中得来的。你有这样的职位我很羡慕，和你在一起，我获益很多。'

"我对他说的每句都是实话。那稽查员在座椅上伸了伸腰，开始说他的工作经验，讲了他所发现的许多舞弊案件。说到他孩子身上时，他的语气渐渐平和下来。临走时，他对我说，回去后再把这问题考虑考虑，等几天给我答复。

"他三天后来找我，告诉我决定按照税目办理，那笔税不征了。"

这位稽查员表现的是寻常的人性的弱点，他需要的是获得自重感。

派逊跟他争辩时，他就展现自己的权威，来获得他盼望的自重感。假如有人承认了他的重要性，争论就自然停止了。"自我"已延伸扩大，他又变成一个和善、富有同情心的人了。

拿破仑家的管事常与约瑟芬打台球游戏。在《拿破仑私生活回忆录》中，他曾写下一节："我自己的球艺很好，但是我总想法让约瑟芬赢我，这样她会很高兴。"

顾客、丈夫或者是妻子，在微小的争论上，我们要让着他们。

释迦牟尼曾说过："恨永远无法止恨，唯有爱可以止恨。"误会不可以用争论去解决，而需要赋予对方同情，用外交手腕去解决。一次，林肯指责与同事发生冲突的一个年轻军官。

林肯说："一个成大事的人，不能浪费自己的时间和人家争论，处处与别人计较。无谓的争论不仅使自己的性情受到损害，还让自己失去自制力。要尽可能地对人谦让一点。与其跟一只狗一起走，不如让狗先走一步。如果被狗咬了一口，即使你打死这只狗，也治不好你的伤口。"

处事规则

在辩论中，避免辩论是获得最大利益的唯一方法。

第 2 节　如何避免树敌

罗斯福当总统时，曾这样承认：假如每天有百分之七十五的时候他是对的，这就是他最高的标准了。

如果你可以确定你一天里百分之五十五的时候是对的，你就能在华尔街一天赚上百万美元，买游艇、娶美女。如果你不能保证你百分之五十五的时候是正确的，你凭什么指责别人的错误呢？

告诉一个人他错了，你可以用神态、声音或手势，就同我们用语言一样。但如果你说他错了，你认为他会感激你？不会的！那是你直接打击他的智力、判断、自信、自尊。他不仅不会改变他的思想，而且还会向你反击。即使你拿柏拉图、康德的逻辑去跟他理论，他仍是不会改变思想的，因为你伤及了他的自尊。

你千万不要说："你自己有错不承认，我就证明给你看。"你的话等于说："我比你智慧，我要用事实来改正你的错误。"

这种挑战能引起对方的反感，不等你继续开口，他已准备接受你的挑战了。

你纵然使用最温和的措辞，想改变别人的思想也是非常不容易的，更何况在那种不自然的情况下，你为什么不终止呢？

要想改正某人的错误，直率地告诉他是不妥的，需要运用非常巧

妙的方法，才不会得罪对方。

吉士爵士对他儿子说过："你比人家聪明，但是你绝不能对他说他没有你聪明。"

人们的观念随时在改变，我二十年前觉得正确的事，现在来看似乎是错误的。当我钻研爱因斯坦理论时，我也存着怀疑的态度。再过二十年，我也许不相信自己在书上写下的东西。现在我都不像从前那样敢于确定，无论是任何事情。苏格拉底多次对他的门徒说："我知道的只有一件事，那就是我什么也不知道。"

我不奢望比苏格拉底更有智慧，所以我尽量避免向他人说他错了。同时我也认为这实在对我有好处。

有人说了句你知道是错误的话，那么如用下面的语气来说，似乎要好一些："让我们来讨论讨论，我有另外一种看法，也许是错误的，因为我也经常把事情搞错，如果我错了我愿意改正。我们看看到底是怎么回事？"

天下所有人决不会责怪你说的话："或许我是错误的，我们看看到底是怎么回事！"

科学家也同样如此。史蒂文生不但是科学家，也是一位探险家。有一次，我去访问他。他曾在北极圈住了11年，其中6年的生活中除了水和肉外，吃不着其他东西。他说他正在进行实验！我问他实验是求证哪方面？他回答的话我永远无法忘记，他说："一个科学家永远不敢求证些什么，我只尝试着去寻找事实。"

你希望自己有科学化的思想，对不对？没有人能阻止你，除了自己外。

如果你承认自己随时都会犯错，就能省去所有麻烦，也不用跟任何人争论了。受你的影响，别人也会承认他自己有错误是难免的。

有个人确实犯了错误，你直率地指责他，会发生什么样的后果，你知道吗？我举一个特殊的例子：

S 君是纽约一位年轻的律师，最近在美国最高法院为一件重要案子辩护，这桩案件牵涉到一笔巨额资金和一项重要的法律问题。

在辩护过程中，一位法官问S 君：“《海军法》的申诉年限是六年，是不是？”

S 君沉默了一会，目注法官片刻，然后就说：“法官阁下，《海军法》中没有这样的条文限制。”

S 君叙述当时的情形时说：“我说出话后，整个法庭立即安静下来，法庭的气温似乎在刹那间降到了零度。我是对的，法官错了。可是，他是否友善对我？不会。我有法律的依据，而且我那次讲的也比以前都出色，但是我没有说服法官。我犯了一个大错，我直接对富有学问而著名的一位人物，说他错了……”

有逻辑性的人很少，我们大多数的人都有成见，彼此都被嫉妒、猜疑、恐惧和傲慢所伤害。很多人不愿对他的宗教和意志进行改变，甚至包括他的发型。因此，如果你打算对别人说他们不对时，每天早餐前，请你把鲁滨逊教授写的一段文章念一遍。他这样写道：

“我们有时会在毫无抵抗力

和阻力时，改变自己的信念。但是，如果有人指出我们的错误，我们就会懊恼和怀恨。我们不会在意一种意念如何养成，可有人要抹杀我们的信念时，我们自己的信念会突然变得坚实而固执。并不是我们强烈地偏爱着意念，而是由于我们的自尊受到了伤害。”

人与人之间，“我的”两个字是最重要的措辞，如果能恰当地使用这两个字，是明智的开始。无论是“我的”食物、“我的”狗、“我的”房屋、“我的”父亲、“我的”上帝，这字具有同样的力量。

我们不仅反感有人指出我们的错误，我们的汽车破旧，也不愿意有人说出来。我们对一桩认为“对”的事，总是继续喜欢相信它。如果有人对我们产生怀疑，我们就会强烈地反感，用各种方法去辩护。

一次，我请一个室内装潢师帮我安装一套窗帘。等他把账单送来，我看后吓了一跳。

几天后一个朋友到我家，看见那套窗帘，说起价钱，幸灾乐祸地说：“太不像话了，你大概是不小心上了人家的骗吧！”

真有这回事？对，她说的是实话，可是我们就是不想听见这样的实话。因此，我竭力给自己辩护。我说好的东西价钱总是昂贵的。

第二天，另外一个朋友来我家，她对那套窗帘诚恳地加以赞美。并且表示，自己也想有一套那样的窗帘。我听到这话跟昨天的感受一点不一样，我说：“配制这套窗帘，价钱太贵了，说实话我有点后悔。”

我们有错时，或许会自己承认，如果他人给我们承认的机会，我们会十分感激；不用别人说，我们就自然地承认了。如果有人硬要把不合胃口的东西塞进我们的喉咙，我们是无法接受的。

美国内战期间，著名的舆论家格利雷与林肯的政见相左，他觉得使用嘲笑、谩骂的争辩方法，林肯就能接受他的意见，让他屈服。一月又一月，一年又一年，他连续不断地攻击林肯，就在林肯被刺的那晚，他还写了一篇粗鲁、刻薄、嘲弄林肯的评论。

这样苛刻的攻击，林肯会屈服么？永远不会。

你如果想要知道人与人之间应该如何相处，如何管好自己，如何改善自己的品格，建议你去看《富兰克林自传》，这是一部美国文学名著，也是一部有趣味的传记。

自传中，富兰克林讲述出，他是怎样改变自己好辩的恶习，使他成为美国历史上一个和蔼、能干和善于外交的人物。

富兰克林还是一个经常犯错的年轻人时，一天，一位教友会里的老教友，把他叫到一旁，着实地教训了他一顿。

“朋，”老教友叫富兰克林的名字，“你实在不应该跟你意见相左的人过不去。如今已没有任何人会理你的看法。你的朋友发觉你不对时，他们更加快乐。你认为你懂得很多，再也不会有人对你说任何事情。实际上，你现在除了一点知识外，其他的什么都不知道。”

据我了解，富兰克林的成功，主要是归功于老教友尖锐有力的批评。后来富兰克林的年纪大了，有足够的思想去领会其中的真理。他深深明白，如果不痛改前非，就会受到社会的摒弃。他后来完全改变了自己过去不切实际的人生观。

富兰克林说：“我给自己订了一条规则，我不让自己在思想上跟任何人有不一致之处，我不坚持自己的见解。凡是肯定意思的字句，像‘一定的’、‘无疑的’等，我都改用‘我推断’、‘我猜测’或是‘我想像’等词语来替代。当别人指出我的错误时，我舍弃立即反驳对方的想法，转而用婉转的回答。

“过了不久，我感觉到因为改变态度获得的好处，参与任何谈话时，我都感到融洽和愉快。我谦虚地说明自己的观点，他们很快接受，反对的很少。人们给我指出错误时，我也不再恼怒。在我对的时候，他们更容易接受我的见解，改正他们的错误。

“我起先尝试这种做法时，会很激烈地敌对和反抗自我，后来渐渐自然地形成习惯了。过去50年中，没有人听我说过一句武断的话。我想，就是因为这种习惯的养成，当我每次提出一项意见时，会得到人们热烈的支持。我没有口才，用字生涩，也不善于演讲，可是我的大部分见解，都能得到人们的支持。”

富兰克林的方法用在商业上如何？我们举出两个例子：

玛霍尼住在纽约自由街114号，出售煤油特用的设备。一位长岛的

老主顾，向他订制一批货。那批货的制造图样已得到同意，机件也在开始生产中。可是，忽然发生了一件不幸的事。

原因是买主与他的朋友们谈起此事，那些朋友们提了不同的看法和主意。听了朋友们的话，他顿时感到烦躁不安。于是就立即给玛霍尼打了电话，说那批正在制造中的机件设备他拒绝接受。

玛霍尼先生说："我仔细查看，没有发现我们有错误。我知道是他和他的朋友们不了解这些机件的制作过程。可是我如果坦率地说出来，不仅不恰当，相反的对这项业务的进展十分危险。因此我去了一趟长岛。刚走进他的办公室，他就从座椅上跳了起来，声色俱厉地指着我，好像要跟我打架似的。最后他问：'你现在准备怎么办？'

"我平和地告诉他，他有什么计划我完全可以照办不误。我对他说：'出钱的人是你，自然要给你制造适用的东西。如果你认为你对，请你再给我一张图样。其实这项工作，我们已花了两千美元。现在我情愿舍弃这两千美元，停止进行中的工作，开始重新做起。不过我有言在先，假如我们按你给我的图样制造，出现任何错误的话，责任属于你，我们不承担任何责任。同样的，如果我们按照计划制造，有任何差错，由我们全部负责。'

"他听了我的话，火气渐渐平息下来，最后他说：'好吧，按计划生产吧。如果有什么错误的话，希望上帝帮助我们。'

"结果是我们最终做对了，他现在又向我们订了两批货。

"当那位主顾马上要对我挥拳，侮辱我不懂业务时，我用尽了自己

的自制力，克制自己不与他争吵辩护。这需要有很大的自制力，我做到了，认为这也是值得的。

“如果我当时告诉他那是他的不对，并与他争论起来，或许还会向法院提出诉讼。我想结果不仅是双方互相厌恶和经济上的损失，同时也会失去重要的一个主顾。我深深地体会到，坦率地指出人家的错误是不值得的。”

第二个例子——请相信我列举的例子，你可能随时会遇到——是这样的：纽约泰洛木厂推销员克劳雷多年来总在说木材检查员的坏处，在争论辩护中他常获胜，但没有得到过一点的益处。由于好争辩，导致克劳雷所在的那家木厂损失了上万美元。他后来到讲习班听课后，决心改变他的方式，不争辩了。那么什么结果呢？这是他写的报告：

“一天早晨，一个愤怒的顾客打来电话，他说我们送去工厂的木材一点也不适用。他的工厂已停止卸货，还要求我们尽快想法把那些货运走。在卸下满车货的四分之一时，他们的木料检查员认定木料在标准等级百分之五十五以下，他们拒绝收货。

“我知道情况后立即赶往他的工厂，路上我心里盘算着怎样才能处理好这件事。平时遇到这种情况，我以自己做检查员的经验和常识，引证出木料分等级的各项规则，来求得检查员的相信。我十分自信木料是合乎标准的，原因是他在检查时对规则有误解。最后，我运用了从学习班中所学到的知识。

“到了那家工厂，我看采购员和检查员的脸色都不友善，似乎已准备要跟我交涉谈判。到他们卸木料的地方，我要他们继续卸货，以方

便我看看什么地方有问题。我请他们把合格的货放在一边，把不合格的放在另一边。

“我看了一会后，认为他的检查过于严格，而且用错了标准。这次的木料是白松，我了解检查员只学过一些硬木的常识，而对于白松并不内行；而我对白松很熟悉。可是，我并没有对那检查员有不友好的态度，我只在意他怎样检查，试问他那些不合格的原因在哪儿。我没有暗示他是不对的，我只是这样的表示——为了今后送木材时不会再出现问题，才连续发问。

“我以友好合作的态度与检查员交谈，一个劲儿地称赞他谨慎、能干，称赞他查出不合格的木材来是好的。这样我们之间的紧张气氛逐渐地消失，慢慢融洽起来了。我经过郑重考虑，非常自然地插句话，令他们感到那些不合格的木材应该是合格的。因为我说得很小心含蓄，让他们认为我不是故意这样说的。

“他的态度渐渐地变了！最后他承认对白松那类的木材没有丰富的经验，并向我讨教许多问题。我便向他说明一块标准的木材是怎样的。我又表示如果他们不需要，他们完全可以拒绝收货。最后，他发现错误的原因是他们自己没有提出需要上好的木料。

“我走后，这位检查员将全车的木材检查一遍，并全部接受，我也收到当即付的一张支票。

“从这件事来看，任何事情只要运用手段，就不需要告诉对方他是错误的。对我而言，我为公司省了一百五十美元的损失，而彼此留下的好感，就不是金钱所能衡量的了。”

这一章我没有讲出什么新道理。19世纪以前，耶稣

曾说过："尽快同意你的反对者。"

换句话说，不要跟你的客户、丈夫或是敌手争辩，别指责他的错，别激怒他，不妨使用外交手法。

基督降生前2200年，埃及国王对他的儿子说："只有用外交手法，才能令你达到你所希望的目的。"

处事规则

永远不要指责对方是错的，尊重别人的意见。

第3节　勇于承认错误

我住在纽约市中心区，从家步行不到一分钟有一片树林。春天时树林里百花盛开，松鼠筑巢养育它们的孩子，马尾草长得有马头那样高，这块完整的地带，我们称它"森林公园"。

那座森林大概与哥伦布发现美洲时的情形，差别不大。我常带着自己的可爱驯良的波士顿哈巴狗雷克斯到公园里散步，因为公园里人很少，所以我没有给雷克斯系上皮带或口笼。

一天，我和雷克斯在公园看到一个急于要显示自己权威的警察。

他大声说："你的狗没有戴口笼，在公园乱跑，这是违法的，难道你不知道？"

我温和的回答说："我知道，不过我想它不会乱咬人的。"

那警察胸膛挺着说："你想它不会，可法律不会这么想。你的那条狗会伤害这里的松鼠，也会咬伤儿童。这次我不管你，下次我再看见你的狗不拴链子，不戴口笼，你必须去跟法官说话了。"

我点点头，答应遵守他的话。

我遵守了几次警察说的话。因为雷克斯不喜欢嘴上套着口笼，我也不想为它戴上，所以我想碰碰运气。起初安然无事，可有次我还是碰上了一个钉子。那次我带着雷克斯跑到一座小山上，一眼看见那个骑马的警察。雷克斯不会知道怎么回事，它蹦蹦跳跳

在我前面，往警察那边冲去。

我知道事情坏了，不等警察开口，自己干脆说："长官，请你处罚我吧，你上次说在公园里，狗嘴上不戴口笼是犯法的。"

那警察却用柔和的口气说："噢，我知道在无人时带狗来公园里溜溜，是蛮快乐的！"

我苦笑了一下，说："是的，可是，我违反了法律。"

那警察反而替我辩护，说："这样的哈巴狗，不会对人有伤害的。"

我很认真地说："可也许会伤害了松鼠！"

那警察对我说："你把事情想得太严重了。你只要让小狗跑过山，别让我看到，我就当什么也没有发生。"

这个警察需要一种自重感。我让他自重感得到满足的唯一方法，就是承认错误，让他显示出宽大的胸怀以及他的仁慈。

如果我那时跟那个警察争吵，效果就会与现在完全相反。

我承认他是非常正确的，而我是绝对错误的。我坦白承认我的错误，因为我说了他的话，他替我分辩，圆满地结束了这个警察上回用法律来吓唬我，而这回却饶恕了我。我想恐怕吉士爵士也不会像他那样善良。

如果我们早已知道将要受到责罚，为何不自己主动找出自己的缺点，先责罚自己，那不是比从别人那儿得到的批评，要好得多？

如在别人责备你前，找个机会先承认自己的错误，你已替他说了对方想要说的话，他就无话可说，有百分之九十九的希望会得到他的谅解，正如骑马的警察对我和雷克斯一样。

商业美术家华仑曾用这方法获得了一个粗鲁无礼的顾客的信心与好感。事情的经过是这样的：

在为广告商或出版商绘画时最重要的就是简明准确。有些美术方面的编辑人员交来的工作，要求立刻完成。这种情形下，细微的错误很难避免。我认识的人中，有个负责美术方面业务的客人喜欢挑剔找错，离开他的办公室时我心情常常不愉快。并不是由于他的批评和挑剔而不高兴，而是他指出的毛病不准确。

不久前，我去交一件匆忙中完成的画，后来他打电话让我立即去他办公室。不出所料，他一脸怒容，好像要对我狠狠地批评教训。我突然想到在学习班上学到的“自己责备自己”的方法，于是我立即说：“先生，我知道你不高兴，都怪我不可饶恕的疏忽。我替你画了这么多年，应该明白该如何画……我感到非常难过！”

那个美术主任听我这样说，相反又来安慰我说：“话虽然这样说，不过还不是太坏，只是……”

我接着说：“不管程度怎样，人家看了总会讨厌……”

他打算插嘴，我不想让他说这是我第一次批评自己，我愿意这样做。

我接着又说：“你平时很照顾我，我自己应该多加小心，画出令你满意的东西。这幅画我带回去，重新再画一张。”

他摇摇头说：“不用不用，我不想再麻烦你。”他很实在地对我说，他要求的仅是一个小小的修改。他说这点小错误，会使他公司的利益受到损失。他还告诉我这是非常细微的错，不必过于顾虑。

因为我首先批评自己，他怒气全消。最后，他请我吃了饭，在我们分别时，他签了支票给我，并委托我开始另外一件工作。

一个愚蠢的人，会竭力为自己的过错辩护。而一个能承认自己错误的人，却可以出类拔萃，给人一种高尚的感觉。有这样的例子：当年美国南方李将军的一件最完美的事，就是他把匹克德在格底斯堡之战中的失败原因归答到自己身上。

匹克德冲锋战，是西方战争史中最光荣生动的一次。匹克德长相英俊，风度翩翩，留着很长的赭色的头发，几乎披到背上。他和在意

大利战役中的拿破仑一样，天天在战场上写情书。

在惨痛七月的一个下午，他骑着马奔向联军阵线，姿态英武，得意地看着部下士兵们的喝彩，并追随着他前进的步伐。北方联军阵线的军队朝这边远远看来，也禁不住一阵由衷地赞美。

匹克德率领的军队，经过果园、田地、草地，横过山峡，快速向前推进。最后敌人的炮火朝他们猛烈袭来，但他们仍然勇敢推进。

突然间，在山背石墙隐蔽处埋伏的联军，从后方蜂拥而出，对着匹克德的军队枪炮击射，山顶烈火熊熊像火山爆发。在几分钟内，匹克德带领的五千大军，五分之四都战亡了。

阿密斯特带着残余的军队跃过石墙，用刀尖挑起军帽，大喊："弟兄们，冲啊！"顿时士气大增，他们翻过石墙，短兵相接，一场肉搏后，把南军的战旗，终于竖立在山顶上。

山顶战旗飘扬，虽时间很短，却是南方盟军战功的最高记录。

匹克德在这场战斗中获得了人们对他光荣、勇敢的赞誉，可这也是他结束的开始——李将军失败了！他知道他再也无法深入北方。

南军失败了！

受到沉重打击的李将军，怀着悲痛的心情，向南方同盟政府总统戴维斯提出辞呈，请年富力强的人带领军队。如果李将军把匹克德的惨败，归罪到他人身上，他能够找出几十个借口来：师长不尽职、马队后援太迟、步兵未能及时协助等等。

可是李将军没有责备他人，也不归咎于别人。匹克德带领残军归来时，李将军单身骑马去迎接他们。令人敬畏的说："这次战役的失败都是我的过错，我应该承担全部责任。"

历史名将中，

有这种勇气和品德，敢于承认自己错误的很少。

贺巴特的著作对读者有很强的煽惑性，他讥讽的文字常引起人们不满和反感。可贺巴特有他一套特殊的待人艺术，他能将敌人变成他的朋友。

比如，一些愤怒的读者写信批评他的作品，贺巴特这样回答他们："我细想之后，自己也完全赞同你说的。我昨天写的，今天也许就不以为然了。我很想知道你对这个问题的看法。欢迎你下次来附近时，到我这里，我会跟你紧紧握手。"

你若收到这样的信，还能说些什么？

如果我们是对的，我们要巧妙婉转地让别人同意我们的观点。然而，当我们错误的时候，我们要快速、坦率地承认错误。使用这种方法，不但能得到意想不到的效果，还会比替自己辩护更为有趣。

别忘了这样一句话："用争夺的方法，你永远不会得到满足。谦让的时候，你能够得到比你的期望更多的东西。"

处事规则

如果你错了，要主动快速地坦白承认。

第4节　如何走上理智之路

你如果在盛怒下对人发了脾气，对你来言，固然发泄了心头的气愤，可是那人会如何呢？他能体验你的轻松和快乐？他受得了你挑战的口气和仇视的态度？

威尔逊总统这样说过："假如你握紧了两个拳头来找我，我告诉你，我的拳头握得比你更紧。你若是这样说：'让我们坐下商量一下，如果我们的意见不同，不妨想想看问题何在，主要的症结是什么。'我们很快可以得出彼此很近的意见，不同的地方甚少，相同的地方很多。就是说只要忍耐，加上双方的诚意，我们可以更接近。"

约翰·洛克菲勒对威尔逊总统这句话内含的真理非常赞赏。

1915年时，洛克菲勒在科罗拉多州声名狼藉，人们非常轻视他。那次是美国工业史上流血最多的工人运动，持续了长达两年之久。

愤怒的工人要求科罗拉多州煤铁公司提高工资，而洛克菲勒就是负责这家煤铁公司的。那时房产被矿工毁坏，只好调动军队前来镇压，接连发生流血事件，死伤在枪口下的矿工很多。

在那时候，仇恨的气息缠绕在每个角落，可洛克菲勒需要得到矿工的原谅，而他也真的做到了。他是如何做到的？经过是这样的：

洛克菲勒用了几个星期的时间去认识朋友，然后对工人代表们进行演说。这篇演讲稿是他得意的杰作，产生了惊人的效果，完全平息了工人们的愤怒。他的这篇演说得到很多人的赞赏。在这篇演讲中，他展示了非常友善的态度，使那些罢工的工人个个都回去工作。工人们罢工最重要的一件事，就是加薪，可是听了他的演讲后，这些工人们没有在这件事上说起一个字。

以下就是这篇著名的演讲稿，请留意语句间流露出来的和平精神。

不要忘了，洛克菲勒的演讲，是对几天前还想要把脖子吊在酸苹果树上的人听的。可是他的话语，比医生、传道者还要和蔼与谦逊。

在这篇演讲中，他使用了这样的词语："能到这儿，我感到非常荣幸。我曾拜访过你们的家庭，看到你们的夫人和孩子们。今天见面，我们就如朋友一样，很亲切。为着我们共同的利益，我们拥有友好互助的精神。承蒙各位的厚爱，我才能到这儿来。

"这在我一生中是最值得纪念的一天，我第一次荣幸地和公司方面劳工代表、职员和督察们会聚在一起，这样难得的聚会，我终生难忘，感到很荣幸。这个聚会假如在两周前举行，我在这里就是个陌生人，即使有认识的，也不是很多。

“前段日子，我去南煤区的住所与各位代表进行个别的谈话，拜访你们的家庭，见到你们的妻子和孩子们，所以今天我们在这里见面，已经不是陌生人了，而是朋友。在友好、互助的精神下，我很高兴有机会，让你们共同讨论有关我们利益的事。

“我能参加这次聚会，是承大家的厚爱，因为我不是公司的职员，也不是劳工代表。可是我觉得我们之间的关系是很亲密的，因为我是代表股东和董事方面的……”

像这样的演讲，是不是化干戈为玉帛的一个最具体例子？

假如洛克菲勒运用了另外的方法，他与那些矿工们展开辩论，用可怕的事实痛责、威胁他们，指出他们的错误，结果又是如何呢？那一定会激起更深的愤怒，更深的仇恨和更大的反抗。

如果有这样的人，他对你抱有成见，即使你找出所有的逻辑和理由，他也不可能同意你的意见。假如用强迫的手段，他更不会接受你的意见，向你屈服。那么如果我们用和善的态度、温和的言语，我们就能引导他同意。

林肯大约在一百年前说过类似的话，这是一句古老而真实的格言。他说：“一滴蜂蜜比一桶的胆汁捉到的苍蝇更多。”对人也是如此，如果想要人们同意你的意见，先让他相信你是他的忠实朋友，那就会像一滴蜂蜜，粘住了他的心，你的道路就走的

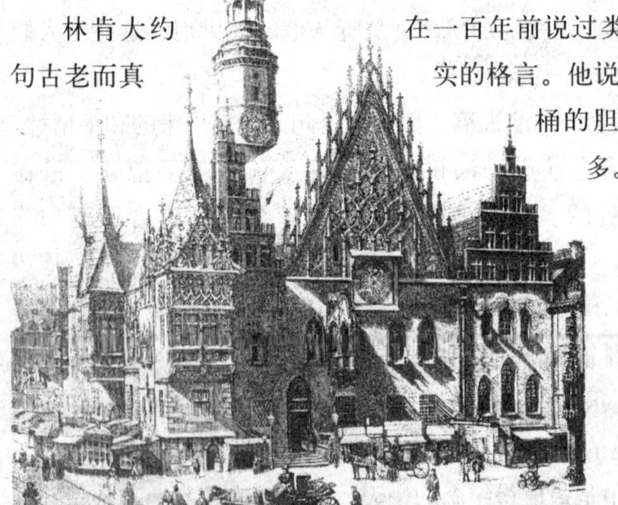

顺畅和理智了。

对商人来讲，懂得如何运用友善的态度对待罢工者，是值得的。举例子来说：

怀特汽车公司有2500个工人，为了要求增加工资，工会组织罢工。公司经理白雷克并没有震怒、斥责和恫吓，甚至指责他们是一次暴行，反而夸奖工人们。他在《克里弗雷》报上登了一则广告，称赞他们使用的是放下工具的和平手段。

他看见罢工纠察人员闲着无事，就买了几套棒球请他们在空地上打球。对那些爱玩保龄球的人，还替他们租了一套屋子。

白雷克和善的态度，收到了良好的效果。那些罢工的工人找来扫帚、铁铲和垃圾车，自动地把工厂周围的纸屑、火柴和烟蒂打扫干净。想一下，那些正要求加薪和承认工会的罢工工人，整理了工厂周围的环境。在美国劳资纠纷中，这种情形实在少见。那次的罢工在一周内就和解完毕，没有丝毫的怨恨就结束了。

韦伯司脱模样好像一位天神，声音像耶和华，他是最成功的律师之一。他总是只说自己有力的见解，从来不做无谓的争论。平时，他运用温和的言辞，表述他最有力的理由。

他平时常用这样的语句："诸位陪审员所考虑的这点……""这事情好像有探索的必要……""诸位，我相信你们是不会忽略这几项事实……"或者这样说："我相信你们对人性上有了解，所以能容易看出这些重要的事实……"

韦伯司脱的言语中没有胁迫和高压，不将自己的意见强加在别人身上。他用轻松、友善的方式，使他成名。

你也许不会被邀请去解决一次工潮，或是在陪审团成员前发表演说。可是，或许你盼望降低你的房租，这种友善的方法能够帮助你。我们看看下面的例子：

工程师司托伯认为自己租的房子租金太高，希望降低些，但是房东是个铁面无情的人。司托伯在学习班上说：

"我给房东写了一封信，说我租约期满，准备搬出公寓。其实我并不想搬，若能减低房租，我还是愿意继续住下去的。但是我知道这个希望很小，情形也不乐观，主要是因为其他房客都试过了，结果也都失败了。他们对我说房东是个难对付的人。可是我想：我正在学习如何与人相处的课程，不妨在那房东身上试试，看看效果怎样。

“房东接到我的信后，带着他的秘书一同看我。在门口我用司华伯那种热烈欢迎的方式欢迎了他。第一句话我并没有说起房租高的事，我开始说如何喜欢他的公寓，佩服他管理房子的方法。我还告诉他我非常乐意继续住下去，但是我的经济能力令我无法负担。

“我感觉他好像从未受到房客这样的欢迎，变得有些手足无措了。

“接着，他对我说起他遇到的许多困扰——有些房客一直向他埋怨，其中有个房客还写过14封侮辱他的信。还有一位房客恐吓他，说除非楼上的人不打呼鼾睡觉，否则就立即取消租约。

“房东指着我说：‘像你这样的满意的房客，对我来说，是再好也没有的了。’然后没等我开口，他主动减少了租金。我希望租金再减低些，说出自己能负担的价钱，他一句话没说，就接受了。临走时，他还问我：‘你房间里，有需要装修的地方吗？’

“我当时如果用与其他房客一样的方法，要求房东房租减低，我想也会遇到与他们一样的情形，是友善、赞赏和同情，让我收到了意想不到的效果。”

再举一个例子，这是一位社交上极有声望的女士的经验之谈，她是长岛沙滩花园城的黛夫人，她是这样说的：

> 我最近请几位朋友吃饭，这对我而言，自然希望这个重要的聚会中能够事事如意。
>
> 管家爱弥尔在这些事情上，是我的得力的助手，可是这次他令我失望了。
>
> 那次午餐饭菜做坏了，爱弥尔也没有到场，只派了一个侍者来。这个侍者对高级宴席的情况一点也不清楚，整个宴会糟透了。我心里烦死了，但在客人面前必须勉强赔笑。我对自己这样说：“等见到爱弥尔，我一定饶不了他。”
>
> 那是星期三的事。次日，我听了人际关系学的演讲后，领

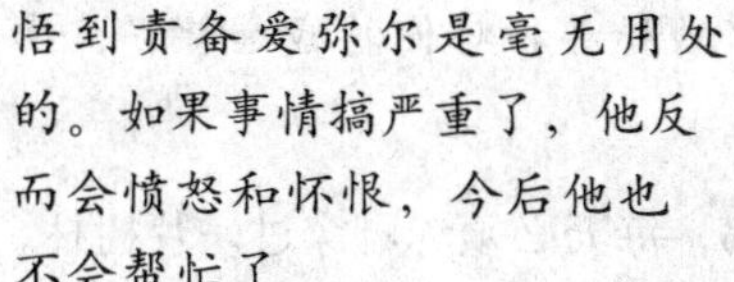

悟到责备爱弥尔是毫无用处的。如果事情搞严重了，他反而会愤怒和怀恨，今后他也不会帮忙了。

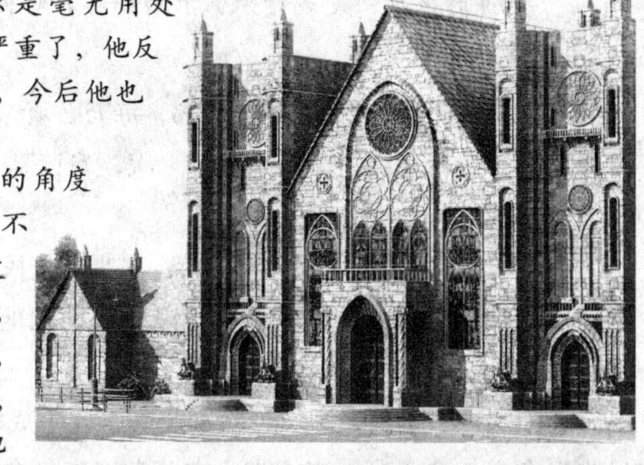

我开始从他的角度去想：午餐的菜不是他买的，他也没有亲自下厨去做，只怪那侍者太笨，才把宴会搞砸了，对爱弥尔来讲，他也是没有办法。也许是我把事情想得太严重，没多加思索就急于发怒。我决心仍友善地对待他，赞许夸奖他，我相信这办法一定有效。

第二天，我看到爱弥尔显得愤愤不平，好像要与我分辩那件事。我对他这样说："爱弥尔，当我请客的时候，你知不知道如果你在的话该有多好。在纽约，你是最能干的管家。情况我也明白，那天宴会的菜，不是你亲自买回来做的。发生那样的事，我想你也是没有办法的。"

爱弥尔听了这话，脸上的不高兴完全消失了，他笑着说："太太，真的，原因就在那个厨司侍者身上，不是我的错造成的。"

我接着说："爱弥尔，我将再举办一场宴会，我需要你给我提些意见，你认为我应该再给那个厨司一个机会吗？"

爱弥尔连连点头，说："太太，你放心，不会再发生上回那种情形了。"

过了一星期，我又设宴请人聚餐。爱弥尔提供了菜单的资料，我给他一些小费，没有提到过去那次的错误。

我们走到席间，桌上摆着两束美丽的鲜花，爱弥尔在旁亲自照料，殷勤侍候来宾。眼前的景象，就是我即使宴请玛丽皇后，也不过如此。美味可口的菜肴，服务周到的四个侍者在旁侍候。爱弥尔最后亲自端上爽口的点心作为结束。

席散后，我的一位客人含笑问我："那个管事，你对他施了什么法术？我从来没有见过他招待如此殷勤。"

他说的很对，是我对爱弥尔的和善和对他的诚意赞赏，才得到这个效果。

多年前，我住在密苏里州西北部，每天必须赤脚穿过一片树林，那时我还是去乡村学校上学的小孩。一次，我读到一篇关于太阳和风的寓言。

太阳和风比赛谁的力量大。风说："我马上找个证明给你看，你有没有看到那穿着大衣的老人？我可以很快地把他身上那件大衣脱下，那时你就知道我的力量比你大了！"

太阳躲进云里去，那风就吹刮起来，几乎成了一股飓风。可是那风吹得愈大、愈激烈，老人把大衣朝身上裹得愈紧。

最后，风不得不停下来！接着，太阳从白云后面出来，对着老人和善地笑着。似乎没有多久，老人拭着额头上的汗，并把身上那件大衣脱了下来。于是太阳向风说："温柔、友善的力量，永远胜过愤怒和暴力。"

在我刚读到那段寓言的时候，在遥远的波士顿，发生了一件事，证实了那段寓言的含意。波士顿是美国历史文化教育中心，小时候，我都不敢梦想有机会去那里。证实那段真理的波士顿B医生，在30年后，成为我讲习班里的一个学员。下面是B医生在班上所讲的故事：

那时的波士顿的各报刊上，刊满了几乎全是假药庸医的广告，如替人专门打胎的庸医的广告，用骇人听闻的言词恐吓病人，主要的目的就是骗钱。患者在接受治疗后，听任那些庸医的摆布而堕胎，造成很多死亡。可是这些庸医被判罪的特

别少，他们只要花点钱，或用政治的势力就能摆脱罪状。

这种情形日益严重，波士顿上流社会的人士一致反对，布道的牧师在讲台痛责、抨击那些刊登污秽广告的报纸，他们祈祷上帝能停止那些广告刊登。其他包括市民团体、商人、教会、青年会、妇女会等，也都纷纷指责，但都无补于事。在州议会上，也有激烈的辩论，要让这些无耻的广告成为“非法的”，但是对方都有政治势力的背景，任何效果也没有产生。

B 医生那时是一个基督教团体的主席，他尝试用一切方法，但也都以失败告终，对这种医药界败类的运动，马上就没有希望了。

有个晚上，时间已经很晚了，B 医生还没有休息，仍费心费力地思考着那件事。终于他想出了一个所有波士顿人从未想起的办法——用友善、同情和赞赏的方法，促使报馆自动停止刊登那类广告。

B 医生给波士顿销路最畅的一家报社写了一封信，他对那家报社非常赞誉，说那份报纸的新闻详实，特别报上的社论更是令人瞩目，是最好的一份家庭报纸。B 医生在信上又这样写道——那份报是全州乃至全美国最完美的新闻读物。但他接着说：

“但是，我有个朋友，他对我说他年轻的女儿，在一个晚上朗诵你们报上的一则专门替人打胎的广告，那女儿不明白广告上的意思，就问她的父亲那些字句的含义。我朋友被女儿问得非常窘迫，他不知道该如何向这纯洁、天真的女儿去解释。

“在波士顿高尚的家庭中，你们的报纸是一份受欢迎的读物。在我朋友家庭发生类似的情形，在别的家庭里是否也有这样的情形发生？假如你有一个纯洁、天真、年轻的女儿，你是否也愿意她看见那些广告？当你女儿向你提出同样的问题时，你该如何去解释？

“贵报的各方面都十分完美，但因为这类情形的存在，常使做父母的非得禁止他们的子女阅读贵报。对于这点，我为贵报感到十分痛惜。其他上万的读者，我相信他们也会有与我同样的想法。”

两天后，这家报社的发行人给 B 医生一封回信，信上的日期是 1904 年 10 月 13 日，这封信他保存了 30 多年，当他是我讲习班上的学员时，他把那封信拿给我看。信的内容是这样的：

本报编辑于本月11日交来你的一封信，阅后万分感激，这是多年来本报发展至今，一直未能实施的一件事。

自周一起，本报所有报道中，将删除读者不欢迎的、反对的一切广告。至于暂时不能停发的医药广告，经编辑郑重处理后，方行刊登，以免引起读者的反感。

谢谢你关切的来信，让我们获益良多。

发行人海司格尔

希腊克洛赛斯宫中的奴隶伊索，他在基督降生前600多年，写下了一部不朽的作品，那就是流传到今天的《伊索寓言》。它对于人性的教育，就像波士顿的情况，在2500年前的希腊雅典是一样的。太阳比风更能使你脱去你的外衣！友善和爱能改变人原有的心意，这比暴力的攻击更为有效。

记住林肯说的那句话：“一滴蜂蜜比一桶胆汁捉到的苍蝇更多。”

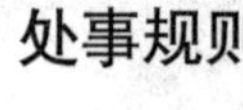

处事规则

当你想要让他人同意你的观点时，从友善的方法开始。

第5节　苏格拉底的秘密

与人们谈话的时候，不要一开始就谈你们意见相反的事，应该谈些彼此赞同的事。你可以试着说出你的意见，然后告诉他，你们追求的是同一个目标，只是在方法上有所差异而已。

尽量在开始的时候，让对方连续说“是！是！”，如果可以，要尽力防止他说“不！”。

奥弗斯德教授在他写的那部《影响人类行为》一书中说：“一个‘不’字的反应，是最不容易克服的困难，当一个人说出‘不’字后，为了人格的自尊，他就不得不坚持到底。他或许在事后觉得自己说出这个‘不’字是错误的，但是他必须顾虑到自己的尊严，他说的

每句话都要坚持到底。所以，人在开始的时候，就往正面走，是非常重要的。”

说话有技巧的人，在开始的时候就能获取很多“是”的回答，只有这样，他才可以将受众的心理引导向正面方向。

以人的心理状态来说，当一个人说出“不”时，他的心里也埋伏着这样的意念，从而，他浑身的器官、腺、神经和肌肉，完全组合起来，组成一个拒绝的状态。反过来说，如果当一个人回答“是”的时候，体内的器官产生不了收缩动作，浑身的组织是前进、接受和开放的状态。因此，开始一次谈话的时候，我们如能引导对方说出更多的“是”时，就为我们以后更顺利地取得对方的同意，提供了很好的条件。

得到这个“是”的反应，本来是个很简单的方法，人们却常常忽略了。人们一开口，好像就要反对他人的意见，似乎这样做就能显出他的突出和重要。激烈的和守旧的人交谈，另一方很容易发怒。如果这样做，仅仅为了感官上的快感，还情有可原，但是如果是要完成一件事，那就不划算了。

假如你的学生、客人、丈夫或者是妻子，他们一开口就是“不”，就算你耗尽心思，再大的忍耐，也很难再改变他们的想法。

运用“是，是”的方法，纽约一家储蓄银行的出纳员爱伯逊先生，成功地拉住了一位阔绰的存户：

这位客户进银行来存款，按照银行规定，我把存款申请表格递给他填写。平时有的人会立即填写，但有的拒绝这样做。这次这人就不愿意填写。如果这事发生在我还没有学习人类关系学之前，我会告诉那位顾客，假如他不填好表格，我就会拒收他的存款。很惭愧的是我以往都是这样做的。当然，我说出这些话后，自己会感到很满足和得意。

这天上午，我开始运用学到的实用的知识，我避免谈银行所要的，而是说顾客方面的需要。最主要的是我决定让他一开始就说“是”！为此，我表示我的意见跟他一模一样，他不愿填表格，我也认为并不很必要。

我对那位顾客这样说：“你把钱存在银行，如果你去世后，是否愿意让银行把存款转交给你最亲密的人？”

那客人立即回答：“当然愿意。”

我继续说：“这样，你就按照我们的办法去做，把你最亲的亲人的姓名、情况都填在这份表格上。如果你发生不幸，我们立即移交给他这笔钱。”

那位顾客又说：“好，好的。”

客人态度改变的原因，是他知道了填写这份表格是为他自己有益。离开银行前，他不但填上了所有的表格，还接受了我的建议，用他母亲的名义新开了个账户，把他母亲的详细情形，按照表格要求详细填上。

我发现让他一开始就说是，是，他就忘了争执，并很愉快地按照我的建议去做。

西屋公司推销员爱力逊也说了一段他的故事：

在我负责的推销范围区域里，一位有钱的大企业家住在那里。我们公司特别想卖他一批货物，那位过去的推销员用了快十年的时间，一笔交易也没有谈成。我接管这一地区后，也用了三年时间去争取他的生意，可也没有什么结果。经过13年连续的访问和洽谈后，对方只买了几台发动机而已，但是我希望，假如这回生意做成，发动机没有故障，他以后会买我几百台发动机。

发动机会不会出现故障和毛病？我清楚这些发动机不会有任何故障的。过了些日子，我去拜访他。

我心里本来很高兴，可是高兴来得似乎太早了，那位负责的工程师见到我就说："爱力逊，你的发动机我们不能再多买了。"

我心头一急，问："为什么？"

那个工程师说："你卖给我们的发动机太热，手不能放在上面。"

我明白假如跟他争辩，任何好处也不会有的，过去就发生过这样的情形，现在我想如何让他说出"是"的方法。

我对那个工程师说："史密司先生，我完全同意你说的。假如那发动机过热，我建议你就别买了。你需要的是发动机，自然不是它的超出电工协会所定标准的热度，是不是？"

他完全同意。我得到他第一个"是"字。

我接着说："电工协会规定，一架标准的发动机，比室内温度高出华氏 72 度是允许的，是不是？"

他同意我说的："是，但是你的发动机却比这温度高。"

我没与他争辩，我只问："工厂温度多少？"

他想了想，回答说："大约有华氏 75 度左右。"

我说："这就对了，工厂温度 75 度，再加上 72 度，总共是 147 度。你假如把手放入 147 度的热水里，是不是手会烫伤？"

他说"是。"

我建议他说："史密司先生，你的手别碰着那架发动机不就行了！"

他接受了我的建议，说："你说得对。"我们谈了一会后，他叫来秘书，订了将近 3 万美元的货物。

我浪费多年的时间，损失数万美元，最后才明白，争辩不是聪明的办法。我们要从对方的立场去想事，想法让别人回答"是，是"，那才是成功的方法。

希腊大哲学家苏格拉底是个风趣的老顽童，他喜欢光脚不穿鞋，40 岁时已秃顶光头，但是却与一个 19 岁的女孩子结了婚。他对世界的贡献，有史以来超过他的几乎没有。他改变了人们思维的方法，直到今日，他仍是有史以来最影响这个世界的劝导者之一。

他有什么方法？他指责别人的过错？不，苏格拉底从不这样。

他的处世艺术现在被称为“苏格拉底辩证法”，就是以“是，是”作为唯一的论点。他提问的问题都是他的反对者，情愿接受并赞同的。他连续不断地让对方同意承认，最后，使反对者在不知不觉中赞同了在几分钟前还坚持否认的论点。

我们下次指出人们的错误时，要牢记赤足的苏格拉底，问能够得到对方“是，是”反应的温和问题。

中国人有句充满了东方智慧的悠久的格言，这句话是：“轻履者行远。”

他们用了五千年漫长的时间，去钻研人的本性。那些有学问的中国人，积蓄了非常多的智慧的言语，就像“轻履者行远”这类话。

处事规则

如果你想要人们都同意你，让对方很快地回答“是！是！”。

第6节　理智对待抱怨者的方法

很多人需要人们同意他的意见时，话说得都非常多。特别是推销员更容易犯这个错误。你应该让对方尽量说出他的意见，对于自己的事，或是问题，自己自然比任何人知道得多。所以你应该问他问题，由他来对你说明一些事。

你如果不同意他的话，或许你会立刻顶嘴，请不要这样，这是危险的。当他仍有很多意见要表达时，他不会在你身上留意的。因此，你必须忍耐，怀着舒畅的心情静听，要用最真挚的态度去鼓励他，让他把所要说的话全部说完。

这种方式，在商场上是不是有效呢？有一个不得不作这样的尝试的人。

几年前，美国最大的一家汽车公司，准备采购一年中所要用的坐垫布。有三家厂商当时把样品送去备选，那家汽车公司高级员工查看后，与三家厂商约定，在某日各派一位代表前来洽谈，到时再决定选用哪一家厂商的商品。

琪勃是其中一家厂商的代表，在那一天，他不巧患了严重的咽炎。琪勃先生在学习班中，讲了当时的情形：

轮到我去见汽车公司的高级职员时，我竟然嗓子哑了，甚至一点声音也发不出来。我被带进办公室，与里面的纺织工程师、采购经理、营销主任以及那家汽车公司的总经理一一见了面。当我起身想要说话时，只能发出沙哑的声音来。

他们围绕在一张桌子坐着，我说不出话，只好用笔把话写在纸上："各位先生，我嗓子哑了，无法说话。"

那位总经理说："好吧，我替你说说看吧！"这位总经理真的帮我说话了。他把样品一件件铺开，并称赞这些样品的优点。他们于是就开始讨论起来。因为那位总经理帮我说话，所以在他们议论时，他自然地帮着我。我当时只能点头微笑，或用手势去表达我的意思。

这次奇特的会议结束后，我得到了订货合约，这家汽车公司向我预购了五十万码的坐垫布，价值160万美元。这是我目前经手的最大的一份订货单。

我明白，如果不是我喉咙嘶哑，说不出话，也许我会失去那份订货合同，因为我对整件事有错误的想法。这回我无意中发现，原来让别人讲话，有时是有价值的。

费城电气公司的范勃也有过相同的感悟。范勃先生当时在宾夕法尼亚的一个富庶的荷兰农民区作访问考察。

他经过一户整洁的农家时，向该区的代表询问："这些人为何不喜欢用电？"

那代表表情很烦厌地说："他们全是守财奴，你甭想卖给他们任何东西。他们对电气公司很反感，我多次跟他们谈过，没有希望。"

范勃相信区代表讲的是实话，可是他想再尝试一次。于是，他轻敲一家农户的门，门开了个小缝，年老的特根保太太伸头看看。

范勃先生讲述当时的情况：

当看到是电气公司的代表时，这位老太太把门很快关上。我上前再敲门，她再次把门打开，这回她给我们说了她对我们公司的意见。

我对她说："特根保太太，很抱歉打扰了你。我不是向你推销电气的，我只是想买些鸡蛋。"

她把门开大了些，怀疑地望着我们。

我说："我看你养的全是多敏尼克鸡，所以我打算买些新鲜的鸡蛋。"

她把门又拉开了些，说："你知道我养的是多敏尼克鸡？"她看起来感到好奇的样子。

我说："我自己也养鸡，可是从未见过比你养得更好的多敏尼克鸡。"

特根保太太疑惑地问："那么你为什么不吃自己的鸡蛋？"

我回答她说："我养的是来亨鸡，下的是白色的蛋。你懂得烹调，一定知道做蛋糕时，白鸡蛋没有棕色的好。为此我太太对她做蛋糕的手艺，总是很自豪。"

特根保太太这时才放心走了出来，态度也温和了许多。我同

时看到院子里有架很好的牛奶棚，就接着说：“特根保太太，我可以打赌，你养鸡赚的钱，一定比你丈夫的牛奶棚赚的钱多。”

她听了非常高兴，当然是她赚得多！她听我这样说更加高兴，但可惜她不能让她那个固执的丈夫承认这一点。

她邀请我们去参观她的鸡房。参观的时候，我真诚地赞美她养鸡的技术，还找了很多问题请她指教，交换了很多的看法和经验。

特根保老太太突然说起另外一件事，她说她的几位邻居，在她们鸡房里都安置了电灯，据她们推荐说是有很好的效果。她征求我的意见，她如果用电是不是划算得来。

两周后，特根保老太太养鸡房里的多敏尼克鸡在电灯的光亮下，叫着跳着。我做成这笔生意，她收获更多的鸡蛋，双方皆大欢喜，互有利益。

但故事的重点是，我如果不投其所好，就永远不能将电器卖给那位荷兰农妇。

这种人叫她买绝不可能，需要让她自己主动来买。

纽约一份极为畅销的报纸在它的经济版一栏中，刊登出一篇篇幅很大的广告，要招聘一位有特殊能力和经验的人。柯白立司寄信到指定的信箱去应聘。几天后，他接到回复，约他面谈。在他去应聘面试前，花了很多时间在华尔街极力打听，所有关于这商业机构创办人的生平事迹。

见面时，柯白立司说：“如果我能在像你这样有成就的商业机构工作，我会感到十分自豪。听说你在28年前开始创业时，除了一间屋子、一套桌椅和一个速记员外，其他什么都没有，真有这回事吗？”

几乎每个事业上成功的人，都喜欢回忆早年奋斗的情形，眼前这位负责人自然也不会例外。他说了许多他当年如何用450美元现金和一股创业的意志，开创这项事业的经过，如何克服困难，又怎样与困难斗争，逢周末和节假日也不休息，每天工作12至16小时。最后他是怎样克服困难，直到今天，华尔街最有地位身份的金融家，都向他请教。他对自己的成就感到自豪。最后他简单问了柯白立司的经历，随后请来一位副总经理，说：“这位先生，我想就是我们要招的人了。”

柯白立司费尽心思，去打听他未来上司过去的一切，对他未来的上司表示关心，鼓励他多说自己，从而使对方对自己留下良好的印象。

实际生活中，即使是我们的朋友，也喜欢多谈自己的成就。喜欢听别人吹嘘的人，可以说根本没有。

法国哲学家洛希夫克曾说：“你就胜过你的朋友，你就得到仇人；可是，让你的朋友胜过你，你就会获得更多的朋友。”

这该怎么解释呢？因为当朋友胜过我们时，他的自尊就可以得到满足。可是，当我们胜过朋友时，他会有种自卑的感觉，并会引起他的猜疑和妒忌。

德国人有句俗语，说：“当我们所猜疑妒忌的人，发生不幸时，我们会有一种恶意的快感。”

有些朋友看你遇到困难时，也许比看你成功更为痛快。

所以，我们不要表现出太多的成就来，我们要虚怀若谷、处处谦虚，那样人们会永远喜欢你，大家都愿意与你接近。名作家考伯就有这样的技巧：有一个律师，在证席上问考伯说：“考伯先生，听说你是美国著名的作家，是吗？”

考伯回答说：“实在不敢当，如果真的是，我太幸运了。”

我们应该谦逊，因为我们都没有什么了不起。你我都会过去的，百年之后，我们都会被人忘记。生命是短暂的，我们不值一提的成就，拿来作谈话的资料，听了让人厌烦。我们要激励别人多说话。静静地想想，我们实在没有什么值得夸耀的。

是什么原因你才没有成为一个“白痴”？道理很简单——你的甲状腺里，藏着只值一个煤钱的碘质。若是哪个医生切开你脖子上的甲状腺，取出那点碘质，你就变成一个白痴了。你可以花些钱，去药房买瓶碘酒，这个就是让你与精神病院隔离的东西。一个人的意识、智商就值那么一点钱，我们有什么值得骄傲的？

处事规则

你要想对方同意你的话，尽量多给对方说话的机会。

小　　结

想要得到别人同意于你的十二种方法：

一、在辩论中，获得最大利益的唯一方法，就是避免辩论。

二、尊重别人的意见，永远不要指责对方是错的。

三、如果你错了，迅速、郑重地承认下来。

四、以友善的方法开始。

五、使对方很快的回答“是！是！”。

六、尽量让对方有多说话的机会。

七、使对方以为这是他的意念。

八、要真诚地以他人的观点去看事情。

九、理解并同情对方的意念和欲望。

十、激发更高尚的动机。

十一、使你的意念戏剧化。

十二、提出一个挑战。

第二章　巧妙说服别人的六种方法

第1节　如何批评才不致招怨

有一天中午，司华伯去他的一家钢铁厂看到几个工人在吸烟，而在那些工人头顶墙处，正挂着一面“禁止吸烟”的牌子。司华伯没有指着那面牌子，对那些工人说，难道你们不识字吗？他采取了另外一种策略。

他走到那些工人面前，拿出烟盒，给他们每人一支雪茄，然后说：“嗨，弟兄们，不用感谢我给你们雪茄，如果你们能到外面吸烟，我就非常高兴。”那些工人们当然也就知道自己做错了，可是他们佩服司华伯没有对他们暴跳如雷，而是以一种体面的方式指出了他们的错误。

范纳梅克经营费城一家很大的百货公司，他也善于运用这样的方法。范纳梅克每天都去他的百货公司。有一次，他看到一位女客人站在柜台外面，等着买东西，可就是没有人去招呼她。原来售货员都聚到柜台远处一角说笑。范纳梅克一声不响地走进柜台里，亲自招呼那位女顾客。随后他把

成交的货物，交给售货员去包装，然后离开。

1887年3月8日，优秀的布道家皮却牧师去世了。下一个星期日，爱保德牧师被邀登坛讲道。他做了充分的准备，希望能完美地完成这次布道，所以他事先充分润色了一篇稿子，准备到时应用，并先读给他太太听。事实上，这是一篇很平庸的演讲稿。

如果他太太没有足够的修养和见解，一定会说："爱保德，再没有比这更糟的演讲稿了，听你演讲的人一定会睡着，它读起来枯燥无味；你讲道这么多年，为什么不像平常讲话那样自然一些？"

但那位爱保德太太没有这样说，而是巧妙地暗示她丈夫，如果把那篇讲道演讲稿拿到《北美评论》去发表，将是上好的佳作。很明显，她这是在赞美丈夫的杰作，同时却又巧妙地暗示，这篇演讲稿不太适合用于讲道。爱保德对妻子的暗示心领神会，就把他那篇绞尽脑汁完成的演讲稿撕碎，然后什么也不准备就满怀自信地去讲道了。

要记住，如果阻止一件事，永远躲开正面的批评非常必要。我们可以旁敲侧击地去暗示对方。正面的批评会伤害人的自尊心，旁敲侧击却能体现你的善良，别人不但会接受，而且还会感激你。

处事规则

改变一个人的意志，而不触犯他或引起他的反感，要委婉地指出别人的错误。

第2节　先说出你自己的错误

几年前，我侄女约瑟芬离开坎萨斯城的家到纽约给我当秘书。约瑟芬19岁，三年前读完中学，当时没有什么工作经验；现在已经是一位很能干的秘书了。

刚开始在我这儿工作时，我看她工作实在不上手。有一天，我正要批评她时，突然想到："等等，戴尔·卡耐基，你年长约瑟芬一倍呢，工作的经验也是她的一倍。你怎么能用你的要求来要求她呢？想想你

19 岁的时候是怎么样的，还不是犯了很多愚蠢的错误？”

经过认真思索，我发现约瑟芬比我当年要强多了。所以从此以后，当我提醒约瑟芬的失误时，就这样说：

“约瑟芬，你犯了一点错，可那并不比我所犯的错误更严重。你不是生来就会工作的，那需要经验的积累。

而且我在你这个年纪的时候可不如你了。我决不想批评你，或是其他任何人，可如果你能这样做，岂不是更聪明吗？”

在批评别人之前承认自己也不是十全十美的，这样就比较容易让人接受了。

智慧的布洛亲王在 1909 年深刻体会到这种做法的重要性。当时德皇威廉二世在位，他目空一切，建设陆、海军，妄图在世界称霸。

于是发生了一件让人惊奇的事情！德皇说了一些让整个欧洲都震撼的话，不仅如此，德皇在做客英国时，还把这些高傲而荒谬的言论当众发表出来，并允许《每日电讯》在报上刊登。

例如，他说他是唯一对英国感觉友善的德国人；他正在建造海军以对付日本的威胁；他还表示，只有他才能庇护英国使其不受法、俄两国的威胁；他还表示英国洛伯特爵士，在南非打败荷兰人，都是他的功劳。

过去和平的一百多年里，没有哪个欧洲国王会如此出言不逊，甚至引起欧洲各国的哗然。英国更是非常愤怒。

在这强烈的公愤中，德皇也渐渐感到事态严重。他惶恐不安地希望布洛亲王代为受过，要他宣称这一切都是他唆使那样做的。

可是，布洛亲王说：“但是陛下，恐怕全欧洲人都不相信是我唆使陛下说那些话的。”

布洛亲王话音刚落，就发觉自己犯了大错。不出所料，德皇愤怒了，他咆哮地说：“你认为我笨得犯下了连你都不会犯的错误吗？”

这时布洛亲王并没有惊慌失措，而是恭敬地说：“陛下，我绝无此意。我在很多方面都远不如陛下，尤其是在地理、化学、物理，和其他自然科学上，我的学问比起陛下简直就是九牛一毛。我总替自

己感到羞耻，感觉自己简直是学识浅薄，孤陋寡闻。我唯一稍微感到安慰的是，对历史知识方面略知一二，同时略有点政治上的才能，尤其是外交上的才能。”

德皇渐渐地眉开眼笑，因为布洛亲王称赞了他，并谦逊地说了自己。德皇饶恕了他并热情地说：“我不是经常跟你说，你和我只有相辅相成，精诚合作，才能够有所作为。”

那天下午，他紧紧握着布洛的手，说：“如果有人向我说布洛不好，我就砸烂他的鼻子。”

如果用降低自己，而称赞对方的话，不仅可以从盛怒的皇帝那里拣回一条命，而且还能和他成为真诚的朋友。谦逊和称赞在我们日常生活中，该有多大的作用呀！如果我们灵活运用，就能创造人际关系中不可思议的奇迹。

处事规则

改变一个人的意志，而不触犯他或引起他的反感，要在批评对方之前，先自我批评。

第3节　没有人喜欢接受命令

我最近很荣幸能同美国著名传记作家泰白尔女士一起吃饭。我跟她说了些关于这本书的情况，我们讨论到与人相处的某些问题。她告诉我，当她撰写杨欧文传记时，曾访问过一位跟杨欧文共事三年的人。

那人说，在这三年中，他从没有听到杨欧文用命令的口吻跟哪一个人说话。杨欧文从来都是建议别人做什么事，而不是命令。

杨欧文从没有说过：你应该这样做，而不是那样做。他总是说：你不妨考虑一下。或者是：你认为这样可以吗？

当他拟完一份信稿后，通常会问："你以为如何？"当他看过助理写的一封信后，可能会这样说："如果我们这样表达的话，会不会好一点。"他总是让人们在工作上有充分的自由，而不是强行要求别人按照某种模式去做事，并鼓励他们从错误中学习经验。

杨欧文的这种方法使人很容易改正错误，并且尊重了别人的自尊心。那种方法，也很容易取得对方的真诚合作，而不是反抗或拒绝。

处事规则

改变一个人的意志，而不触犯他或引起他的反感，不要用命令的口气发问。

第4节　让对方保持他的面子

数年前，美国奇异电气公司遇到一件麻烦事，就是他们打算撤去斯坦米滋的部长职位。

斯坦米滋在电学方面的学识是顶级棒的，可是，让他当财务部的部长就一筹莫展了。由于斯坦米滋难得的专业技能和他敏感的性格，公司不敢得罪他。所以，公司特别给他一个新头衔，请他担任奇异公司的顾问工程师，而让其他人担任财务部部长职位。

这样一来，斯坦米滋和奇异公司的主管人员都很满意。他们采取了一种缓和的策略调动了一位怪异的高级职员，这样做给足了斯坦米滋顾的面子。

顾全到一个人的面子是非常重要的！可是在现实生活中，很多人都无意中毫不留情地践踏别人的感情。当面指责别人的孩子，或是他所雇用的佣工，完全不考虑别人的自尊！

其实，我们只需要几秒钟时间先想后说，说一两句体谅到对方的

话，就能避免造成很多伤害。

现在我引述会计师格雷琪给我的一封信：“辞退雇员，不是什么乐事。被辞退的人就更不可能高兴了。我负责的业务，都是有季节性的，所以每年的三月，我都需要解雇一些员工。

在我们这个行业中，有一句俗话说“没有人愿意掌管斧头”。大家都自然而然地习惯用最快的速度解决问题。每当我解聘一位雇员时，总是这样说：‘请坐。现在过季了，我们似乎已没有什么活让你干了。可能你事先也知道，我们只是在特别忙的时候才增加人手。’

听了我的话，人们避免不了失望。他们当中多数终身要以会计职业谋生的，没有人喜欢轻易辞退人的公司。

最近，当我要辞退那些额外雇员时，就采取了一些小策略，我先看他们每个人的工作成绩，然后才召见他们。我是这样对他们说的：

‘某某先生，你这一季的工作成绩很好。上次我派你到纽瓦克城办的那件事很棘手，但是你却办得很漂亮，公司很幸运有你这样的人才。你这样有才华的人会很有前途，无论到什么地方都会受欢迎的。公司很信任并感激你，希望你有空常来玩！’

结果这些被辞退的人，心里自然好受一些，他们不再觉得很委屈。知道以后如果这里再有工作时，还会请他们来的。当我们第二季又请他们来时，他们感到这家公司亲切许多。”

已故的马洛先生似乎有能力化解两个有深仇大恨的人。他是怎么做的呢？他认真地分析认为自己有理的地方，并首肯直到双方满意为止。不管最后如何解决，他决不指责任何一方。

每个仲裁者都懂得顾全人们的面子。

世界上真正伟大的人物都不会只关注自己的成就。有这样一件事实：

土耳其数百年来都在仇视希腊人，在1922年，他们决定赶走希腊人。

土耳其总统凯末尔沉痛地向士兵说："你们的目的地，就是地中海。"这句话导致了近代史上一场最激烈的战争。战争的结果是土耳其获胜，当希腊的两位将军铁考彼斯和狄阿尼向凯末尔请降时，沿途受尽土耳其民众的羞辱。

可是，凯末尔并没有摆出一副胜者为王的姿态来。

他握着他们的手说："两位请坐，你们一定很累了！"凯末尔谈过战争情况后，为了不让对方感到特别痛苦，就谦逊地说："战争就好比竞技比赛，有时候高手也会失败的。"

处事规则

凯末尔一生的重要规则：顾全对方的面子。

第5节　使错误看起来容易改正

我有一个40岁未婚的朋友，他不久前才订婚。他未婚妻劝他学跳舞，可对他来说，也许太迟了。他这样对我说："上帝，我需要学跳舞——因为我现在学跳舞跟20年前没什么两样。我所请的第一位老师总是直白地批评我，说我的舞步完全不对，必须从头再学起。这让我很沮丧，因此我辞退她，而且再也不学跳舞了。

第二个老师，说的也许不是实在话，可是我愿意听。她平淡地说我跳的舞步有点过时，但基本步子是对的。她说我很容易就能学会几种流行的新舞步。

第一个老师，打击了我的积极性，第二个老师恰好相反，她不断地鼓励我，减少了我舞步上的错误。她确信地对我说：你有一种天生的韵律感，你该是一位天才的舞蹈家。可是我自己知道，我只是一个三脚猫。但我却希望真能像她说的那样。我感谢

她，她让我心甘情愿地改进自己。”

当一个孩子、一个丈夫或是一个员工做错事情，就严厉批评他，那你就打消了他的进取心。可是，如果运用鼓励的技巧，淡化困难本身，使对方知道，你对他有信心，他有尚未发展出的才干，那他就会全力以赴获取成功。

汤姆士是研究人类关系学的一位伟大的艺术家，他善于用勇气和信任来鼓励人。我现在举出一个例子：

最近我同汤姆士夫妇共度周末，星期六晚上，他们约我一起玩桥牌。我那时对桥牌一窍不通，因此一个劲儿地推辞。

汤姆士说：“戴尔，玩桥牌不需要什么技巧，只要用点记忆和判断就行了。你曾写过一篇关于记忆方面的文章，所以桥牌对你很容易的。”

因为汤姆士这样说，我顿时信心倍增，感觉这种游戏并不难。

说起桥牌，我想到克白逊，他所著有关桥牌的书籍，已经译成12种语言，在世界很多国家享有盛誉。可是，他曾经对我说过，如果不是有一个少妇说他有玩桥牌的天赋，他一定不会以玩桥牌为职业。

1922年，他初次来美国，打算找从事教哲学或是社会学的职业，可是没有结果。

后来，他帮别人推销煤，结果失败了。最后，他替人家推销咖啡，也无果而终。

那时，他不但对玩桥牌不熟悉，而且向别人问一些很繁琐的问题，所以没有人愿意跟他一起玩牌。

后来他遇到一位美丽的桥牌老师狄仑女士，他们相爱并结婚了。

当时，狄仑注意到他对自己手里的牌分析得十分仔细，于是说他对于桥牌很有天分，正是那句话鼓励他后来成为职业的桥牌专家。

处事规则

改变他人的意志，而不让他反感和抱怨，要鼓励对方并让他相信改正错误是很容易的事情。

第6节 使人们乐意做你所要的事

1915年是美国上下震惊的一年，因为欧洲各国在这一年爆发了规模浩大而残忍的战争。没有人知道是否还会有和平。可是，威尔逊总统决心要为这件事而努力，他要派一个和平专使去和欧洲那些军阀们会商。

当时的国务卿勃雷恩，是主张和平最有力的人，他希望为这件事全力以赴，对他来说，这是个去完成一桩名垂后世的伟大任务的绝好机会。可是威尔逊总统却派了另外一个人，勃雷恩的好友郝斯上校去做这件事。郝斯上校如果把这件事告诉勃雷恩，很难想像勃雷恩不气愤。

郝斯上校的日记上写着：“当勃雷恩听说我要作为和平使者去欧洲时，他非常失望并坦言，这件事原本他是准备自己去的。我说，总统认为不太适合让一位政府大员行此大任。这样人们会猜测，美国政府怎么派国务卿来参商此事？”

你是否听出这话的弦外之音？郝斯上校是在告诉勃雷恩他的职位是何等重要以至于不适合担任那项工作，而勃雷恩

对这种解释非常受用。

成熟机智的郝斯上校了解与人相处的一项重要规则，

那就是：“永远使人们乐意去做你所建议的事。”

威尔逊总统请麦克杜做他的阁员时，也运用了这项规则。我们听听麦克杜自己说的吧：

“威尔逊总统说他正在组织内阁，他很乐意让我担任财政部长一职。他使我觉得如果我接受这项荣誉，就好像我帮了他一个大忙。”

可遗憾的是，威尔逊总统没有始终运用这一策略，否则历史就不会是今天这样。

例如，关于美国加入国际联盟，并没有得到议院和共和党的同意。威尔逊总统拒绝带洛德、休士，或是其他著名的共和党党员随行，而是带了两个党内并没有名望的人参加和平会议。他冷落了共和党，对创办国联的意见不买账。威尔逊草率的处置，使他的事业和身体都受到严重的打击。美国因此未加入国联，并且改变了以后世界的历史。

著名的《双日页》出版商一生都遵守上述这项规则。《双日页》有时拒绝出版名作家亨利的书，可是拒绝得非常谦逊得体，决不使人不高兴。亨利虽然被拒绝了，可是比别家接受他的小说还值得高兴。

我认识一个很有名气的演说家，有很多请他演讲的人都是他的朋友，他不可能每场都去。然而，他婉辞得非常巧妙，不会让对方感到难堪。

他不是以没有时间或是其他什么原因打发朋友，而是首先表示感激对方的邀请，同时感到非常抱歉，接着他会推荐一位能代替他演说的人。

他会这样说：“你为什么不请我的朋友，《勃洛克林鹰报》的编辑洛格斯先生为你们演讲？还有那位伊考克先生，他曾在巴黎生活了15年，以他在欧洲作通讯员的经验，一定会有许多惊奇的故事可说。郎法洛先生也不错，他有很多在印度打猎的影片。”

万特是纽约一家印刷公司的经理，他想用一种妥当的方法改变一位技师的态度。这位技师负责管理若干台打字机，和其他日夜不停在运转的机器。他总是抱怨工作时间太长，工作强度太大，需要增加助手。

可万特先生没有缩短他的工作时间，也没有为他添任何一个助手，却使这位技师对所做的工作高兴起来。办法很简单，万特给了那位技师一间私人办公室，外面挂上一块牌子，上面写着他的名字和头衔“服务部主任”。

这样的话，他就不再是任何人可以任意指使的修理匠了，他现在是一个部门的主任。他的自尊心得到了满足，当然也就不再抱怨了。

你也许会认为这样太幼稚，可是就有这样一件与拿破仑有关的事。当他训练刚创立的荣誉队时，为1500名士兵颁发了十字徽章，封18位将军为“法国大将”，并称自己的军队为“伟大的军队”。有人说他这样太“孩子气”，嘲笑他拿玩具给那些出生入死的老军人。拿破仑回答说：“没错，可有时人就愿意受玩具统治。”

这种授人以名衔或权威的方法，对拿破仑有效，对你同样有效。例如前面我曾提到过琴德夫人。她家里有一块草地常被那些顽皮的孩子踩坏，她为此非常烦恼。劝告和恐吓对那些孩子都不管用，后来她想出了一个好办法。

她把他们中间最调皮的孩子找出来，并叫那孩子做她的“密探”，专门侦察那些侵入她草地的孩子们。她这样做果然有用，做“密探”的那个孩子，把一条铁棍用火烧得红红的，恐吓那些孩子，谁再闯进草地，他就用烧红的铁棍烫谁。

这就是人类的本性。

处事规则

改变他人的意志，而不让他反感和抱怨，要使人们乐意去做你所建议的事。

小　　结

让别人改变主意而又不反感的做法：

一、用称赞和真诚的欣赏作为解决事情的开始。

二、间接地指出人们的错误。

三、在批评对方之前，先自我批评。

四、不要用命令的口气发问。

五、顾全对方的面子。

六、称赞每一个细微的进步。

七、给人们与他相匹配的美名。

八、鼓励对方并让他相信改正错误是很容易的事情。

九、使人们乐意去做你所建议的事。

第三章　使你的家庭和睦的四种方法

第1节　如何最快速地自掘婚姻的坟墓

法国皇帝拿破仑三世和世界上最美丽的女人依琴尼·迪芭女伯爵相爱，接着，他们结婚了。他的那些大臣们纷纷议论说，迪芭不过是西班牙一个无足轻重的伯爵的女儿。可是拿破仑回答说，那又怎样?

是的，她的年轻貌美，优雅迷人都使拿破仑感到幸福。拿破仑在一次情绪激烈的言论中，向全国宣布说："我已挑选了一位我所钟爱的女人，做我的妻子，我不想娶一个我不了解的女人。"

拿破仑和他的新夫人拥有健康、权力、声望、美貌、爱情，具备一切美满婚姻所具备的条件，散发着让世人羡慕的绚丽光焰。可是，没有多久，这光焰就逐渐冷却下来了！拿破仑可以使迪芭小姐贵为皇后。可是他火热的爱情和国王的权威，却无法制止她对他无理的喋喋不休。

迪芭由于长期受到嫉妒和恐惧的折磨，使她变得傲慢，对拿破仑的命令置之不理，甚至不许拿破仑有任何秘密。她闯进拿破仑正在处理国家大事的办公室，扰乱拿破仑与大臣们正在讨论中的重要会议。她不允许他单独一个人，总怕拿破仑会跟其他的女人相好。

她常会跟她的姐姐抱怨他，喋喋不休地诉苦、哭泣！她会突然闯进他的书房，暴跳如雷、脏话连篇……拿破仑贵为国王，却找不到一间小屋子，使他能宁静片刻。

依琴尼·迪芭小姐的那些吵闹获得了什么结果呢？让我们看看莱茵·哈特的名著《拿破仑与依琴尼·迪芭，一幕帝国的悲喜剧》一书上是怎么写的吧："……以后，拿破仑经常在夜晚从宫殿一扇小门溜出；用软帽遮住面部，让一个亲信侍从陪他去约会一个美丽的女人。他们也许会在巴黎城内散步，或是观赏平时国王所不易见到的那些夜生活。"

拿破仑之所以这样做，就是依琴尼·迪芭小姐造成的。事实上，她贵为一国之母，她的美丽倾国倾城，却不能让自己的爱情有喘息之力。依琴尼曾放声哭诉说："我所最怕的事终于降临了。"这一切都是她咎由自取。这个可怜的女人，被她的嫉妒和喋喋不休的吵闹葬送了。在婚姻和爱情中，吵闹是最可怕而致命的伤害。

俄国大文豪托尔斯泰的夫人明白这一点的时候已经太晚了。她在临死前向她女儿忏悔："你的父亲是被我害死的。"她的女儿听了这话失声痛哭。

她们清楚地明白，正是因为她们的母亲，长期不断地抱怨和批评摧残了父亲的生命。

可是，托尔斯泰伯爵和他的夫人生活在这样优越的环境里，应当十分快乐才对。托尔斯泰作为文坛泰斗，他的巨著《战争与和平》和《安娜·卡列尼娜》在文学史上有着不朽的光辉。

托尔斯泰深受人们的爱戴，人们甚至把他说的话当做金玉良言。前苏联政府把他所有写过的字句都印成书籍，这样合起来有一百卷。

除了美好的声誉外，托尔斯泰和他的夫人拥有财富和地位，还有孩子。普天下，几乎没有像他们那样美满的姻缘，他们的结合可以说是上帝的完美作品。

让人惊奇的是，后来的托尔斯泰渐渐地改变了。他与原来形同两人，他对自己过去的作品竟感到羞愧。就从那时候开始，他把剩余的生命用在鼓吹当前政治上。

他曾经忏悔年轻时犯下的不可饶恕的罪恶和过错。他要赎罪。他把所有的田地给了别人，自己过着贫苦的生活。他归隐田间，伐木、耕种，自食其力，而且尝试尽量去爱他的仇敌。

托尔斯泰一生应该是悲剧，而酿造悲剧的原因是他的婚姻。他妻子追求奢侈的享受，爱慕虚荣，可是他对此不屑一顾，甚至认为财富和私产是一种罪恶。

于是在他们的婚姻中，她一生都在吵闹和谩骂，因为他坚持放弃他所有作品的出版权，不收任何的稿费、版税。可是，她却希望从中赚钱。

当他反对她时，她就会像发疯似地哭闹，倒在地板上打滚，她甚至一度威胁自己的丈夫说要自杀。

在他们生活过程中，发生了被认为是历史上最悲惨的一幕。我曾说过，开始的时候，他的婚姻是非常美满的，可是经过48年后，他甚至不愿意再看到自己妻子。

一天晚上，这个年老伤心的妻子怀着对爱情渴望的心，跪在丈夫膝前，央求他朗诵50年前，他为她写下的那些动听的爱情诗章。当他读到那一去不复返的美好岁月时，他们俩都激动得痛哭起来……生活的现实，恍若隔世。

最后，当他82岁的时候，托尔斯泰再也忍受不了家庭的折磨，终于在一个大雪纷飞的夜晚，离开妻子出走，逃向那不知所终的地方。

11天后，托尔斯泰患肺炎，倒在一个车站里，他临死前的愿望是，不允许他的妻子来看他。这是托尔斯泰夫人抱怨、吵闹和歇斯底里所付出的代价。

也许有人认为，不是所有的吵闹都忍无可忍，而最重要的是，那种喋喋不休的吵闹，究竟对她有什么帮助？除了把事情弄得更糟？

“我想我真是精神失常！”当托尔斯泰夫人意识到自己的问题时，已经为时过晚。

林肯一生最大的悲剧也是婚姻。当那个射杀他的人向他放枪时，他并未感觉到自己受了伤，因为他几乎每天都生活在痛苦中。

他的法律同仁哈顿，形容林肯23年来的生活是“处在不幸而痛苦的婚姻中”。几乎有四分之一世纪的时间，林肯夫人都是喋喋不休，毁了林肯的一生。

她总是在抱怨和批评她的丈夫，对她丈夫做的事，她认为没有一件是正确的。她抱怨丈夫走路没有风度，动作不斯文，甚至模仿丈夫的模样来取笑他。

她不喜欢他的两只大耳朵，甚至嫌弃他的鼻子也不挺直，说他的嘴唇如何难看，长着大手大脚和小脑袋。

林肯和他的妻子在教养和志趣上毫无共同之处，他们时常激怒对方，互相敌视。

已故上议员比弗瑞滋在研究林肯传记上颇有权威。他这样写着，林肯夫人尖锐刺耳的声音，整条街都听得到，邻居们都听得见她的怒吼。

有这样一个例子：林肯夫妇结婚后不久，和欧莉夫人住在一起——她是春田镇上一个医生的寡妇。或许为了贴补家里一份收入，不得不让人住在家里。

有一天早晨，林肯夫妇正在吃早餐，林肯不知怎么得罪了妻子，她愤怒地端起一杯热咖啡，朝丈夫的脸上泼去，当时很多房客都在场。

林肯一句话没有说，忍气吞声地坐在那里。这时欧莉夫人过来，用一块毛巾擦去林肯脸上和衣衫上的咖啡。

人们无法想象林肯夫人的嫉妒，简直就是凶狠。最后她精神失常了。

是否那些喋喋不休的吵闹和辱骂就能改变林肯呢？从另一方面讲，是的。那确实改变了林肯对她的态度，那使他后悔跟她结婚，而且使他尽量避免跟她见面。

春田镇有11位律师，他们不能都挤在一个地方谋生。所以他们常骑着马，去外地的法庭上找点工作。

其他律师们都希望周末回家跟家人欢度周末，可是林肯却不是，他就怕回家。春季三个月，秋季三个月，他都愿意待在别处，而不回家。

这就是林肯夫人、依琴尼皇后和托尔斯泰夫人和丈夫吵闹的结局，她们所做的一切是让婚姻和生命以悲剧收场。

海姆伯格在纽约家事法庭工作11年，审理过数千件的“遗弃”案件。他在这方面有独到的见解，他说：“男人离开家庭的一个主要原因，是因为妻子无休止的吵闹。”《波士顿邮报》曾说过：“许多做妻子的都在无形中连续不断，一次又一次自掘婚姻的坟墓。”

处事规则

你要保持你家庭的美满、快乐，切莫喋喋不休。

第2节　爱，就让他自在的生活

英国大政治家狄斯瑞利说：“我一生犯过不少错误，可是我绝对不会因为爱情而结婚。”

他果然是这样做的，在他35岁前没有结婚。后来，他向一个年长他15岁的有钱的寡妇求婚。

那是爱情吗？肯定不是。她知道他是为了金钱而不是爱情而娶她，所以那老寡妇只要求了一件事，她要对他的品行考察一年。一年后，她和他结婚了。

这是一个听起来乏味的事，就像做了一笔交易。可人们想象不到的是，狄斯瑞利的这桩婚姻，却被人称颂是桩最美满的婚姻。

狄斯瑞利娶的那个有钱的寡妇，既不年轻，又不漂亮，跟他毫不匹配。

她说出的话往往会犯文学和历史上的大错，常常被人们嘲笑。她

永远弄不清楚，是先有希腊，还是先有罗马。她的穿着打扮更是古怪的离谱。对于屋子的布置更是一窍不通！

而她在对待婚姻上，却是一位伟大的天才——她深知对待一个男人的艺术。

她从不让自己的思想跟丈夫的意见相对抗。每当狄斯瑞利跟那些聪慧善谈的贵夫人们辩论一下午，而精疲力竭地回到家里时，她总让他安静休息。他们相敬如宾，他们的家庭温暖幸福。

与他这个年长的太太相处，是狄斯瑞利一生最愉快的时候。她是他的贤内助，他的亲信，他的顾问。每天晚上，他从众议院匆匆地回家来，告诉她白天的所见所闻。对于他想努力去做的事，她决不相信他是会失败的。

玛丽安这个50岁再结婚的寡妇认为，她的财富能使他的生活更安逸些。反过来说，她是他心中的一个女英雄。狄斯瑞利在她去世后，才封授伯爵的。可是当他还是平民时，他陈情维多利亚女皇封授玛丽安为贵族。所以在1868年，玛利安被封为“毕根菲尔特”女爵。

无论她在众人面前如何献丑，他从来不批评她，他从不当面对她任意指责。如果有人嘲笑她时，他立即挺身而出为她辩护。

玛丽安并不完美，可是在她后30年的岁月中，她乐此不疲地谈论她的丈夫！她称赞他，钦佩他！这样做的结果是狄斯瑞利自己说的：“结婚30年来我从没厌倦过她。”

可是，也许有些人会认为玛丽安是愚蠢的。

狄斯瑞利认为玛丽安是他一生中最重要的，引以为荣的人。结果呢？玛丽安常告诉她的朋友们说：“感谢慈

爱的上帝赐予我一生的快乐。”

他们之间有一句笑话。狄斯瑞利曾这样说：“你知道，我可是为了你的钱才和你结婚？”玛丽安笑着回答：“是的，但如果你再一次向我求婚时，却是因为爱我，是吗？”

狄斯瑞利对此供认不讳。

玛丽安并不完美，可是狄斯瑞利够聪明的让她保持本色。

贾姆曾这样说过：“与人交往应该学的第一件事，就是不干涉人们自己原有那种获取快乐的方法……”

伍特在他所著一部有关家庭方面的书上这样写道：“婚姻的成功，不只是寻找一个适当的人，而是自己该如何做一个适当的人。”

处事规则

你要你家庭有个美满、快乐的生活，别尝试改造你的伴侣。

第3节　这样做你就快要离婚了

格雷斯东是狄斯瑞利在公众生活中的劲敌，他们两人只要一讨论国家大事就争吵。可是，他们有一个共同点，那就是他们私人生活都非常快乐。

格雷斯东夫妇俩在一起幸福地生活了59年。我们可以想象这样的情形，格雷斯东这位英国尊贵的首相，牵着妻子的手，围着炉子在唱歌。

格雷斯东在公众眼中是个可怕的劲敌，可是在家里，他决不枉加指责任何人。每天早晨当他下楼吃饭时，看到家里还有人没有起床，他不会严厉地责备，而是愉快高亢地唱起歌，让屋子里充满着他的歌声……那意思是说，英国最忙的人正独自一人等他们一起用早餐。格雷斯东有他外交的手腕，可是他很体贴，尽力避免家庭纠纷。

俄国女皇凯瑟琳也曾经这样做过。她统治着世界上一个博大的帝国，对千万民众具有生杀予夺大权。她是一个残忍的暴君，好大喜功，

连年发动战争。她的一句话就能让敌人丧命。可是，如果她的厨师把肉烤焦了，她却会释然一笑，然后吃掉。要知道，一般男士都难有这样的度量。

桃乐赛·狄克司在研究美国破裂婚姻上很有权威，她提出这样的见解：百分之五十以上的婚姻都是失败的。为什么许多甜蜜的美梦在结婚后全部破灭呢？她知道有一个原因，那就是无用而让人心碎的批评。

我不是劝阻你一定不要批评你的孩子，我只是要这样告诉你，在你批评他们之前，不妨先看看《父亲所忘记的》这篇文章。这是一篇很短的文章，却引起无数读者的共鸣，就像本文作者雷米特所说的：

“数百种杂志、家庭机关，和全国各地的报纸都刊登了这篇文章，同时也译成了很多种的外国文字。我曾允诺，在学校、教会和讲台上宣读这篇文章，让它不计其数的在空中广播。”这篇文章是这样写的：

“孩子，你静静听着：

我在你沉沉睡去的时候这样说，你的小脸压着双手，金色的头发给汗水贴在额头上。我悄悄地走进你的房里。刚才我在书房看书时，心中突然生出一股强烈的悔意，让我愧疚自责，所以我来到你的床前。

孩子，我想到一些事，我觉得对你太苛刻了。你早晨穿衣上学的时候，你用毛巾胡乱擦一下脸，我就斥责你；你没有把鞋擦干净，我也责备你；当我看到你乱丢东西，我也大声责备你。

吃早餐的时候，我看你总不顺眼，说你这也不对，那也不对……你把臂肘搁在桌上你在面包上敷了太多的奶油。当你跑去玩，而我去赶火车的时候，你转过身来，向我挥手说：‘爸爸，

再见！’我又把眉头皱紧，说：‘快回家去！’

午后，这一切又重蹈覆辙。我从外面回来，发现你跪在地上玩石子，袜子上磨破许多洞。我看到那些孩子嘲笑你，马上叫你跟我回来。我冲你吼，袜子是要花钱买的，等你自己赚钱后就会懂得爱惜！孩子，你想想，一个当父亲的居然那样说！

你还记得吗？后来我在书房看报时，你胆怯地走了进来，眼睛里流露出悲伤。当我抬头看到你时，以为你又是来骚扰我，因此很不耐烦。我恼怒地问你：‘你想干什么？’

你什么都没有说，突然跑过来，投进我的怀里，用小手臂抱住我的头，亲吻我……那是怎样的赤子之情。这种上帝栽种在你心里的赤子之情，就像美丽的花朵，虽然是被人忽视，可是不会枯萎。你吻了我后，就飞快离开我，跑上楼去了。

孩子，你走后没有多久，报纸从我颤抖的手上滑了下来，我感到被一种可怕的痛苦和恐惧袭击。我被那种恶习支配了，整天责骂你，厌恶你，对你百般刁难。这一切是我在奖赏你吗？孩子，不是爸爸不爱你，不喜欢你，那是我抱着太大的期望，我用我这个年纪的人的行为来要求你。

其实，你有很多美好的品性，都是令人喜爱的，你幼小的心灵，就像晨曦中的一线曙光……

在你突然跑进来吻我、说晚安的时候，我由衷地体会到了。孩子，在这静寂的夜晚，我悄然来到你房里，怀着深深的愧疚向你忏悔。这是一个不懂事的父亲，一个可怜的父亲。

就算你还没有睡着，你也不会理解我说的这些话。可是，从明天起，我决定做一个真正的好父亲。你笑的时候，我也跟着笑，你痛苦的时候，我愿意陪同你一起承受这个痛苦。

当我忍不住要责备你时，我会咬自己的舌头，把这话咽下去。我会不断地提醒自己：‘是的，他还只是一个小孩子……他还是个小孩子。’

恐怕我已经把你当做一个成年人了。我现在看到你疲倦的酣睡在小床上，我才明白，你还是个小孩子。昨天，你还躺在你母亲的怀里，把头脸依偎在她的肩上。是的，你还是个需要慈母爱抚的小孩子，我对你的要求，实在太多，太过分了！”

处事规则

不要批评。

第4节　对女人特别有意义的事

从古到今，鲜花都用来表达爱情。这其实不需要花多少钱，尤其是在鲜花盛开的季节，街头巷尾都是卖花的人。可是，有没有一个丈夫总也不忘记带一束鲜花回家给太太？你或许以为它们都是贵如兰花，或天堂中的圣草，才觉得没有必要付出那般的代价弄回送给太太？

难道只有在你太太生病住院的时候才送花给她？为什么你不在明天下午下班回家的时候，给她捎上几朵玫瑰花呢？只要你愿意这样做，不妨看看效果如何！

柯恩是百老汇的一个大忙人，每天都给他母亲打两次电话，直到她老人家去世。你以为每次柯恩给母亲打电话是对老人有要事相告吗？不，不是的。

对你所敬爱的人，经常表示你的思念，并祝福她快乐。而她的快乐，也将感染你。

女人都很重视生日，结婚纪念日什么的。为什么？这是女人心里的一个秘密！

一般男人，都把某些重要的日子抛掷脑后，可是有几个日子是千万不能忘记的，比如他妻子的生日，结婚纪念日。如果不能全记得，至少要记得妻子的生日。

芝加哥一位法官叫塞巴司，曾办理过4万件关于婚姻争执的案件，同时调解了两千对夫妇。他曾这样说过："一件细小的事都能导致婚姻的不幸……举个很简单的例子，如果妻子每天早晨对上班去的丈夫挥手说一声'再见！'，就会化解婚姻中很多潜伏的危险。"

勃洛宁和他夫人的生活也是史册上最可歌颂的事了。他们永远关注对方细节的地方，彼此无微不至的关心，使他们的爱情保鲜。勃洛宁对他那个有病的太太非常体贴，她太太有一次给她的姐姐写信说："我都有些怀疑，我像天使一样快乐了。"

有一些男士对每天发生在夫妻间的琐碎小事不以为意，这样日积月累，就会变得麻木，就会引发危机。

伦诺是美国处理离婚案件最便捷的地方。法院每星期开庭6次，判决一桩离婚案件只需要十分钟。你以为有多少婚姻确实是存在实质上的问题而酿成悲剧的？我敢说，那是极少数的。

如果你有兴趣每天坐在伦诺法院里，听那些怨偶们陈述他们离婚的理由，你就会知道不再相爱只是很小的原因。

现在你记下这几句话，夹在帽子里，或是镜子上，每天阅读。这几句话是：

这条路，我只能走一遭，所以，我要尽我所能做好每一件事，展现我的每一点仁爱。让我现在就做吧！不要迟延，不要忽略，因为我将没有回头路。

处事规则

如果你要保持你家庭美满、快乐，请随时注意琐碎细微的小地方。

小　结

使你的家庭更快乐的七种方法：

一、不要唠唠叨叨。

二、别强求改造你的伴侣。

三、不要肆意批评。

四、给予真诚的赏识。

五、随时注意细微之处。

六、要保持必要的礼节。

七、阅读一本有关婚姻中性生活方面的好书。

附 录

1933年6月份的《美国杂志》上，登载了克洛滋的一篇文章，题目是《为什么婚姻会出问题》。以下是从那篇文章中摘录下来的几个问题——你会觉得这些问题值得回答。

你可以给每个问题正面的答案记下“10分”的分数。

给做丈夫的“问题”：

一、你对妻子还像过去一样温柔体贴吗？你会专门为她买一束鲜花吗？在她生日，或是你们结婚纪念日时，你会送她一份礼物吗？或者给她一份出乎意料的甜蜜柔情？

二、你是不是小心翼翼地维护她的自尊，从来不当着别人的面批评她吗？

三、除了家用消费外，你是不是专门给她另外一些钱，让她自己支配？

四、当她处在女人特有的生理和心理转变期中，在她过度劳累时，或是在她容易发怒的时候，你是不是尽力去了解她？

五、你有拿出至少一半的空闲时间与她共处吗？

六、除了那些突现她优异的对比，你是不是很巧地尽量避免把她烹饪技术或持家之道跟你母亲或是朋友的妻子作对比？

七、你是否对你太太的思想方面，她的社交活动，她所读的书，感兴趣呢？

八、你能允许她跟别的男士共舞，同时接受他们真诚的友情，而没有一点嫉妒的表示？

九、你会机警地寻求机会夸奖她，而且表示你对她的赞赏之意？

十、当她为你做那些烦琐的事，如缝纽扣、补袜子时，你是否表示感谢？

给做妻子的“问题”：

一、你是否给你丈夫充分的自由让他去做他喜欢的事业。同时，避免对他外面的应酬交际评头论足，和选用女秘书之类的事？

二、你是否尽力使家庭充满着甜蜜幸福的气氛？

三、你是不是经常变换家里的菜，使他坐在饭桌前时，总不太知道将吃些什么东西？

四、你是否对你丈夫的事业有所认识，可以常跟他讨论，必要时表达你的想法？

五、你会勇敢、轻松地处理你们所遇到的经济上的困难，而不是对丈夫的过错横加指责，更不会拿别的有钱的朋友来跟他比较？

六、你是不是努力地，让自己和丈夫的母亲或其他的亲戚和睦相处？

七、你的衣着打扮在颜色、款式上，是否能引起你丈夫的喜爱？

八、当你和你丈夫意见不同时，你是不是为了和睦而息事宁人？

九、你有没有努力学习你丈夫所喜爱的运动和娱乐，使你们体会到共同的快乐？

十、你是不是留意每天的新闻，或是新出版的读物，并引起你丈夫在这方面的兴趣？

【人性的优点】

第一章 如何解决忧虑

第1节 24个字改变人生

最关键的是，做目前最清楚的事情，而不是观望远处模糊的。

在1871年的春天，一个年轻人忧心忡忡。他是蒙特瑞综合医院的学生，此时，他对自己的生活充满困惑：“怎样才能顺利通过考试？毕业后该做些什么？去何处开展自己的事业？如何谋生？”

在极度迷茫中，他拿起一本书，看到了24个字，正是这24个字使他——一个年轻的医科学生，后来成为著名的医学家，他不仅创建了举世闻名的约翰·霍普金斯医学院，还得到了大英帝国医学界的最高荣誉——牛津大学医学院的讲座教授，另外，英王还授予他爵士的封号。他去世后，记述他一生经历的书长达1466页，他就是威廉·奥斯勒爵士。

可以说，他在1871年春天看到的24个字，对他的前途产生了巨大影响，并使他度过了无忧无虑的一生。这24个字就是汤姆斯·卡莱里写的：“最关键的是，做目前最清楚的事情，而不是观望远处模糊的。”

42年后，一个温暖的春夜，威廉·奥斯勒爵士在开满郁金香的耶鲁大学校园中，给学生们做了一次讲演。他说：“像我这样一个人，曾经是4所大学的教授，还出版过一

本极受欢迎的书，看上去似乎具有一个‘特殊的头脑’。但事实上，我的一些好朋友都说，我的头脑非常普通。”

那么，威廉·奥斯勒爵士成功的秘诀是什么呢？

他认为：“是因为我生活在一个完全独立的今天。”

一个完全独立的今天，这句话是什么意思？

他说：“在来这里演讲的几个月前，我乘坐一艘巨大的海轮横渡大西洋。我发现，只要船长在驾驶舱里按下一个按钮，机器经过一阵运转后，船的几个部分就立刻分隔开，成为几个防水的隔舱。而你们每一个人，头脑都要比船精密得多，所走的路程也远得多，因此我想奉劝各位，你们应该像那条大海轮一样，学会控制自己的生活，只有生活在一个完全独立的今天，才能确保航行中的安全。因为在驾驶舱中，每个分隔开的船舱都有用处，按下一个按钮，铁门就会隔断过去——就是那些已经度过的昨天，然后再按下一个按钮，铁门会隔断尚未出现的未来。现在，你就非常保险了，因为你拥有全部的今天。你们应该学会埋葬过去，只有傻子才会被它引向死亡之路，同时要将未来紧紧关在门外，就像对待过去那样，过去的负担加上未来的负担，必定会成为今天的最大障碍。‘未来’永远只存在于今天，人类获得拯救的日子就是现在，一个总是为未来忧心忡忡的人，只会浪费精力。因此，好好关注一下自己生活中的每个侧面，养成一个良好的习惯，将前后的船舱通通隔断吧！你们应该生活在完全独立的今天里。”

那么，奥斯勒博士是否主张人们不必为明天费心做准备呢？不，当然不是。

他继续鼓励耶鲁大学的学生们："集中你所有的智慧和热诚，将今天的工作尽量做得完美，用这种方法迎接未来，无疑是最好的。在一天开始之前，你们应该吟诵这句祝词：'在这一天，我们将得到今天的面包。'"

记住，在这句话中，仅仅要求今天的面包，并没有抱怨："昨天的面包真酸。"也没有说："噢，天哪，最近的气候非常干燥，我们可能会遭遇旱灾，到了秋天还有面包吃吗？万一我失业，又从何处弄到面包呢？"

这句祝词告诉我们，只能要求今天的面包，而且我们能吃的也仅仅是今天的面包。

很久以前，有个穷困潦倒的哲学家四处流浪。一天，他来到一个贫瘠的乡村，这里的老百姓生活非常艰苦。当人们走上山顶，聚集在他身边时，他说："不要为明天担心，因为明天自有明天的烦恼，今天的难处留在今天就够了。"

这句话虽然只有短短的30个字，但却是有史以来引用次数最多的名言，它经历了好几个世纪，一代一代地流传下来，这句话正是耶稣说的"不要为明天忧虑"。

但是，很多人都不相信这句话，他们把其视为东方的神秘之物，或当成一种多余的忠告。他们说："我一定要为明天计划，做好一切准备，为家庭买保险，努力存钱。这样，将来老了就不用担心。"

一点不假，所有的一切都必须做。但实际上，耶稣的这句话是300多年前说的，翻译时是詹姆斯王朝，那时忧虑一词的含义与现在完全不同，它还包括了焦急的意思。在新译《圣经》中，这句话翻译的意思更为准确："别为明天着急。"

是的，可以考虑明天，仔细地计划、做准备，但不要着急。

战斗中的军事领袖必须为下一步谋划，不过，他们绝不能带有丝毫焦虑。厄耐斯特·金恩曾是指挥美国海军的海军上将，他说："我所能做的，就是为最优秀的人员提供最好的装备，然后给他们布置一些看上去极其卓越的任务，仅此而已。如果一条船开始下沉，我无力阻挡；如果一条船沉了，我也不可能将其打捞上来，与其为昨天发生的问题后悔，不如将时间用在如何解决明天的问题上。更何况，如果我一直为过去的事操心，肯定支撑不了多久。”

不管是面对战争，还是平日的生活，好主意和坏主意的区别在于：好主意能对前因后果反复琢磨，并产生合乎逻辑、具有建设性的计划；而坏主意只能让人紧张，甚至精神崩溃。

亚瑟·苏兹柏格先生是著名的《纽约时报》的发行人，最近，我非常荣幸地拜访了他。

在谈话中，苏兹柏格先生告诉我：“当第二次世界大战的战火迅速蔓延到欧洲时，我非常震惊，每日都为自己的前途忧虑，最后搞得我彻夜难眠。虽然我对绘画一无所知，但经常半夜三更地从床上爬起来，找出画布和颜料，准备画一张自画像，为了消除自己的忧虑，我一直坚持画。一天，我读到一首赞美诗，诗中说：

> 指引我，仁慈的灯光……
> 让你常在我脚旁，
> 我并不想看到远方的风景，
> 只要一步就好了。

“就这样，我终于消除了忧虑，平静下来。从此，我将最后 7 个字作为自己的座右铭，只要一步就好了。”

大概在同一时期，一个在欧洲某地当兵的年轻人——他叫泰德·本杰明，也感受到了这一点。他住在马里兰州，巴铁摩尔城纽霍姆路 5716 号。曾几何时，忧虑将他折磨得完全丧失了斗志。

泰德·本杰明在日记中写道：“1945 年 4 月，由于忧愁，我患上了一种令人极其痛苦的疾病，医生称之为结肠痉挛。我想，如果战争这时还不结束，恐怕我整个人已经完全垮了。当时，我在第 94 步兵师担任士官，每天的工作就是，记录战争中伤亡和失踪的士兵情况，并将那些在激战中死亡，被草草埋葬的士兵挖掘出来，把他们的遗物送还亲人。这份工作让我筋疲力尽，我一直担心自己熬不过去，怀疑自己是否还能活着回去，抱一抱出生 16 个月、尚未见面的儿子。工作劳

累，再加上忧愁，我整整瘦了34磅，当我眼睁睁地看着自己变得皮包骨头，一想到自己将以这副模样回家，我就害怕极了，常常独自痛哭不已。德军开始最后的大反攻时，我甚至放弃了恢复正常生活的希望，几乎发疯。

"在这种情况下，我不得不住进医院，但是，一位军医说的话完全改变了我的生活。一天，我刚刚做完全面的身体检查，他说：'泰德，你的问题纯粹是精神上的。我希望你将生活想象成一个沙子漏斗，漏斗的上半部是成千上万颗沙粒，它们必须均匀、缓慢地通过中间那条细缝，除了这个漏斗之外，你我都无法让两颗以上的沙粒同时穿过去。其实，每个人都像这个漏斗，当一天来临，很多事情需要我们尽快动手，但我们只能一件件地完成。所以泰德，让工作如同沙粒一样，均匀而缓慢地通过，否则一定会损害我们的健康，包括精神上的。'

"对我来说，这一天值得纪念，军医的这些忠告在战争时拯救了我。从此，我一直奉行这种哲学。现在，我从事着印刷公司的公共关系及广告部工作，这句话也给了我莫大的帮助。我发现，生意场上的问题和战场差不多，每天都有好几件事等着完成——材料要补充，处理新表格，安排新资料，地址发生改变，分公司开张或倒闭，每件事都很紧急，但时间非常有限。不过，我再也不会惊惶失措，当我想起军医的那句忠告：一次只能通过一粒沙子，我就明白，一次只能做一件事。就这样，我的工作更有效率，再也没有从前那些令我崩溃、混乱的感觉。"

在目前的生活中，最令人恐怖的情形就是，医院里的大部分床位都被精神或神经上有问题的病人占据，积累的昨天和令人担心的明

天将他们压垮了。其实，只要他们能记住耶稣说的“不要为明天忧虑”，或奥斯勒博士说的“生活在一个完全独立的今天”，他们几乎都能在大街上悠然自得地散步，无忧无虑地生活。

你、我、每一个人，在眼前的瞬间都站在两个永恒的交叉点上，一边是已经消失的过去，一边是永无尽头的未来，而我们，永远不可能同时生活在它们中间，一秒也不行，因为那样会让我们的身心疲惫不堪。既然如此，不如让我们生活在这一刻，并为之感到满足。

罗勃·史蒂文生说：“不管身上的负担有多重，每个人都能支撑到夜晚；不管工作多么辛苦，每个人都能完成今天的任务，有耐心地、甜美地、纯洁地活到太阳落山，生命的真谛不过如此。”

是的，生活对我们的要求也不过如此。

但是，杰尔德太太在学到“生活到上床休息为止”之前，一直觉得极度颓丧，甚至想自杀。她住在密歇根州沙支那城法院街815号，她对我说：“1937年，我丈夫去世了，我觉得非常沮丧。两年前他生病时，我就把汽车卖了，现在更是身无分文。我只好给从前的老板里奥罗西先生——他是堪萨斯城罗浮公司的老板——写了一封信，希望他同意我回去做从前的工作。以前，我是给学校推销世界百科全书。为了工作，我勉强凑钱买了一部旧车，付完首期之后便开始出去卖书。

“我本以为，重新工作可以帮我从颓废中解脱出来，但一个人驾车、吃饭的生活让我无法忍受。另外，推销书不是一件容易的事情，我的收入不好，即便是分期付款买车的数目并不大，我也很难及时交款。

“1938年春天，我来到密苏里州的维沙里市。这里的学校很穷，路也不好走，我觉得成功离自己很远，生活毫无乐趣。每天早上我都不愿意起床，因为新的一天即将来临，而我不想去面对生活，对一切都感到担心害怕。担心没有钱分期付款，担心交不起房租，担心自己会饿肚子，担心身体会被拖垮，而我没有钱看病。面对这种生活，我又孤独又沮丧，甚至想自杀。但我没有自杀的唯一原因是，我担心姐姐会因此而悲痛万分，而且她没有钱给我付安葬费。

“后来，我看到一篇文章，里面有一句令人振奋的话：‘对一个聪

明人来说，每一天都是新的开始。’我永远永远感激这句话，因为它使我克服了消沉，振作起来继续生活。我将它打印下来，贴在挡风玻璃窗上，只要我开车，就能随时随地看见它。我发现，好好生活一天并不困难，每天清晨，我都告诉自己：‘今天又是一个新的开始。’

“当我学会忘记过去、不考虑未来的时候，我成功地克服了曾经有过的孤寂和恐惧，整个人变得快活起来，至于我的事业，还算成功。现在，我对生命充满了热爱，而且，不管再遇到什么问题，我都不会害怕，因为我用不着担心将来，只要做到过好每一天。对一个聪明人来说，每一天都是一个新的开始。”

猜一猜这首诗是谁写的：

> 这个人很快乐，也只有他才能快乐；
> 因为他将今天称为自己的一天。
> 他在今天感到安全，并说：
> “不管明天多么糟糕，我已经过了今天。”

这些话看上去颇具现代意味，不过，它们是古罗马诗人何瑞斯的作品，创作时间是耶稣诞生前的39年。

我觉得，人类最可悲的事情是，所有的人都拖拖拉拉，不肯积极投入生活，他们向往天边奇妙的玫瑰园，但从不欣赏今天开放在窗口的玫瑰花。我们怎么会变成这种傻子呢？可怜的傻子！

史蒂芬·里高克写道：“我们生命中的每个历程多么奇特，小孩子总说等我长大以后，可是，长大后又怎么样呢？大孩子常说等我成人以后，结果，等他长大成人，他又说等我结婚以后，结了婚又如何呢？

他们的想法变成了等我退休以后，不过退休之后，当他回头看看自己经历的一切，似乎觉得吹过了一阵冷风，因为他在不知不觉中错过了所有，而这些，全部一去不复返了。我们总是无法尽快明白：生命就是生活中的每时每刻，就是现在。”

爱德华·伊文斯先生曾经住在底特律城，现在已经去世。他在明白生命就是生活中的每时每刻之前，几乎忧虑成疾，差点自杀。

爱德华的家庭非常贫苦，一开始，他卖报为生，接下来的工作是杂货店店员，但家里有7口人靠他吃饭，他只好换了一份工作——助理图书管理员，尽管工资少得可怜，他也不敢轻易辞职。就这样过了8年，他终于鼓起勇气，筹足50美元，开创自己的事业。想不到时来运转，一年后净赚了两万美元。但遗憾的是，没多久，他存钱的银行倒闭了，他的全部财产化为乌有，还欠下16000美元的债务。

他说：“我无法承受这样的打击，整天食不下咽，夜不能眠。我得了一种奇怪的病，一天我走路时，突然昏倒，从此只能躺在床上休息，身上的肉都腐烂了，以至于躺着都觉得痛苦不堪。医生说，我的病因纯粹是忧郁过度，生命大约只有两个星期了。这个消息让我大为震惊，没办法，只好写下遗嘱，准备等死。到了这种地步，任何担心都是多余的了，于是我放松下来，休息了几个星期。尽管依然睡不好——每天睡眠不到两小时，但精神十分安稳，那些令我疲倦的忧虑慢慢消失，胃口也好起来。又过了几个星期，我甚至能拄着拐杖走路了。一个半月后，我重

新找到一份推销挡板的工作。虽然以前的年薪高达两万美元，但现在这份每周30美元的工作让我很高兴，对过去不再后悔，对将来也不害怕，我将全部的时间和精力都放在目前的推销工作上。”

抱着这种思想，爱德华·伊文斯的事业迅速发展。没过几年，他成为伊文斯工业公司的董事长，从那以后，他公司的股票长期雄霸纽约市场。当你抵达格陵兰时，飞机一般都会降落在伊文斯机场 人们为了纪念他，特意用他的名字而命名。如果他始终没学会“生活在完全独立的今天”，绝不可能如此成功。

你或许还记得，白雪公主的故事中有一句话：“这里的规矩是，昨天可以吃果酱，明天也可以吃果酱，但今天不准吃果酱。”

生活中的大多数人也是这样，为了昨天和明天的果酱发愁，却不肯将今天的果酱厚厚地涂满现在的面包。

应该说，法国的蒙田是一位伟大的哲学家，但他也犯过类似的错误，他说：“我的生活中充满了可怕的不幸，但这些不幸大部分从未发生。”

我们的生活也是这样。

但丁说：“好好想一想，这一天永远不会回来了。生命的速度飞快得令人难以置信，它匆匆溜走，因此，只有今天才是最值得珍视的唯一。”

劳费尔·汤玛斯也有这种想法。前不久，我到他的农场度周末，看见他在墙上挂了个镜框，里面写着一句诗：“这是耶和华订下的日子，在这一天，我们要高兴，我们要欢喜。”

无独有偶，约翰·罗金斯也在自己的桌子上放了一块石头，上面刻着“今天”。我的书桌上虽然没有石头，但镜子上贴着一首诗，只要早上刮胡子，我就能看见它，这首诗的作者是印度著名戏剧家卡里达沙。

向黎明致敬，
看着这一天！
因为它是生命的源泉。
……
昨天不过是一场梦，

明天只是一个幻影。
但生活在今天，
却能使昨天快乐的梦，
变成明天希望的幻影。
好好看看这一天吧，
你要这样向黎明致敬。

除了我之外，奥斯勒博士也将它写下来，放在桌子上。如果你不希望忧虑干扰自己的生活，就应该像奥斯勒博士说的那样："用铁门分隔过去和未来，生活在完全独立的今天。"

现在，请你扪心自问，并回答以下问题：

一、我是否忘了今天，总是担心未来，我是否总是追求所谓的遥远、奇妙的玫瑰园？

二、我是否经常为过去后悔，让今天变得更难受？

三、每天早上起床时，会不会想要抓住这24小时？

四、如果能做到生活在完全独立的今天，我能否从生命中得到更多？

五、打算从何时开始生活在今天？下星期？明天还是今天？

处事规则

让自己忙个不停，将忧虑从思想中驱逐出去。治疗"胡思乱想"的最佳方法是大量的行动。

第2节　消除忧虑的"万能法则"

当年，一个带着棺材航行、即将死亡的人，当他听说这个法则后，体重增加了40公斤。

你是否希望得到一个能迅速有效清除忧虑的办法？一个看上几页书，就能马上付诸行动的方法？

如果你说"是"，那么，请允许我介绍一个办法，它是聪明的工程

师威利·卡瑞尔发明的。卡瑞尔开创了空调制造行业，现在是著名的卡瑞尔公司的负责人。当我们在纽约工程师俱乐部共进午餐时，他讲述了这个办法。

他说："我年轻的时候，曾在纽约州水牛城的水牛钢铁公司任职。有一次，我去密苏里州水晶城，这里的匹兹堡玻璃公司是我们的下属工厂，我要为他们安装瓦斯清洗器——一种新型机器。

"在安装过程中，我发现，困难多得出乎意料。但我努力克服了它们，经过一番精心调试，机器总算开始运行，但性能没有达到预期指标。面对这个失败，我仿佛被当头打了一棒，肚子疼得厉害，很久都无法入睡。我被忧虑折磨了几天，最后，我觉得忧虑不能解决问题，于是想出一个办法，结果有效极了。30 年之后，我依然在使用它，这个方法其实很简单，任何人都能做到。

"方法包括 3 个步骤：第一，我坦然分析了失败后最坏的结局，如果失败，老板会损失两万美元，我会丢掉工作，但可以肯定，没人会把我送进监狱或枪毙。第二，我说服自己接受这个结果，虽然失败了，我的人生会出现一个污点，但找一份新工作并不太难。至于我的老板，两万美元并不算大数目，他完全拿得出来，只当是交了实验费。我考虑清楚以后，反而轻松下来，这些天从未出现过的平静又回来了。第三步，我开始尽量改善这个坏结果，把时间和精力完全投入进去，希望能通过一些补救办法减少损失。经过几次试验，我发现，只要再花 5 千块钱买点辅助设备，问题就可以彻底解决。最后，公司不仅没有损失，反而赚了 1 万 5 千美元。

“如果我当时一直被忧虑所困扰，肯定无法做到这一点，因为忧虑最大的坏处就在于，它使人思维混乱，丧失原本具备的能力。如果我们强迫自己接受最坏的结果，就能集中精力解决问题。虽然这件事发生在很久以前，但由于这个办法非常有效，因此多年来我一直使用它。结果呢，我的生活中几乎没有什么烦恼。”

为什么卡瑞尔的办法如此实用？从心理学的角度来说，它能将我们从那个灰色的云层中拉回来，重新站在地面上，如果脚下没有结实的土地，怎么可能站得稳，又怎么可能做好事情呢？

威廉·詹姆斯教授是“应用心理学之父”，他已离开我们38年了，如果他还健在，卡瑞尔的法则一定会让他大加赞赏，因为他说过：“当不幸接踵而至时，接受既成事实，是克服不幸的第一步。”

中国哲学家林语堂的作品《生活的艺术》深受欢迎，他在书中也说过同样的话：“内心的平静能顶住最坏的结果，并焕发出新的活力。”

这话简直太对了，既然能够接受最坏的结果，就用不着担心再损失什么，这就意味着，失去的一切都有可能重新拥有。

但是，生活中还有数不清的人因为愤怒而毁掉自己的生活。他们拒绝接受最坏的结果，不肯尽可能地挽救灾难，他们没有重新构筑自己的大厦，反而成为忧虑的牺牲品。

你是否愿意了解一下其他人应用卡瑞尔法则的事例？这个人是纽约的油商，也是我班上的学生。

他说：“我几乎不敢相信，自己居然被敲诈了！这几乎是电影中的

镜头。事情是这样，一天，一个人突然找到我，他自称是政府的调查员。他说，他已经掌握了公司里运货员舞弊的证据，必须给他红包，如果我不答应，他就将证据交给地方检察官。直到这时，我才知道，自己手下的石油公司有一些运油司机，他们把应该给顾客的定量油偷偷扣下来，然后卖掉。

“虽然这种非法的买卖与我个人没什么关系，但法律规定，公司必须为员工的行为负责。如果这件事打到法院，并上了报，随之而来的坏名声会毁掉我的公司，它是我的骄傲，因为那是父亲在 24 年前留下来的。

“整整三天三夜，我都为这件事发愁，已经生了病，我吃不下睡不着，反复琢磨。我应该付 5 千美金，还是对那个人说‘随你的便，想怎么干就怎么干吧！’

“我拿不定主意，每天做噩梦，直到星期天晚上，我随手拿起一本《怎样不再忧虑》，这是我参加卡耐基公开讲演时拿回来的。我看到了威利·卡瑞尔的故事，里面写着‘面对最坏的情况’。

“于是我开始问自己：‘如果这个勒索者拿不到钱，将证据交给地方检察官，那么最坏的结果是什么呢？’答案是：毁了自己的生意，仅此而已，我不会坐牢。

“接着，我又问自己：‘好吧，如果生意被毁，我完全可以接受，接下来会怎么样？’嗯，我可能需要重新找个工作，这很容易，因为我对石油行业了如指掌，几家大公司也许会雇用我。想到这里，我感觉好多了，3 天来一直困扰我的忧虑开始消散，我冷静下来，并清楚地明白自己下一步该做什么。

“现在，我应该改善不利的处境，如果我把情况全部告诉律师，他或许能找到一个我没想到的办法。由于我一直担心，所以没有好好思考，完全没有想到这一点。当我打定主意之后，便上床睡了个安稳觉。

“第二天早上，我向律师说明了情况，他建议我去找地方检察官，将事情的经过告诉他。我照他的话做了，结果出乎意料，地方检察官说，这种勒索已经持续了好几个月，那个自称政府官员的人其实是个通缉犯。我原本因为是否该拿出5千美元而担心了三天三夜，他的话真是让我如释重负。这次经历让我终身难忘，现在，只要我遇到难题，就会运用威利·卡瑞尔的法则。”

1948年11月17日，在波士顿史蒂拉大饭店，艾尔·汉里——他住在麻省曼彻斯特市温吉美尔大街52号，亲口讲述了自己的故事：“我在20年代时，由于常常陷于忧虑，而得了胃溃疡。一天晚上，我的胃开始出血，被送往芝加哥西比大学医学院的附属医院。经过医生的诊断，我得知自己的病非常严重，医生们甚至不许我抬头，他们说我已经不可救药。除了苏打粉和每小时一匙半的流质食物，我不能吃任何东西。每天早晚，护士都将一条橡皮管插进胃里，冲洗里面的东西，我的体重也从170磅骤然降到90磅。

“我就这样过了几个月，最后我想通了，便对自己说：‘汉里，你睡吧！如果你除了等死之外，没有其他指望，不如充分利用剩下的生命。你一直梦想周游世界，现在就大胆地去做吧。’

“当我告诉医生，我想去周游世界时，他们都惊呆了。他们警告我，这是不可能的，从来没发生过这种事，如果我想远行，恐怕会葬身海底。

“但我说：‘不会的，我已经嘱咐过亲友，如果我死了，一定要埋葬在老家雷斯卡州的墓园里。’

“临行前，我买了一具棺材，并和轮船公司签订协议，万一我遭遇不幸，请将我的尸体放入冷冻室，然后送回老家。安排好之后，我默念着奥玲凯的诗句踏上旅程：

啊，在我们零落为泥之前，
岂能辜负人生的欢娱？
物化为泥，永寐于黄泉之下，
没酒、没弦、没歌伎、也没有明天。

“当我从洛杉矶乘坐亚当斯总统号开始航行时，感觉就好多了。慢慢地，我不再吃药，也不再需要洗胃，很快，我就能吃任何食物，包括那些奇特的当地食品和调味品。别人都说，这些东西会让我送命的。

但是，几个星期过去了，我一直平安无事，我甚至可以喝几杯老酒，抽长长的黑雪茄，多年来我从未如此享受。在印度洋上，我们遇到季节风，在太平洋上，又遭遇了台风，但我从这些冒险中体验到了极大的乐趣，我在船上唱歌、玩游戏和新朋友一直聊到半夜。

“当我抵达东方的中国和印度之后，突然发现，和这些实实在在的贫困、饥饿相比，自己要料理的私事几乎微不足道。我抛弃了那些无聊的忧虑，过得非常舒畅。返回美国后，我的体重增加了90磅，我已经完全忘了胃溃疡，因为我从未觉得自己如此健康。”

艾尔·汉里最后说，他发觉自己无意中运用了威利·卡瑞尔的万能法则：“首先，我问自己：‘可能出现的最坏情况是什么？’答案是死亡，医生们都说我没有希望了。接着，我做好准备迎接死亡，我只能这么做，因为别无选择。第三，我尽量改善这种状况，利用剩下的这一点点时间充分享受。

“如果我在旅行中继续忧虑，那么毫无疑问，我一定会在棺材中结束自己的一生。但值得庆幸的是，我非常放松，完全忘记了烦恼，正是这种心态使我焕发出新的活力，我终于活下来了。”

处事规则

因此，如果你被忧虑所困扰，就要马上应用威利·卡瑞尔的万能法则做3件事：

一、询问自己可能出现的最坏情况是什么。

二、如果没有选择，就做好准备迎接它。

三、努力思考，尽量改善最坏的情况。

第3节　长寿的克星是忧虑

如果遇到烦人的日常工作，我们应该用大脑去处理，而不是让它影响自己的肝、肺和血液。

很久以前，邻居突然在某个晚上按响了我家的门铃。原来纽约有八个人得了天花，其中两个已经死了。现在，纽约市有几千名按门铃的志愿者，邻居是其中之一，他提醒我们一家，赶紧去种牛痘，预防天花。

所有的医院都设有种牛痘站，不仅如此，消防队、派出所和大工厂内都安排了种牛痘站，两千多名医生和护士夜以继日地工作。尽管如此，依然有很多被吓坏了的人，他们排着长长的队伍，等好几个小时种牛痘。

纽约市怎么会如此热闹？其实原因很简单，800万人里死了两个人。

我已经在纽约生活了37年，但至今没有一个人按门铃来警告我，小心精神上的忧郁症，因为目前生活在世界上的人，10个人中就有1个人精神崩溃，原因就是忧虑和情感纠葛。其实，这种病在过去的37年中给人们造成的损害，要比天花高1万倍，但从来没有人提醒我这一点，所以，我现在专门写一章，就等于是按你们的门铃了。

亚利希斯·柯瑞尔博士曾获得过诺贝尔医学奖，他说："如果一个商人不知道如何消除忧虑，他的寿命肯定不长。"

事实上，不仅是商人，兽医、泥瓦匠和家庭主妇莫不如此。

几年前，我在度假时遇到了圣塔非铁路的医务处长——郭伯尔博士。当我们谈论忧虑对人的影响时，他说："来医院的病人，有百分之七十是因为恐惧和忧虑，只要能消除这些，病自然就会痊愈。你不要误会，他们自以为生了病，其实，他们的病和你的蛀牙一样确实，有的甚至更严重，比如失眠、头痛、胃溃疡、神经性消化不良、心脏病以及某些麻痹症等等，这些病都是真的。但恐惧导致忧虑，忧虑导致紧张，紧张情绪则会影响人的胃部神经，使正常分泌的胃液变得不正常，结果产生胃溃疡。这些话是有根据的，因为这个病折磨了我12年。"

约瑟夫·孟坦博士在《神经性胃病》一书中也说："胃溃疡出现的原因在于你忧虑什么，和吃的食物无关。"

"梅育诊所"的法瑞苏博士则认为："在一般情况下，胃溃疡是根据人的紧张程度发作或消失。"

他仔细研究了诊所的15000名胃病患者，根据他们的纪录，最后证实了这个看法。五分之四的胃病患者是由于恐惧、忧虑、憎恨、极端的自私，还有无法适应现实生活，而导致了胃病，完全不是身体因素。《生活》杂志曾报道：在死亡原因的名单上，胃溃疡现居第10位。

哈罗·海彬博士同样就职于梅育诊所。在全美工业界医师协会的年会上，他曾宣读过自己的一篇论文："我曾研究过176位工商业负责人，他们的平均年龄大约是44.3岁，其中三分之一强的人由于生活过度紧张，导致心脏病、溃疡和高血压。大家想一想，在工商业的负责人中，三分之一患有心脏病、溃疡和高血压，而他们的年纪还不到45岁，成功的代价是否太高了？即使他赢得了全世界，但代价是自己的健康，对他来说，这值得吗？一个拥有全世界的人，每天也只能吃三顿饭，睡一张床，对于这些，一个挖水沟的人也能做到，而且，后者甚至比一个掌管公司大权的负责人吃得更香，睡得更踏实。我宁愿自己是一个阿拉巴马州租田劳作的农夫，也不希望自己未满45岁，就因为管理一家铁路公司或香烟公司毁掉自己的健康。

"说到香烟，我突然想起一个最知名的香烟制造商。最近，他在加拿大森林中度假，本想轻松一下，但心脏病突然发作，死了。或许，他牺牲了好几年的健康，来换取所谓的成功，在61岁时终于拥有几百万美元，但一下就死了。在我眼里，他的成功远远不及我的父亲——他是密苏里州的农夫，身无分文，却活了89岁。"

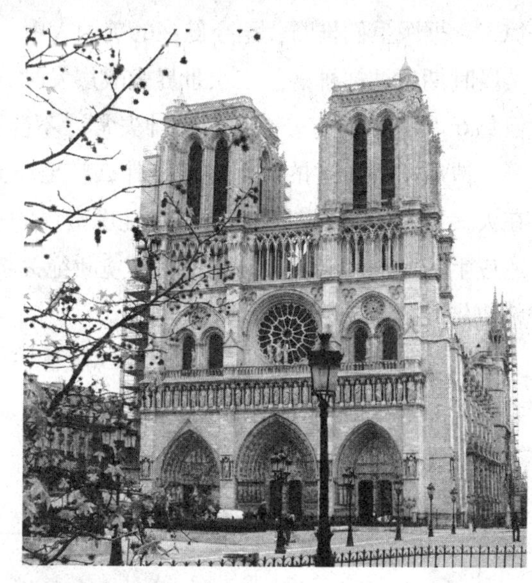

最后，著名的梅育兄弟宣布："一半以上的病人患有神经病，当我们用最现代的强力显微

镜给他们做检查时，却发现，他们的神经多半都非常健康。他们神经上的毛病并非因为身体出现了反常，而是因为悲观、烦躁、焦虑、恐惧、颓丧等情绪。”

柏拉图曾说过：“医生的最大错误在于，他们只治疗身体，对精神却毫无办法。而事实上，精神和肉体是一体的，不能单独处理。”

但是，2300年之后，医药科学界才明白这个道理。现在，一门崭新的医学——心理生理医学出现了，它可以同时治疗精神和肉体。虽然医学已经消除那些由细菌引起的可怕疾病——它们曾将数不清的人带进坟墓，比如天花、霍乱等等，但医生仍然无法治疗那些并非细菌感染，而是由于情绪上所引起的病症。

令人担心的是，这种情绪性疾病正日益加重，而且传播速度快得惊人。据医生们推断：至今健在的美国人中，每20个人中就有一个在某段时期患过精神病。二次世界大战爆发时，有很多年轻人应召入伍，但每6个人中就有一个患有精神失常，不能服役。

造成精神失常的原因到底是什么？至今无人清楚所有的答案，但在大多数情况下，都是由恐惧和忧虑造成的。烦躁不安的人多半不能适应生活，他们会逐渐与周围的环境断绝关系，缩回自己的幻想世界，希望借此能解决所有的烦恼。

在爱德华·波多尔斯基博士的《除忧去病》一书中，有几章提醒着人们：

“忧虑可能影响心脏；
忧虑会导致高血压；
忧虑和风湿；

为了你的胃，不要忧虑；
忧虑会让人感冒；
忧虑对甲状腺的影响；
忧虑与糖尿病患者。”

卡尔·明梅尔博士的《自找麻烦》是另一本关于忧虑的好书，它没有告诉你一些避免忧虑的规则，但指出了一些可怕的事实，让你明白，人们是如何用忧虑、烦躁、恼怒、懊悔等情绪来折腾自己的。

即便是最坚强的人，忧虑也能让他生病。美国南北战争即将结束的最后几天，格兰特将军发现了这一点。

当时，格兰特已经围攻了瑞奇蒙长达9个月，李将军率领的部队被打败了，他们饥饿不堪，衣衫不整。有一次，好几个兵团的人开了小差，剩下的人在帐篷内祈祷、哭叫。眼看战争即将结束，李将军的手下几乎崩溃了，他们放火烧了瑞奇蒙的棉花、烟草仓库和兵工厂，在烈焰升腾的黑夜中，他们弃城而逃。

格兰特率领部队乘胜追击，从各个方向截击对手。由于剧烈的头痛，格兰特的眼睛已经半瞎了，他无法跟上队伍，只好停在一家农户前。

后来，他在自己的回忆录中写道：“我在那里过了一夜，我把双脚泡在加了芥末的冷水里，并在手腕和后颈上贴着芥末药膏，希望第二天能够复原。”

结果，第二天早上，他当真复原了，但让他痊愈的不是芥末膏药，而是一个骑兵，他带回了李将军的投降书。

格兰特说：“当那个军官带着信来到我面前时，我的头本来疼得厉害，但我看了信之后，马上就好了。”

很明显，忧虑、紧张和不安导致了格兰特生病。一旦看到胜利在望，自信恢复，他的病立刻就好了。

亨利·莫简索是罗斯福内阁中的财政部长，他在日记里写道：“为了提高小麦价格，罗斯福在一天之内购买了440万蒲式耳小麦。他非常担心，在事情没有结果之前，他头晕眼花，只好回到家里，并在午饭后睡了两小时。”

如果我想了解一下忧虑对人的影响，根本不用去图书馆找文字记载，只要坐在家里看着窗外，很快就能发现，一座楼房里有人因为忧虑患了糖尿病，而在另一间屋子，有个人已经精神崩溃。

法国著名哲学家蒙田曾被推选为市长，他曾对家乡的市民说："我愿意用大脑为你们处理事务，但不希望它们渗入我的肝和肺里。"

康乃尔大学医学院的罗素·西基尔博士是治疗关节炎的权威，他举出四种最容易患关节炎的情况：

一、婚姻破裂。

二、财务出现困难。

三、忧虑和寂寞。

四、长期愤怒。

当然，引发关节炎的并非完全是这些原因，但它们是最常见的。

我有一个朋友，他在经济萧条时遭受了巨大的损失，煤气公司不再供应煤气，他的房产作为抵押，也被银行没收了。这时，他的妻子突然患了关节炎，虽然经过多次治疗，但始终没有效果。直到他的经济条件开始好转，妻子的病也康复了。

忧虑会让你患上龋齿。威廉·麦克高林格博士在美国牙医协会的演讲中说："人们由于焦虑、恐惧等不快情绪，可能影响了钙质的平衡，牙齿更容易受蛀。"

麦克高林格博士还说："我有个病人，他的牙齿一直很好。后来，他的妻子得了急病，他开始担心。在妻子住院的20多天里，他突然长出9颗蛀牙，完全是因为焦虑引起的。"

甲状腺原本是帮助身体恢复规律化的，一旦它出现问题，心跳就会加快，身体非常亢奋，如同一个打开所有炉门的火炉。如果不治疗或者动手术，病人极有把自己"烧干"，最后导致死亡。

不久前，我陪一位患有这种病的朋友去费城，因为这里的西伊士内·布南博士已经治疗这种病达38年之久，是个著名的专家。当我们走入候诊室，一眼就看见墙上挂着一块大木牌，上面是布南博士给病人的忠告：

“轻松和享受；
相信上帝；
学会睡得安稳；
倾听动人的音乐；
乐观幽默地对待生活；
这些都能使你愉快；
只要能做到，你就会拥有健康和欢乐。”

布南博士对朋友提出的第一个问题是：“你的情绪有什么异常？何时出现这种情况？”

接着，他提出警告：“如果继续忧虑下去，你很可能感染心脏病、胃溃疡、糖尿病或其他并发症，因为所有的疾病都是亲戚关系，甚至是近亲，它们都是忧虑产生出来的。”

曼儿奥白朗是个漂亮的女明星，她对我说：“我绝不会忧虑，因为它会摧毁我的美貌，而这个是我在银幕上的资本。刚进入影坛时，我既担心又害怕。那时，我刚从印度回来，伦敦一个熟人也没有，虽然我见过几个制片人，但他们都不肯起用我。渐渐地，我身上的一点儿钱全部花光了，整整两个星期只能吃饼干、喝水充饥。我告诉自己：‘你可能是个傻瓜，永远也不会踏进电影界，你没有演戏的经验，除了一张漂亮脸蛋，你还有什么呢？’

“接着，我照了照镜子，我猛地发现，忧虑对容貌产生了极大的影响，它在我脸上造成皱纹。这个焦虑的表情告诉我，必须马上停止忧虑，因为我唯一具备的只有美貌，过度的忧虑肯定会毁掉它。”

还有什么比忧虑更容易摧毁女人的容貌呢？它可以

令女人老得更快，而且使我们的表情难看，总是显得愁眉苦脸，并使面孔出现皱纹、雀斑、粉刺和暗疮，头发变得灰白，甚至脱落。

在如今的美国，心脏病是第一号刽子手。第二次世界大战期间大约有30多万人死于战场，但在同一时期，200万平民死于心脏病，其中的100万人是被忧虑、过度紧张引发的心脏病害死的。死于这种疾病的医生比农民多20倍，因为他们的生活更紧张。

威廉·詹姆斯说："上帝或许可以原谅我们的过错，但我们的神经系统从不原谅。"

每年死于自杀的人比死于各种传染病还要多，这个情况实在令人吃惊，而且难以置信。为什么会这样呢？主要是因为忧虑。

古时候，残忍的将军总是喜欢折磨俘虏。他们命人将俘虏的手脚捆绑起来，放在一个不断滴水的袋子下面，水一直滴着、滴着，日以继夜，从不停歇，到最后，俘虏们就会觉得，这些水滴声如同槌子敲击的声音，他们忍受不了这种折磨，多半都会精神失常。西班牙宗教法庭和纳粹集中营都用过这个办法。

忧虑也像这些不断滴下来的水，它可以让人精神失常，甚至自杀。

小时候，我经常听牧师形容地狱中的烈火，并被他吓得半死。但牧师从来没有说过，忧虑带来的生理痛苦也如同地狱烈火一样。

如果你长期忧虑，总有一天，你

会患上最痛苦的病症——狭心症。要是发作起来，天哪，你一定会痛得尖叫，与你的尖叫相比，但丁的《地狱篇》不过是个“儿童玩具园”。到了那个时候，恐怕你就会告诉自己：“哦，我的上帝！如果我能好起来，永远都不会为任何事忧虑了，永远不会。”

你热爱生命吗？希望健康长寿吗？下面这个方法是你能做到的。

在此，我要引用亚利希斯·柯瑞尔博士的话：“在混乱的现代都市中，只有那些保持内心平静的人，才不会变成神经病。”

你能否做到这一点呢？如果你是个正常人，答案应该是肯定的。

事实上，我们大多数人比自己想象的更坚强，我们有很多从未发现的、潜在的巨大力量。梭罗的不朽名著《狱卒》中曾说：“一个人如果下定决心提高自己的生活能力，这是件令人振奋的事，我不知道，还有什么比它更让人高兴……假使他能充满信心地向理想努力，下决心追求想要的生活，一定能收获意外的成功。”

我相信，很多读者都具备欧嘉·佳薇的那种意志力。

欧嘉·佳薇住在爱达荷州，即便是面对最悲惨的情况，她依然发现，自己能够克服忧虑。

她说：“8 年多以前，医生宣称我很快就会离开人世，死于那种很慢、很痛苦的癌症，而且国内最有名的梅育兄弟也证实了这个结果。当时，我觉得走投无路，死亡马上就会迎面扑来。我还年轻，不想这么死掉，在万般无奈之下，我给医生打了个电话，向他倾诉内心的绝望。他有些不耐烦地说：‘欧嘉，你是怎么回事？难道一点斗志都没有吗？如果你继续哭下去，毫无疑问，你肯定会死的。不错，你遇上了最坏的情况，但你要面对现实，振作起来想点办法。’

“他的话让我颤抖不已，我紧紧抓住胳膊，指甲深深陷入皮肤。就在这一瞬间，我发誓，再也不要忧虑，不要哭泣，如果我还有什么想法，那就是我一定要活下去！在无法用镭照射的情况下，我只能接受 X 光照射，每天 10 分半钟，连续照 13 天。但医生每天给我治疗 14 分半钟，并照了 49 天。尽管骨头在消瘦的身体上如同荒山上的岩石，虽然两腿如同铅块一样沉重，但我从不忧虑，也不哭泣，始终面带微笑。

不错，我勉强自己微笑。

“我不是傻瓜，以为微笑可以治疗癌症，但我相信，乐观的精神状态有助于抵抗疾病。总之，我创造了治愈癌症的奇迹。这些年来，我从未如此健康，可以说，这完全归功于医生说的那句富有挑战性的话：‘面对现实，振作起来想点办法。’”

这一章即将结束，在这里，我要重复一遍亚利希斯·柯瑞尔博士的话：“如果一个商人不知道如何消除忧虑，他的寿命肯定不长。”

我希望阅读这本书的每个读者都能牢记它，柯瑞尔博士说的人是不是你呢？很有可能是的。

处事规则

常常自我提示，忧虑会损害自己的健康。不知道怎样排除忧虑的人，通常都不会长寿。

小　　结

必须了解的抗拒忧虑的几个基本规则：

规则一：如果你不想被忧虑困扰，就听从威廉·奥斯勒博士的话，生活在完全独立的今天，不要懊悔过去，不要担心将来，好好度过今天。

规则二：当你遇上麻烦——不论大小，而被逼进一个角落时，运用一下威利·卡瑞尔的万能法则：

1．问自己，如果不能解决困难，会出现的最坏结果是什么？

2．如果有必要，一定要做好接受最坏结果的准备。

3．冷静改善你能接受的最坏结果。

规则三：常常自我提示，忧虑会损害自己的健康。不知道怎样排除忧虑的人，通常都不会长寿。

第二章　如何分析忧虑

第1节　找到忧虑的谜底

如果我们用忧虑的时间看清事实，分析真相，那么，忧虑就会消失在智慧的光芒下。

我在前面已经说过威利·卡瑞尔的万能公式，那么，它能否解决你所有忧虑的问题呢？当然不能。现在怎么办？答案是：分析问题有3个基本步骤，我们一定要掌握它，然后才能解决不同的困难。这3个步骤如下：

一、看清事实；

二、分析真相；

三、作出决定，然后照办。

你是否觉得太简单了？不错，就这么简单，这个方法是亚里士多德教的，他曾经使用过。当忧虑像地狱一般逼迫我们时，我们必须运用它解决问题。

首先看第一条：看清事实。

看清事实的重要性在哪里呢？已故的哥伦比亚大学院长郝伯特·赫基斯说："如果我们看不清事实，很难聪明地解决问题，只能一直在混乱中摸索。"他曾协助20多万个学生消除忧虑，他告诉我："产生忧虑的主要原因在于混乱，当人们没有足够的知识作出决定，便产生了世界上的大多数忧虑。如

果我有一个问题必须在下周二前解决，那么在这之前，我根本不会作出任何决定，因为我只是集中精力，寻找和这个问题有关的一切事实，所以我不会忧虑得睡不着觉。周二来临时，如果我已经看清事实，那么在一般情况下，问题已经迎刃而解了。”

我问他：“这是否表明，你已完全摆脱了忧虑？”

他说：“是的，我想，我的生活中完全没有忧虑。我觉得，如果一个人能利用所有的时间，以一种超然、客观的态度看清事实，他的忧虑就会消失在知识的光芒下，而且消失得非常彻底。”

但是，大多数人会怎么做呢？如果我们假设 2 加 2 等于 5，岂不是连一道二年级的算术题也有困难？事实上，很多很多人一定要坚持 2 加 2 等于 5，或者等于 500，这样把自己和别人的生活都弄得一团糟。

我们能对此做些什么呢？首先，应该将感情成分从思想中排除出去，就像赫基斯院长说的那样，必须用超然而客观的态度看清事实，当人们处于忧虑之中时，往往会变得情绪激动。

不过，我找到了两个方法，可以帮助人们以清醒的态度认清一切：

一、收集事实时，假装不是为了自己，而是在帮助别人。这样可以保持冷静，也可以控制自己的情绪。

二、在收集造成忧虑的所有事实时，也收集对自己不利的因素，就是那些有损自己的希望，以及不愿面对的情况。

然后把有利和不利的所有因素写出来，而真理，往往就存在于两者之间。

这就是我要说的重点：如果不先看清事实，不管是你我，还是爱

因斯坦和美国最高法院，都无法做出最正确的决定。

爱迪生非常明白这一点，他去世后，留下了2500本笔记，里面全是他面临各种问题时，如何看清事实的例子。

所以，解决问题的第一个办法：看清事实。在没有客观地收集全部情况之前，不要考虑解决问题的事情。

不过，即使你收集了全世界的事实，如果不仔细加以分析，也没有丝毫用处。根据我的个人经验，先写出所有的事实，然后再做分析，事情会容易很多。实际上，仅仅是在纸上明明白白地写出问题，就有助于我们做出正确判断。查尔斯·吉特林曾说："只要能讲清楚问题，事情就已经解决了一半。"

格兰·利区非是一个美国商人，他在远东地区开创了非常成功的事业。1942年，日军攻进了中国的上海，当时，利区非先生正在那里，他告诉我："日军轰炸珍珠港之后，很快就占领了上海，我当时的职务是上海亚洲人寿保险公司经理。日军派来一个所谓的军方清算员——实际上是个海军上将，他命令我清算公司的财产。我毫无办法，要么与他合作，要么就是死路一条。

"于是，我只要按照他的命令行事，因为我别无选择。不过，有一笔75万美元的保险费，我没有填在那张需要交给他的清单上，因为这笔钱属于香港公司，和上海分公司的业务没关系。但是，我仍然非常害怕日本人发现此事，因为一旦暴露，我的处境非常危险。遗憾的是，他们很快就发现了。

"事情暴露时我不在办公室，只有会计主任在。后来他告诉我，那个日本海军上将大发雷霆，拍着桌子骂我是个强盗、叛徒，侮辱了日本皇军。我非常明白这些话的意思，他们可能会把我关进宪兵队——就是日本秘密警察的行刑室。我有几个朋友宁愿自杀，也不愿被关到那个地方，有的在那里被审讯了10天，备受折磨，最后惨死在里面。现在，轮到我自己了。

"星期天下午，我得知这个消息后非常紧张。多年来，每当我被忧虑困扰时，总会用打字机打出两个问题及其答案。我打出的两个问题是：

一、我担心什么？

二、我该如何解决？

“以前，我很少写出答案，只在心里反复琢磨。但后来我发现，同时写出问题和答案，能使思路更清晰。所以，那个星期天下午，我回到上海基督教青年会的住处后，立刻取出打字机写下：

一、我担心什么？

明天早上被关进宪兵队。

二、我该如何解决？

“我花了好几个小时考虑这个问题，并写出四种可能出现的后果：

1、我可以向日本海军上将解释，但他不懂英文，如果我找个翻译，他肯定会更加恼火，那时我就在劫难逃了。

2、逃走，但这几乎不可能，因为他们一直派人在监视我，如果打算逃走，很可能被马上击毙。

3、我可以呆在自己的房间，不去上班。但如果这么做，海军上将就会疑心，说不定派人来抓我。到时候，我根本没有说话的机会，就被关进了宪兵队。

4、星期一早上照常上班，或许他正在忙，忘掉了那件事，即便他还记得，说不定已经冷静下来，不再继续找麻烦。如果他来质问我，我还有个解释的机会。

“我经过一番深思熟虑，决定采取第四个办法。当我像平常一样进入办公室时，不禁松了口气，因为那个日本海军上将叼着香烟坐在办公桌前，他毫无异样地看了我一眼，一句话也没说。6个星期后，他调回东京，我的忧虑从此宣告结束。

“这完全归功于我冷静下来，并写出不同情况导致的后果，然后做出了最正确的决定。如果我当时心乱如麻，肯定会在这个紧要关头做错事，仅仅是惊慌的愁容就能引起他的疑心，并促使他采取行动。可以说，这四个步骤消除了我百分之九十的忧虑：

一、清楚地写下自己担心的事情。

二、写出所有解决的办法。

三、做出决定。

四、按照决定去做。”

里兰·利区非十分诚恳地说：“我的成功完全得益于这种分析忧虑、正视忧虑的办法。”

这种办法为什么如此有效呢？因为它直接有效地达到了问题的核心。

最重要、最不可缺少的就是第三步，决定该怎么做，除非我们能马上采取行动，否则看清事实和分析真相都失去了作用，纯粹是一种体力浪费。

威廉·詹姆斯说：“一旦作出决定，就要迅速付诸行动，不必理会责任问题，也不要关心结果。”

在这句话中，“关心”无疑是“焦虑”的同义词。詹姆斯的意思非常明确，一旦你以事实为基础，作出了谨慎的判断，就要立即实行，不要停下来重新思考，以免怀疑自己，进而产生担心和犹豫。

怀特·菲利浦是俄克拉荷马州最成功的石油商人。一次，我问他：“怎么才能将决心付诸行动？”

他说：“我发现，如果超过了某种程度，我们还在不停地思考，肯定会引发忧虑，而且思绪混乱。当调查和仔细思考毫无益处时，就是下定决心付诸行动的时候。”

那么，你为什么不采用格兰·利区非的方法，解除自身的忧虑呢？

第一个问题：我在担心什么？

第二个问题：有什么解决办法？

第三个问题：该如何选择？

第四个问题：何时开始做？

第2节　如何消除工作中的忧虑

我们经常用一两个小时开会，讨论问题，但很少有人真正明白：问题究竟出在哪里。

假如你是个生意人，或许会想："这个章节真荒谬，我已经从事这行十几年，居然有人要告诉我，如何消除生意中一半的麻烦，简直是可笑透顶。"

这话一点不假，如果我在几年前看到这个，也会产生同样的感觉：这个章节看上去似乎能帮助你，其实一钱不值。

坦白说吧！或许我不能帮你解决工作中一半的忧虑，因为从上面分析的结果来看，只有你自己才能做到这一点。但是，我能让你看看别人是如何做的，剩下的工作就看你自己了。

前面提到的亚利希斯·柯瑞尔博士说过："如果一个商人不知道如何消除忧虑，他的寿命肯定不长。"

既然忧虑会导致如此严重的后果，那么，就算我只能帮你消除百分之十的忧虑，你也许也会觉得满意。下面，我就要介绍一位企业家，我不仅帮他消除了一半的忧虑，还节省了百分之七十以前用于开会、讨论问题的时间。

当然，我不会说那些毫无根据的事。这次的主角叫里昂·胥孟津，他是个活生生的人，一直以来，他都担任着西蒙出版社几个高层单位的主管，现在是纽约市袖珍图书公司的董事长。

他介绍了自己的经验："15年来，我几乎每天都要花费一半时间用于开会、讨论问题。在会上，每个人都很紧张，大家坐立不安，彼此辩论，一天下来，我觉得筋疲力尽。如果当时有人对我说，可以节省四分之三的开会时间，消除四分之三的焦虑，我绝对会认为他在痴人说梦。但后来，我却制定出一个能做到这些的方案，它对我的办事效率、健康和生活带来了意想不到的好处。现在，我已经用了8年。

“我的秘诀就是：

第一、我立即停止15年来会议中一直使用的程序——那些令人恼火的同事总是先报告一遍问题的细节，然后问：‘该如何解决？’

第二、我订下一个新规矩：任何一个想讨论问题的人，必须先准备一份书面报告，上面要回答四个问题：

一、到底出了什么问题？（以前我们经常用一两个小时开会、讨论问题，但很少有人真正明白：问题究竟出在哪里。）

二、问题的起因在哪儿？（我吃惊地发现，即使浪费了很多时间，依然找不出问题的基本情况。）

三、有哪些解决办法？（以前，总是一个人提出建议，然后其他人和他辩论，结果常常跑题，直到开完会也没想出几种办法。）

四、你觉得哪种办法最好？（过去开会总是反复琢磨一种情况，从未考虑过其他可行的方法。）

“现在，同事们很少再来问我：‘该怎么办？’因为他们发现，只要认真地回答以上4个问题，最合适的方案就会自动跳出来，就像面包从烤箱中跳出来一样。即使一定要讨论，所花的时间仅仅是从前的三分之一，因为整个过程条理清楚，而且合乎逻辑，最后总能找到明智的做法。”

法兰克·毕吉尔是美国保险业的巨子，他也运用同样的方法消除了忧虑，并增加了不少收入。

他说：“我刚刚进入推销保险这个行业时，对工作充满热情。但后来发生了一点小事，我突然沮丧起来，看不起自己的职业，甚至想辞职。但是，在一个星期六的早晨，我冷静地坐下来，想找出忧虑的来源。

“我首先问自己：‘到底出了什么问题？’我拜访了很多人，但成绩并不理想。最初，我和顾客们聊得非常投机，但每当最后快成交时，他们就会说：‘我再考虑一下，以后再说吧！’结果我又要另外安排时间去找他，这种结果令我沮丧。

“接着我又问自己：‘有什么解决办法？’在得出答案之前，我当然要好好研究一下过去的成绩，我拿出12个月前的记事本，看了看上面的数字。我吃惊地发现，卖出的那些保险有百分之七十是第一次见面就成交的，百分之二十三是第二次见面成交的，只有百分之七的成交量出现在第三、第四、第五次见面。也就是说，我把几乎一半的工作时间浪费在百分之七的业务上。

“那么，第三个问题是：答案是什么？毫无疑问，我应该马上停止二次以上的拜访，将多余时间用于寻找新顾客。结果简直出乎意料，我在很短的时间内就将每次赚 2.70 美元的成绩提高到 4.27 美元。”

如今，法兰克·毕吉尔每年的保险业务都超过 100万美元。想想看，他几乎要放弃这份职业，承认自己的失败，可结果呢，他通过分析问题，最终走上了成功之路。

下面，我再列出这几个问题，看你能否用上它们：

一、发生了什么问题？

二、问题的原因到底在哪里儿？

三、有哪些解决办法？

四、你觉得哪种办法最合适？

小　　结

分析忧虑的基本规则：

规则一：收集事实，记住赫基斯院长的话：“当人们还没有具备足够的知识，却想立刻做出决定，于是世界上产生了一半的忧虑。”

规则二：谨慎权衡利弊，然后做出决定。

规则三：一旦决定之后，就要马上付诸行动，不要担心结果。

规则四：当你或身边的同事为某个问题忧虑时，回答下列问题：

1．到底出了什么问题？

2．问题的起因在哪？

3．有哪些解决办法？

4．哪种方法最好？

第三章　改变忧虑的习惯

第1节　驱逐思想中的忧虑

那些从事图书馆、实验室研究的人，很少由于忧虑导致精神崩溃，因为他们很忙，没时间享受这种“奢侈”。

我班上有个叫马利安·道格拉斯的学生，他对我说：“我家曾遭受过两次不幸。第一次，我特别钟爱的5岁的女儿死了，我和妻子几乎崩溃，我们都以为自己无法承受这个打击。十月后，我们又有了一个女儿，但更不幸的是，她仅仅活了五天。打击接二连三地出现，面对这种情况，我食不下咽，根本睡不着。我尝试着吃安眠药和旅行，但都毫无用处。我完全丧失了信心，一把大钳子似乎夹住了我的身体，而且愈夹愈紧。

“没想到的是，我4岁的儿子教给了我们解决问题的办法，感谢上帝！一天下午，我和往常一样，呆坐在那里难过。这时，儿子跑过来问我：‘爸爸，你能否给我造条船？’老实说，我一点儿兴趣也没有，但小家伙很缠人，我只好依着他开始造那条玩具船。这项工作大约花了3个小时，完成之后我才发现，在这段时间里，我第一次感到放松，这是许久以来从未有过的。

“我终于大梦初醒，几个月来，我第一次集中精神去思考。我想通了，如果你忙着从事一些费脑筋的工作，几乎就不会再忧虑了。现在，造船完全挤掉了我的所有忧虑，所以我决定，让自己不断地忙碌。第二天晚上，我检查了所有房间，将该做的事列出一张单子，其中有很多小东西需要修理，比如门把、门锁、楼梯、窗帘、书架以及漏水的龙头等等。短短两个星期，我找出了242件该做的事。

“从此，我的生活中被很多具有启发性的活动占据了。每星期有两个晚上，我要到纽约市参加成人教育班，还要参加小镇上的活动。现在，我是校董事会主席，协助红十字会或其他机构募捐，忙得简直没时间忧虑。”

“没时间忧虑”，这句话是丘吉尔说的。当年，战事紧张时，他每天都要工作18个小时，于是有人问他：“你是否为自己担了这么重的责任而忧虑？”

他说：“我忙得没有时间去忧虑。”

查尔斯·柯特林发明了汽车自动点火器，他也碰到过类似的情形。柯特林先生一直担任赫赫有名的通用公司的副总裁，但当年，他极其穷困潦倒，只能在谷仓内堆稻草的地方做实验，所有的开销都依靠妻子教钢琴的1500美元。

我问他妻子：“在那段时间，你是否很忧虑？”

她说：“是的，我担心得夜不能寐。但柯特林先生毫不担心，他整天埋头干活，估计没时间忧虑。”

巴斯特是一名伟大的科学家，他曾说：“人们能在图书馆和实验室找到平静，在这里，每个人都埋头工作，不会为事情忧虑。做研

究工作的人很少会出现精神崩溃，因为他们非常忙，没时间享受这种奢侈。”

心理学上有一条基本定理：“不管一个人多么聪明，他都无法在同一时间思考一件以上的事情。”

如果你不相信，不妨验证一下。请坐在椅子上闭着双眼，现在同时思考自由女神和明天早上要做的事。你会发现，自己只能轮流思考其中的一件事，而不能同时思考它们。对你的情感来说也是一样，我们不可能激动万分地、迫切地想做一些令人兴奋的事，但同时又因为忧虑而拖延，因为一种感觉会驱逐另一种感觉。

军队的心理治疗专家正是利用这个简单的发现，在战争中创造了治疗奇迹。那些刚刚从战场上退下来的人，经常会患上“精神衰弱症”，军医的治疗方法就是：让他们不停地忙碌。除了睡觉之外，睁着眼睛的每一分钟都要活动，不管是钓鱼、打猎、打球，还是拍照、种花、跳舞，总之，让他们没有空闲。这样，他们就没时间去回想从前的可怕经历了。

对于这种将工作当做治疗方法，近代心理医疗给它的名称是“职业性的治疗”。但是，在公元前500年，古希腊医生就已经懂得运用了。在富兰克林时代，费城教友会采用的也是这种办法。1774年，有人参观教友会的疗养院，他们惊奇地发现：那些精神病人正忙着纺纱织布，他们甚至认为，病人在被迫劳动。后来，教友会的人解释，只有当病人在工作时，病情才能真正好转，因为工作能安抚他们的神经。

亨利·朗费罗是著名的诗人，他年轻的妻子曾因为烧伤而去世。面对这个不幸，他几乎发疯，但值得庆幸的是，他有3个幼小的孩子需要抚养。朗费罗父兼母职，他给孩子们讲故事，带着他们散步，一起游戏，在《孩子们的时间》这首诗里，他深情地描述了父子间的感情。此外，他还翻译了但丁的《神曲》，忙碌让他的思想重新恢复了平静。

当班尼生的好友亚瑟·哈兰去世时，他说：“我一定要让工作将自己塞满，否则我会因为绝望而忧虑。”

当我们空闲的时候，大脑里是一片真空，忧虑、恐惧、憎恨、嫉妒等等情绪就会乘虚而入，把我们的平静和快乐都赶出去。

大多数人为日常工作忙得团团转时，大概不会出现太大问题，因为正沉浸在工作中。可下班之后——这是我们自由享受悠闲、快乐的时光——忧虑这个魔鬼就会悄悄发起进攻。

这时，我们就会琢磨：生活中有哪些成就？工作有没有走上正轨？经理今天说的话是否有特殊含义？或者，脑袋上的头发是否开始掉了……

每个学过物理的学生都知道，自然界中没有真空状态，当一个灯泡被打破之后，就会立刻钻进空气，塞满理论上称为“真空”的那块地方。所以，当你的头脑开始休息，肯定有东西钻进去塞满它。是什么呢？在一般情况下，几乎都是你的感觉，因为忧虑、憎恨、嫉妒、恐惧等情绪都是由思想控制的，它会驱逐原来那些平静和快乐。

在这一方面，哥伦比亚师范学院教育学的教授詹姆斯·马歇尔说得好：“忧虑的伤害力最强的时候，不是在你工作时，而是在工作结束之后。这时，你的思想开始混乱，想象力极其丰富，你会将自己的每一个小错误都加以夸大。思想就如同一辆横冲直撞的空货车，它撞毁一切，并把自己也撞成碎片。因此，消除忧虑的最好办法就是，让自己永远忙碌，干那些有意义的事情。”

并不是只有大学教授才明白这个道理，懂得付诸实践。

第二次世界大战时，我曾遇到过一对住在芝加哥的夫妇。他们告诉我：“在珍珠港事变的第二天，我们的儿子参加了陆军。作为母亲，我每天都担心儿子的安危，没过几天，这种担心已经损害了我的身体。”

“那么，”我问她，“你后来是怎么克服的呢？”

她说：“我让自己一刻都不停歇。首先，我辞退了女佣，自己做家务。但这没什么效果，因为做家务属于机械化的运动，用不上脑子，当我铺床、洗碗时还是不停地担心。后来我发现，自己需要一份新工作，它必须让我在每一秒钟都忙个不停，于是，我做了一个大百货公司的售货员。这一下，问题全部解决了，当顾客挤在我身边询问价钱、尺寸和颜色的问题，我没有一秒多余时间可以考虑工作以外的事情。到

了晚上，我只想让双腿好好休息一下，因此吃完晚饭，我倒头就睡，再也没有忧虑的时间和体力了。”

约翰·考伯尔·伯斯在自己的作品《忘记不快的艺术》中说：“安全感、内心的宁静和快乐产生的迟钝，都能让人类在工作时保持镇静。”

奥莎·强生是世界上最著名的女冒险家，她15岁就和丈夫结婚了，25年来，两人相伴周游了世界各地，并拍摄了大量关于亚洲、非洲慢慢绝迹的野生动物的影片。9年前，他们回到美国四处演讲，放映那些有名的电影。不幸的是，当他们在飞往西岸时，飞机发生意外，丈夫当场死亡，而奥莎·强生呢？医生说她永远不能再下床。3个月后，她依然坐着轮椅发表演讲。

我问她：“为什么要这样做？”

她说：“因为我没有时间伤感和忧虑。”

海军上将拜德曾在冰雪皑皑的南极小茅屋，独自生活了5个月，百里之内没有任何一种生物存在，寒冷的气候几乎冻住了他的呼吸。后来，他在《孤寂》一书中叙述了这段生活，他说：“在这些既难熬又可怕的黑暗里，我必须忙个不停，否则就会发疯。每天晚上熄灯之前，我都要计划好第二天的工作，比如每隔一个小时去检查逃生的隧道，每隔半小时去挖坑，每隔两小时修理雪橇……能分开安排时间是非常有益的，它使我产生了一种主宰自我的感觉。不然生活就过得没有目的，长此下去，这种生活会变得和

平常一样，最终只能分崩离析。”

理查·柯波特曾是哈佛大学医学院的教授，他已经过世了。不过，他在自己的著作《生活的条件》里指出：“作为一名大夫，我很高兴工作能够治愈病人。他们所感染的，一般都是由于过分恐惧、迟疑带来的病症，而工作能赋予人们勇气。”

如果我们不能一直忙碌，而是坐着发愁，我们就会生出一大堆东西——达尔文称之为“胡思乱想”，它们就像传说中的妖怪，扰乱我们的思想，毁灭我们的意志。

屈伯尔·郎曼也是我成人教育班的学生，他是纽约的企业家，他的做法同样是用忙碌赶走“胡思乱想”。不过，他征服忧虑的经历很特殊，也很有意思。

一天，下课之后，我邀请他一起去吃夜宵。我们在餐厅中坐到深夜，谈论他的那些经历。

“18 年前，我因为过度忧虑患上了失眠症。当时，我精神紧张、脾气暴躁，几乎已经精神分裂。这些忧虑是有原因的，当时我担任着纽约皇冠水果制品公司的财务经理，我们投资了 50 万美元买进将草莓装入一加仑罐中的设备，20 年来，始终将这种包装的草莓卖给冰淇淋厂商。有一段时期，我们的销量骤减。其实，那些大的冰淇淋制造商，比如国家奶制品公司，他们的产量却在急剧增加。原来，为了降低成本、节省开支，他们纷纷购买 36 加仑一桶的草莓。这么一来，我们不仅无法继续销售，而且根据合同，我们还必须在一年内继续购买价值 100 万美元的草莓。我们已经向银行借了 35 万，现在，无法还清债款，更筹不到需要的款项，因此我忧虑极了。

“我赶到加利福尼亚州的工厂，希望公司总经理明白，情况发生改变，我们可能面临破产。但他拒绝接受这个事实，反而将这些问题归罪于纽约公司的业务人员。这些可怜的家伙们!

“经过几天的商谈，我终于说服他不再使用原包装，而是在旧金山的市场投入新包装。这样可以解决大部分问题，应该说，我不会再忧虑，但我做不到，因为它已经成为一种习惯了。

“回到纽约之后，我不停地担心每一件事情，不管是在意大利购买樱桃，还是在夏威夷购买凤梨，我都极其紧张，每天睡不着觉，情况就是我刚才说过的，简直就要精神崩溃。在这种极度绝望中，我尝试了一种全新的生活方式，结果，我不再担心，失眠症也不治而愈。

“做法很简单，我尽量让自己忙碌，安排的工作需要我付出全部的精力和时间。以前，我每天工作 7 小时，现在则工作 15～16 个小时。清晨 8 点，我就来到办公室，直到半夜才回去。当我回到家时，已经疲惫不堪，只要倒在床上，很快就能进入梦乡。

“这种情形持续了 3 个多月，我终于克服了忧虑，虽然工作时间已经恢复到原来的 7 个小时，但我再也没有失眠和忧虑过。这件事发生在 18 年前。”

萧伯纳说：“让人苦闷的秘诀是，在空闲时间考虑自己到底快不快乐。”

这句话非常正确，所以不必管它，让自己尽量忙碌，血液开始流动之后，你的思想就会变得敏锐。“让自己忙碌”是世界上最便宜的药，同时也是最好的。

处事规则

改变忧虑习惯的规则：让自己忙起来。忧虑的人一定要拼命工作，否则只会在绝望中翻来覆去。

第 2 节　不要被小事弄得垂头丧气

人生只有短短几十年，但人们会花很多时间担心一些小事，而这些事情，一年之内就会被忘掉。

我要告诉你一个最具戏剧性的故事，它的主人公叫罗勃·摩尔。

“1945 年 3 月，我正乘坐一艘潜水艇，进入中南半岛 276 英尺深的海底。在这里，我学到了人生中最重要的一课。

“当时，我们的雷达检测出一支日军舰队，包括一艘驱逐护航舰、一艘油轮和一艘布雷舰。它们正风驰电掣般冲过来，我们发射了3枚鱼雷，但都没有打中它。突然，布雷舰笔直地向我们开过来，因为日本飞机用无线电探测到我们的位置。我们迅速潜入海底，以免被它发现，同时关闭了所有冷却系统和发电机，做好应付深水炸弹的准备。

“仅仅过了3分钟，我就觉得天崩地裂，身边落下6枚深水炸弹，把我们逼到海底276英尺的地方。即便如此，潜艇周围依然不停地发生爆炸，如果炸弹距离潜水艇不到17英尺，潜艇就会被炸出一个洞。当时，我们奉命躺在床上，目的是保持镇定。我吓得呼吸都停止了，我暗想，这下死定了。虽然潜水艇的温度有100多度，但我害怕得全身发抖，冷汗不停地冒出来。

“整整过了15个小时，攻击才停止，很明显，那艘布雷船用光了所有的炸弹才离开。对我来说，这15个小时相当于1500万年，曾经的生活一一浮现在眼前。我想起自己干过的坏事，曾经担心的一些无聊小事，比如担心没钱买房子、买车，没钱给妻子买漂亮衣服。下班回到家，经常为了一点芝麻小事和妻子吵架。我还为自己额头上的一个疤发愁，那是一次车祸后留下来的。

“当深水炸弹威胁到自己的生命时，我才明白，多年前令人发愁的事那么荒谬、那么渺小。我发誓：如果还有机会看到太阳和月亮，自己永远不再忧虑。可以说，这15个小时让我学到的东西，远远超出了大学四年学到的知识。”

人们总能很勇敢地面对生活中的大事，但常常被一些小事搞得焦头烂额。

拜德先生也发觉了这一点，他说："我的手下可以任劳任怨地从事危险而艰苦的工作，但我知道，好几个同宿舍的人彼此不说话，他们怀疑别人弄乱东西，是为了占据自己的地方。一个人讲究空腹进食必须细嚼慢咽，每口食物都要咀嚼28次，另一个人则不能看见这个家伙，否则吃不下饭。"

专家们认为：如果夫妻生活中被小事占据，就会造成世界上一半的伤心。芝加哥的约瑟夫·沙巴士法官仲裁了4万多件离婚案，他说："婚姻生活之所以出现矛盾、不美满，往往都是因为一点儿小事。"

罗斯福夫人刚结婚时，每天都为自己的新厨师担心，因为他的手艺很差。但现在，她说："我会耸耸肩膀，将这件事抛到脑后。"

好极了，这才是成年人的做法，即便是最专制的凯瑟琳女皇，对厨师差劲的手艺也只是一笑了之。

一次，我们应邀去芝加哥的一个朋友家吃饭。他分菜时做得不太好，客人们几乎都没注意，但他的妻子马上跳起来，当着大家的面指责他："约翰，你怎么回事？难道永远都学不会分菜吗？"

接着，她对我们说："总是出错，从来都不用心。"

或许丈夫的确没做好，但我佩服他能和妻子相处达20年之久。老实说，为了能吃得舒服，我宁愿选择一两个沾芥末的热狗，也不愿意在吃北京烤鸭的同时听她唠叨。

前不久，我和妻子邀请几个朋友来吃晚餐。客人马上就要到了，妻子突然发现，有3条餐巾的颜色和桌布不配。后来，她告诉我："当时，我急得差点哭出来，因为另外3条餐巾送进了洗衣店。我埋怨自己，为什么会犯这么愚蠢的错误？但我突然想到，为什么要让这个错误毁掉我的整个晚上呢？我宁愿让朋友们觉得我是个懒散的家庭主妇，也不希望给他们留下一个神经质、脾气暴躁的印象，所以我决定，安心享用晚饭。另外，根据我的观察，根本没有人注意那些不一样的餐巾。"

大家都明白法律不管小事，所以，我们也不应该为小事发愁。其实，如果想克服小事引起的烦恼，只要转移一下目标或看法就可以，不过，这个看法必须让你开心一点儿。

我的朋友荷马·克罗伊是个作家，他说："我过去在写作的时候，特别讨厌公寓里热水灯的响声，几乎被它吵得快要发疯。有一次，我和朋友们出去露营，燃烧的木柴发出劈劈啪啪的响声，我觉得这些声音很好听。这时，我突然想到，这些声音和热水灯的响声没什么区别，为什么我会厚此薄彼呢？所以回来后，我告诫自己：热水灯的声音和木头的爆裂声差不多，我完全可以不理会它们，蒙头大睡。结果，最初几天我还能听到这些声音，但很快就完全忘了。生活中的很多忧虑也是如此，由于我们不喜欢一些小事，结果把自己弄得很沮丧。其实，我们都夸大了小事的重要性。"

狄士雷里说："生命太短促，不要关注恼人的小事。"

安德列·摩瑞斯在杂志《本周》中说："这些话曾经帮助我克服了很多痛苦。我们常常被那些本该不屑一顾的小事弄得心烦意乱。人生只有短短的几十年，时间一去不复返，但我们会用很多时间担心一些小事，而这些事情，一年之内就会忘掉。所以，我们应该将时间用于值得做的行动上，比如伟大的思想、真正的感情。做我们该做的事情吧！生命太短暂，不要理会烦人的小事。"

吉布林是个名人，他和自己的舅舅打了一场维尔蒙历史上最有名的官司。

吉布林的妻子是维尔蒙人，他们在布拉陀布修建了一所漂亮房子，准备安度余生。吉布林的舅舅叫比提·巴里斯特，两人是好朋友，经常在一起工作和娱乐。

后来，吉布林从舅舅手里买了一块地，事先说好：每个季度，巴里斯特都可以从地里割草。

一天，巴里斯特发现吉布林在里面开了一个花园，他非常生气，不禁怒骂起来。吉布林也反唇相讥，两人吵得天翻地覆，把维尔蒙的绿山都笼罩上了一层乌云。

几天后，吉布林骑着自行车出去游玩，被巴里斯特的马车撞倒在地。此时，吉布林完全忘了自己曾说过的"众人皆醉，你应独醒"，他把巴里斯特告上法庭。接下来，是一场轰轰烈烈的官司。最后，吉布

林携着妻儿永远离开了美国，而这一切不过是为了一车干草。

哈瑞·爱默生·富斯狄克讲过一个故事："科罗拉多州长山上躺着一棵大树，据自然学家的考证，它有400多年的历史，在漫长的岁月中，它曾被闪电击中14次，至于狂风暴雨，几乎数都数不清，对于这些侵袭，它都能战胜。但最后，一些小甲虫使它永远倒在地上，它们从根部开始咬，逐渐蔓延到内部，于是大树伤了元气，因为这些攻击虽然很小，却始终持续不断。就这样，一个森林里的巨人，岁月不能让它枯萎，闪电不能让它倒下，狂风暴雨不能让它动摇，却因为一些用手指头就能捏死的小甲虫倒下了。"

难道我们不像这棵身经百战的大树吗？我们也曾经历无数的狂风暴雨和闪电，而且最终都挺过来了，却任凭忧虑的小甲虫咬噬自己——用手指就能捏死的小甲虫。

几年前，我和一些朋友约上查尔斯·西费德先生——他是怀俄明州公路局局长，打算去参观洛克菲勒在提顿国家公园中的房子。结果我拐错一个弯，迟到了一个多小时，西费德先生早就到了，但他没有钥匙，只好在那个又热、蚊子又多的森林里等着。我们到的时候，蚊子已经多得让圣人发疯，而西费德先生正在吹笛子——他用白杨树枝做的，应该说，这个小笛子是个纪念品，纪念一个不被小事困扰的人。

处事规则

如果你不希望忧虑毁了自己，就要改变这个习惯。生命太短促，不要让自己为小事烦恼，它们本应该被丢开或忘记。

第3节　用概率战胜忧虑

我们担心自己被闪电击中，担心火车出轨。但是，只要认真想一想它的概率，就会发现少得可怜，这个结果可以让人笑死。

小时候，我心中充满忧虑。我担心自己会被活埋、被闪电击中、死后会进地狱；担心一个大男孩割下我的耳朵，就像他曾威胁的那样；担心女孩们在我脱帽致敬时会取笑；担心将来找不到妻子……

我常常花很多时间去思索这些惊天动地的事情，日子一天天过去，我发现，自己担心的那些事有百分之九十九都没有发生。现在我明白了，不管何时何地，我被闪电击中的概率都只有三十五万分之一。至于活埋，即便是发明木乃伊之前，它的概率也只有一千万分之一。

而8个人中有1个会死于癌症，所以，如果我一定要担心，也应该为自己可能患上癌症担心，而不是被活埋，或被闪电击中。

事实上，很多成年人的忧虑也同样荒谬。如果我们根据概率计算一下，然后确定自己值不值得担心，恐怕百分之九十的忧虑都会自然消除。

伦敦的罗艾德保险公司是世界上最有名的保险公司，它就是依靠人们担心一些根本不会发生的事情，而赚到了数不清的美元。虽然它被称为“保险”，也不过是在和人打赌——一种以概率为根据的赌博。它向你保证所有灾祸的发生，但灾祸的概率并不像人们想象的那么常见。这家大保险公司已经存在了200年，而且记录良好，除非人的本性会发生改变，否则它至少还能继续维持5000年。

如果我们计算一下概率，就会因为自己发现的事实而惊讶。比如我知道每隔5年就会发生一场战争，而且像盖茨堡战役那样激烈，我肯定会吓得半死，然后想尽办法增加人寿保险费用，写下遗嘱，并将财产变卖一空。我会说：“或许我无法逃脱这场战争，所以最好是随心所欲地活着。”但是，在50～55岁之间，每1000个人的死亡人数和盖茨堡战役中的阵亡人数相等。

一年夏天，我来到加拿大落基山区，在湖边认识了何伯特·沙林吉夫妇。沙林吉夫人非常平静沉着，她给我的印象是从来不会忧虑。

一天晚上，我问她：“你是否被忧虑困扰过？”

“困扰？”她说，“没那么简单，我的生活几乎被忧虑摧毁。在我学会克服忧虑之前，我在自作自受的苦海中度过了整整11年。那时候，我脾气暴躁，情绪非常紧张，买东西的时候担心房子被烧、佣人逃跑，或者孩子们被汽车撞死了……

“这些忧虑将我折磨得浑身直冒冷汗，最后不得不冲出商店跑回家，看看一切是否安好。在这种情况下，我的第一次婚姻结束了。

“我的第二个丈夫是律师，他非常冷静，而且分析能力极强，从来不担心任何事情。每当我焦虑不堪时，他就会说：‘不要慌，让我们好好想想，你到底在担心什么？然后分析一下它会发生的概率。’

“有一次，我们行驶在新墨西哥州的公路上，遭遇了一场突如其来的大雨，路面很滑，车子不容易控制。我想，我们肯定会滑进路边的水沟。但丈夫一直说：‘现在的车速很慢，不会出事的，就算车子滑进水沟，我们也不会受伤。’看着他镇定的样子，我慢慢平静下来。

“还有一年夏天，我们来这里露营，帐篷在海拔7000英尺的地方。一天晚上，暴风雨突然来临，只见帐篷在狂风中使劲摇晃着，发生刺耳的响声。我吓坏了，每秒钟都在担心，帐篷马上就会被吹垮，飞到天上去。但丈夫不停地安慰我：‘亲爱的，这几个印第安向导在山里扎营的经验已有六七十年，对这里了如指掌，而且从来没发生帐篷被吹跑的事，所以根据概率，今晚也不会出现这种事。就算帐篷真的倒塌，我们也可以住进其他帐篷去，你不用担心。’

“听了他的话，我放松心情，晚上睡得特别安稳。结果呢，什么事也没发生。‘根据概率，这种事不会发生’，就是这句话消除了我百分之九十的忧虑。在过去的这20多年里，我的生活平静而美好。”

乔治·库克将军说：“几乎所有的忧虑和哀伤都来自人们的想象，而并非现实。”

当我回顾自己的生活时，突然发现，大部分忧虑就是这么产生的。詹姆·格兰特说自己也是同样如此。

每当他从佛罗里达购买诸如橘子一类的水果时，脑子里会常常冒出一些怪念头，比如万一火车出事怎么办？那样水果就会滚得到处都是，如何解决呢？如果火车过桥时，桥梁突然倒塌，该怎么办？

虽然他已经为这些水果买了保险，但还是担心火车晚点，这样水果就会积压，卖不出去。后来，他甚至怀疑自己得了胃溃疡，跑到医院去检查。大夫说，他没别的毛病，就是太紧张了。

“这时我才明白真相，我开始询问自己：‘詹姆，这些年来你处理过多少水果？’答案是25000多车。‘那么，中间出过几次车祸？’答案是大概5次。最后我得出结论，出车祸的概率是五千分之一！

“接着我继续追问自己：‘桥说不定会塌，但是，过去有几次事故是因为桥梁坍塌而造成的损失？’答案是一次也没有。最后，我对自己说：‘为了一座从来不会倒塌的桥梁和五千分之一的火车失事，你居然担心得患上胃溃疡，是不是太傻了？’一点不错，我觉得自己过去的确很傻。那么，我还有什么好担心的，从此，我再也不为胃溃疡而烦恼。”

埃尔·史密斯担任纽约州州长时，经常说：“让我们看一下纪录。”

我们也可以按照他的做法，查看一下从前的纪录，然后分析自己的忧虑是否有道理。

当年，佛莱德雷·马克斯塔特担心自己躺在坟墓里。他说：“1944年6月初，我躺在奥玛哈海滩附近的坑里，这个坑不大，呈长方形，我对自己说：‘它看上去就像一座坟墓，说不定，这就是我的坟墓呢！’

“晚上11点，德军的轰炸机开始疯狂扫射，炸弹接二连三地落下来，我吓得整个人都麻木了。

头三天晚上我几乎没合眼，到了第五天夜里，我的精神眼看就要崩溃。我想，如果不赶紧想办法，自己肯定会发疯的。这时我提醒自己，已经过了5个晚上，我依然好端端的，而且同伴们也活得好好的，虽然有两个人受了轻伤，但他们受伤的原因并不是德军的炸弹，而是我们自己的高射炮碎片击中了他们。于是我在自己的坑内搭建了一个厚厚的木头屋顶，我对自己说：'除非炸弹直接击中我，否则我死在这里的概率不到万分之一。'这样思考之后，我慢慢平静下来。以后的日子，就算敌人的飞机在头顶盘旋，我依然睡得十分安稳。"

美国海军也常用概率来鼓励士气。克莱德·马斯曾经当过海军，他讲述了一个故事："当我和伙伴们被派到一艘油船上时，所有的人都吓坏了，因为这艘油轮运送的是汽油，只要被鱼雷击中，大家必死无疑。但是，部队立即发来一个报告，里面是统计过的准确数字，在被鱼雷击中的100艘油轮里，有60艘不会沉入海底，沉下海的40艘里只有5艘是在5分钟之内沉没的。我们知道这些数字之后，感觉就好多了，因为我们知道，跳下船的机会非常大，根据这个概率，大家都不可能死在这里。"

处事规则

如果你不希望忧虑毁了自己，就要改变这个习惯。因此，查看以前的纪录，并根据概率问自己，现在担心的事情，发生的几率到底有多大？

第4节 适应无法改变的事实

轻松接受既成事实，就像杨柳接受风雨、水接受容器一样，我们也要接受所有事实。

儿时的一天，我和几个朋友在一间荒废已久的老木屋里玩耍。我们爬上阁楼，并从上往下跳，当我跳下来的时候，一根钉子钩住了我左手食指上的戒指，硬生生地拽掉了整根手指。当时，我疼得要命，完全惊呆了。当手痊愈之后，我从来没有为它忧虑，因为我接受了这个本可避免的事实。现在，我常常会忘记，自己的左手只有 4 个指头。

我常常会想起一句话，那是我在荷兰首都阿姆斯特丹看见的，一间 15 世纪教堂的废墟上刻着："事情如果是这样，就不会是其他样子。"

在漫长的人生旅途中，你我一定会碰到不愉快。既然事情已经发生，那它不可能有所改变，但我们可以自由选择，要么把它当做一种无法避免的事实，平心静气地接受、适应；要么不停地忧虑，最终毁掉自己的生活。

威廉·詹姆斯是我喜欢的哲学家之一，他曾说过："要乐于承认事实，它就是如此。能够接受既成事实，是克服所有不幸的第一步。"

俄勒冈州的伊丽莎白·康黎经过多次磨炼之后，终于明白了这一点。

"当人们热烈庆祝美军在北非获胜的那一天，我收到通知：侄子在战场上失踪。没多久，我被告知他已经死了，我伤心得无以复加。在此之前，我的生活一直很美好，我喜欢自己的工作，并努力带大这个孩子。在我眼里，他代表着年轻人所有美好的东西，我觉得自己付出的努力现在该丰收了。但是，突如其来的，我的世界完全粉碎，我认为再也没什么值得我留恋。在伤痛之余，我决定辞职，远走他乡，将一切埋藏在眼泪和悔恨中。

"当我清理桌子时，突然发现一封信，我已经完全忘了，这是几年前母亲去世，侄子写来的信。他在信上说：'是的，我们都会永远怀念她，尤其是你。不过我知道，你会挺过来的，因为我还记得，你教给我的那些真理。你还说，永远要微笑，像个真正的男子汉，承受所有发生的事。'

"我翻来覆去地看这封信，觉得侄子仿佛就在身边，他似乎在说：'你为什么不照你教给我的方法做呢？坚持下去，不管发生什么事，用微笑代替悲伤，努力活下去。'

"最后我决定，既然事情已经到了这种地步，我无法改变，但我至少能做到，像他希望的那样，继续活下去。我将所有心思都放在工作上，并给前方的士兵——别人的儿子们——写信。晚上参加成人教育班，结交新朋友。我不再为过去的那些事悲伤，因为现在的生活更充实、更完整。”

叔本华说：“顺从是你踏上人生旅程最重要的一件事。”已故的乔治五世在白金汉宫的卧室里挂着：“不要为月亮哭泣，也不要为事情后悔。”

很明显，环境本身并不能给我们带来快乐或不快乐，这种感觉完全取决于我们对环境的反应。如果有必要，我们都可以忍受灾难，甚至战胜它，因为人类的力量强大得无法形容，只要加以利用，它会帮助我们战胜一切。

已经去世的布斯·塔金顿喜欢说一句话：“我可以忍受人生的任何事情，除了瞎眼，那是我永远不能接受的。”

但是，他60多岁的时候视力减退，一只眼睛已经完全看不见，另一只也几乎失明，他最担心的事终于发生了。

塔金顿的反应又如何呢？他没想到，自己还能过得如此开心，甚至没有忘记幽默感。当黑斑在他眼前晃来晃去时，他笑着说：“嘿，黑斑老爷爷又来了。今天是个好天气，不知它要去哪里？”

塔金顿完全看不见了，他说：“我发现自己能承受这个，就像别人承受其他事情一样。我想，即使所有的感官全部失灵，我依然能够继续生活在思想里。”

塔金顿为了改善视力，一年内做了12次手术。他知道无法逃避，唯一能减轻痛苦的办法就是，干脆利索地接受它。塔金顿拒绝住单人病房，他要和大病房的病人在一起，并努力让大家开心。当地的眼科医生为他动手术，在手术过程中，他说：“我是多么幸运啊！现代科技的发展如此迅速，像眼睛这么纤细的东西，居然也可以做手术了。”

对普通人来说，一年忍受12次以上的手术，还要过着不见天日的生活，恐怕多多少少都有点失常。但这些事让塔金顿学会了如何忍受，他深深明白，只要是生命赋予的东西，没有一样是人们不能承受的。

我们无力改变事实，但能够改变自己，这是我自己的亲身经验。

一次，我拒绝接受一个不可避免的事实，结果我夜夜失眠，痛苦不堪。我想起了从前那些不愿意想的事，经过一年的自我虐待，我终于接受了事实——我早已知道它不可改变。

我应该在几年前就朗诵惠特曼的诗句：“哦，要像树和动物一样面对黑暗、暴风雨、饥饿、欺骗、意外和挫折。”

我并不认为，面对任何挫折都要低声下气，那样就是一个宿命论者了。不管处于何种情况，只要还有一点儿挽回余地，我们就要不断地奋斗。但是，当常识告诉我们，事情不可避免，也不会出现任何转机时，那么最理智的做法就是，不要庸人自扰。

哥伦比亚大学的赫基斯院长已去世了很久，他曾经写过一首打油诗，并将其作为自己的座右铭：

天下疾病多，根本数不清，
有的可以治，有的没办法。
如果还有救，就该把药找，
如果治不好，干脆就忘掉。

我在写这本书时，曾采访过很多著名商人。他们给我留下了深刻的印象，其中印象最深的是，他们多半都能接受无法避免的局面，让自己的生活始终无忧无虑。如果他们不具备这种能力，很快就会被巨大的压力打垮。潘尼就是个很好的事例。

他创办了遍布全美的连锁店，他说：“就算我赔光了所有的钱，我也不担心，因为忧虑不能带给我任何东西，我只能尽量把工作做好，至于结果，就交给上帝了。”

亨利·福特说过一句类似的话：“如果我遇到处理不了的事情，我就让属下自己解决。”

凯乐先生则说："如果我碰到非常棘手的事情，只要有办法解决，我就会尽力去做，如果没办法，我干脆就忘掉它。我从不为未来忧虑，因为没人知道未来会如何，影响它的因素太多，何必白白浪费时间呢？"

如果你认为凯乐是个哲学家，他一定会觉得不好意思，因为他认为自己不过是个出色的商人——他是克莱斯勒公司的总经理。不过，他这种理论和古罗马大哲学家伊匹托塔斯的差不多，后者告诫罗马人："快乐之道没有别的，仅仅在于不为办不到的事情忧虑。"

莎拉·班哈特也是深谙此道的女子，50 年来，她始终是四大州歌剧院独占鳌头的皇后，世界观众深深地崇拜她。71 岁那年，她破产了，而且必须锯掉双腿。当医生波基教授把这个可怕的消息告诉莎拉时，他以为莎拉一定会暴跳如雷。但事实出乎他的意料，莎拉仅仅看了他一眼，然后平静地说："如果没有其他选择，那就只好这样了。"

莎拉进入手术室前，她的儿子在一边痛哭流涕，她却挥着手说："别走开，我马上就出来。"

一路上，她为医生、护士朗诵自己的台词，让他们放松，莎拉说："他们的压力比我大得多。"

莎拉·班哈特恢复健康后，继续周游世界，让观众们又疯狂了 7 年。

没有人具备足够的力量，既可以抗拒不可避免的事实，又能创造新生活。你只能选择其一，要么在生活中不可避免的暴风雨下弯腰，要么抗拒它而被折断。

日本的柔道大师这么教育学生："不要做挺直的橡树，要做柔顺的杨柳。"

你是否知道，汽车轮胎在路上支持很久、承受各种颠簸的原因呢？

起初，创造者希望轮胎

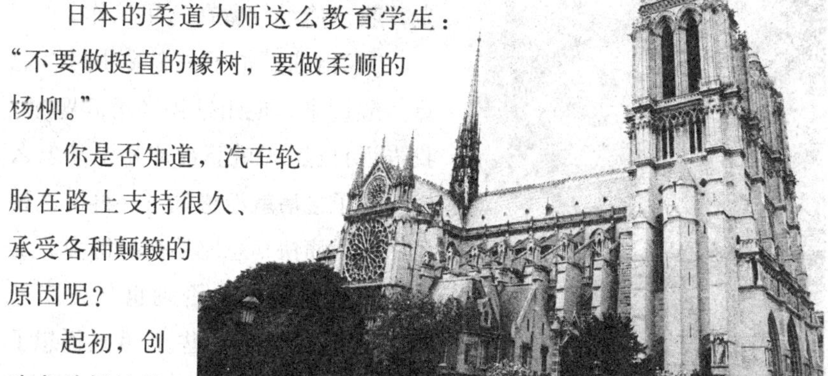

能够抗拒路上的颠簸，于是他们找到最坚硬的材料，结果轮胎很快被压成碎片。后来制造出的轮胎可以吸收一切，包括路上的各种压力，因此它可以跑得很远。

面对多灾多难的人生旅途，如果我们能够承受各种压力和颠簸，就能活得更长，能充分享受旅程。如果我们反抗生命中遇到的挫折，内心就会出现一连串的矛盾，忧虑、紧张、急躁和神经质也接踵而来。如果我们抛弃现实中的不快，退回一个只属于自己的梦幻世界，那么毫无疑问，我们就会精神失常。

威廉·卡赛鲁斯讲过一个故事："以前，我是个卖小饼干的店员，后来加入了海岸防卫队。没多久，就被派往大西洋管理炸药。一个小店员居然成了管炸药的人！仅仅想到自己站在几千万吨的炸药上，我就吓得连骨髓都僵硬了，更何况我只接受了两天训练，这些知识让我更加恐惧。

"第一次接受任务时，天气非常寒冷，雾气蒙蒙。我和其他4个身强力壮，但都对炸药一无所知的码头工人，奉命负责新泽西州卡文角码头的五号仓。我们几个人要将重2000～4000磅的炸弹装到船上，每个炸弹都包含一吨炸药，足够将这条船炸成碎片。我心跳加速，浑身发抖，几乎无法呼吸。但我不能走开，那意味着逃跑，如果我这么做，很可能被当场枪毙，而且令家人颜面无光，我只能继续留在这里工作。

"我担惊受怕了一个多小时，总算清醒过来，能用常识考虑问题了。我告诉自己：'就算被炸死了又怎么样？死了之后就没感觉了，再说这种死法也很痛快，总比癌症好得多。工作是不能逃避的，否则也是死路一条，还不如做得开心些。'我这样想了几个小时，终于说服自己接受这个不

可避免的现实。最后，我不再恐惧和忧虑，整个人变得轻松起来。”

历史上最有名的死亡除了耶稣之死，就应该是苏格拉底之死了。柏拉图对这件事作了详细的描写，即便是100万年以后，人类恐怕还会欣赏这个不朽之作——它是所有文学作品中最生动的篇章。

一些雅典人对赤脚的苏格拉底又嫉妒又羡慕，他们罗列出一些罪名，经过一番审问后，便判处苏格拉底死刑。善良的狱卒把毒酒递给他时，说了一句话：“对必然发生之事，姑且轻松地接受。”苏格拉底的确做到了，面对死亡，他平静而从容，这种态度使他看上去几乎像个圣人。

“对必然发生之事，姑且轻松地接受。”尽管这句话出现在公元前399年，但现在这个充满忧虑的世界更需要它。

我在过去的8年中特意寻找了很多如何消除忧虑的书和文章，并仔细阅读了它们。读完之后，你知道我找到的最佳忠告是什么吗？就是下面这几句，这些宝贵的语句来自纽约联合工业神学院，是教授雷恩贺·纽伯尔提供的祷告词：

请赐我宁静，
让我承受那些我无法改变的事；
请赐我勇气，
让我改变那些我能改变的事；
请赐我智慧，
让我判断二者之间的区别。

处事规则

如果你不希望忧虑毁了自己，就要改变这个习惯。因此，请适应无法改变的事实。

第5节　让忧虑“到此为止”

如果我们把生活作为代价，为忧虑付出太多，我们就是不折不扣的傻瓜。

查尔斯·罗勃兹的工作是投资顾问，他给我讲述了自己的故事：

“我刚从得克萨斯州来到纽约时，身上的两万美元是朋友托我投资股票用的，我本以为自己对股票市场很精通，但结果赔得一分不剩。如果是自己的钱，我倒可以一笑置之，但这是朋友的钱，我觉得赔光了是件非常丢脸的事，我很怕看见他们。不过，朋友对这件事看得很开，而且十分乐观，几乎令我不可想象。

“接着，我开始仔细研究犯下的错误，并决定，当我再次进入股票市场时，一定要学会一些基础知识。于是，我结交了波顿·卡瑟斯，他是一名成功的预测专家。多年来，他始终很成功，我很清楚，能开创这样一番事业，依靠的绝不仅仅是运气。

“波顿·卡瑟斯为我指点了一个股票交易中极其重要的原则：‘我在市场上买的任何一只股票，都有一个赔本的最低限度。如果我买的股票是50美元，那么最低限度就是45美元，只要达到这个数额，那么到此为止，我肯定立刻卖掉它。也就是说，股票跌到比买入价低5美元的时候，就迅速出手，将自己的损失控制在5美元之内。如果你很精明，买入的其他股票可能会赚10美元、25美元，甚至50美元。那么，当你将损失限定在5美元之内，就算你的判断出现一半的失误，依然能赚不少钱。’

“我很快就能熟练运用这个方法，它给我的顾客挽回了几千万美元。后来我还发现，这个‘到此为止’的原则也适用于其他方面，在任何一件令人忧虑的事情上加一个限制，结果好得几乎出人意料。

“我有一个朋友，他很不守时，每次我们相约共进午餐，他总要迟到很久。后来我告诉他，以后等你的时间限制在10分钟内，如果你超过10分钟还不出现，那么到此为止，咱们的约会就算告吹，即使你来了，也找不到我。”

听了查尔斯·罗勃兹的话，我真希望自己在多年前就学会这个方法，并用它来限制自己的脾气、耐性、欲望、悔恨以及所有精神、情感上的压力，应该常常告诫自己：“这件事只值这么多担心，不能再增加了。”

我在30多岁的时候，一门心思地想成为“哈代第二”，并以写小

说作为终生职业。对此，我充满自信。我在欧洲呆了两年，写出一部杰作《大风雪》，这个名字取得妙极了，因为所有出版社对它的态度都像大风雪，冷飕飕的，如同刚刚刮过得克萨斯州大平原。当经纪人告诉我，这部作品一钱不值，我并不具备写小说的天赋和才能。听了这话，我的心跳仿佛停止了，我发现，自己正站在生命的一个十字路口，必须做出重要的选择。

过了几个星期，我才突然从茫然中惊醒，虽然我当时还不知道“为忧虑订下一个到此为止的期限”，但我做的正是这件事。我把自己费尽心血写成的小说以及两年的时间，当成一个宝贵经验，然后到此为止，重新回到教授成人教育班的老本行，如果有时间，偶尔写一些非小说类的书或传记。

在100多年前的夜晚，梭罗拿着鹅毛笔，蘸着自己做的墨水在日记中写道：“一件事情的代价——就是我称之为生活的总值，需要马上交换或最后付出。”

换一种说法就是：如果我们将生活作为代价，为某一件事付出太多，那我们就是个傻瓜。

这也是吉尔波和苏里文的悲剧来源，虽然他们知道如何创作令人愉悦的歌剧，但完全不明白该如何从生活中寻找快乐。他们创作了很多受欢迎的轻歌剧，但都不懂得控制自己的脾气。苏里文为剧院添置了一张新地毯，吉尔波看到账单后火冒三丈，就这么一点儿事，两人甚至闹到法院，结果两人从此老死不相往来。苏里文谱好一部新歌剧的曲子，便将其寄给吉尔波，吉尔波填完词后，再寄给苏里文。有一次，两人必须同时上台谢幕，只见他们分别站在舞台两边，向不同方向的观众鞠躬，这样可以避免看见对方。可以说，他们完全不懂：应该为彼此的不快制定一个“到此为止”的限度。

但林肯做到了这一点。南北战争时，他的几位朋友攻击自己的政敌，林肯说：“你们对私人恩怨的感觉比我敏锐，或许我缺少这部分的感觉。不过我一向认为，这毫无意义，一个人没必要把自己大半辈子的时间花在争吵上。如果他们不再攻击我，我也就不会记仇。”

面对林肯这种宽恕精神，我真希望伊迪丝姑妈也能学到一点儿。伊迪丝姑妈和法兰克姑父住在一个抵押的农庄上，那里的土质不太好，由于缺乏灌溉，收成特别差，他们的日子一直过得紧巴巴的。但是，伊迪丝姑妈很喜欢那些窗帘和一些装饰的小物件，因此常常在杂货铺赊账。而法兰克姑父很讲信用，不喜欢欠债，所以他悄悄告诉杂货店老板：“不要让我妻子继续赊账了。”

伊迪丝姑妈知道后非常生气，直到现在——差不多快50年了，她还在喋喋不休。每次我见到她，她都会说起这件事，并要发脾气。我最后一次见她时，她已经快80岁了，我对她说：“伊迪丝姑妈，法兰克姑父的做法羞辱了你，的确不对。但是，难道你没想过，自己的埋怨已经持续了半个世纪，这比法兰克姑父做的事情更糟糕吗？”

不过，我的话等于白说，伊迪丝姑妈为这些不快的回忆付出了昂贵的代价——在半个世纪里，她失去了内心的平静。

富兰克林7岁时，犯过一次错误。他在玩具店看中了一支哨子，于是兴奋地跑进去，掏出所有的零钱放在柜台上，连价钱也不问，就买下了哨子。70年后，他在给一个朋友的信中说：“我高兴地跑回家，吹着这支哨子从这个房间转到那个房间，得意极了。但是，当哥哥姐姐们发现我买哨子多给了钱，就把我取笑了一场，我的兴奋在刹那间消失得无影无踪，取而代之的是说不出的懊恼。不过，我长大后，见识了人类的许多行为，我发现，很多人和我一样，为这个哨子付出了过多的钱。简单地说，人类的苦难有很大一部分原因在于，他们没有对事物的价值做出正确判断，也就是说，他们的哨子也多付了钱。”

应该说，富兰克林从这个教训中学到的东西非常简单，从此，他

始终牢记这个教训。

托尔斯泰娶了一个自己特别钟爱的女子，起初，他们生活得很快乐，但托尔斯泰的妻子嫉妒心很强，她常常跟踪丈夫，两人为此吵得不可开交。她甚至嫉妒自己的亲生女儿，曾用枪瞄准女儿的照片，打出一个大洞。她还在地板上打滚撒泼，拿着鸦片威胁丈夫，孩子们吓得躲进房间角落，哭成一团。

如果托尔斯泰跳起来砸烂家具，我觉得他很有理由生气，但他没有这么做，他的行为比这个更坏——他把事情全部写在日记里！这就是他的“哨”，他在日记本里努力让下一代原谅他，把所有的过错推到妻子身上。而他的妻子呢？当然是撕烂他的日记本，一页一页地烧掉。接着，她也写了一本日记，把过错推到丈夫身上，最后甚至写了一本名叫《谁之错》的小说，在书中将丈夫描写成一个破坏家庭的人，自己则成了一个牺牲品。

在他们的“努力”下，这个唯一的家变成了托尔斯泰笔下的“疯人院”，两个无聊的人为自己的“哨子”付出了巨大而沉重的代价。在50年的时间里，他们的生活如同一个可怕的地狱，而这一切，仅仅因为没有一个有头脑的人说“不要再吵，到此为止”，仅仅因为两个人缺乏足够的判断力，认清我们应该立刻告一段落，因为这完全是在浪费生

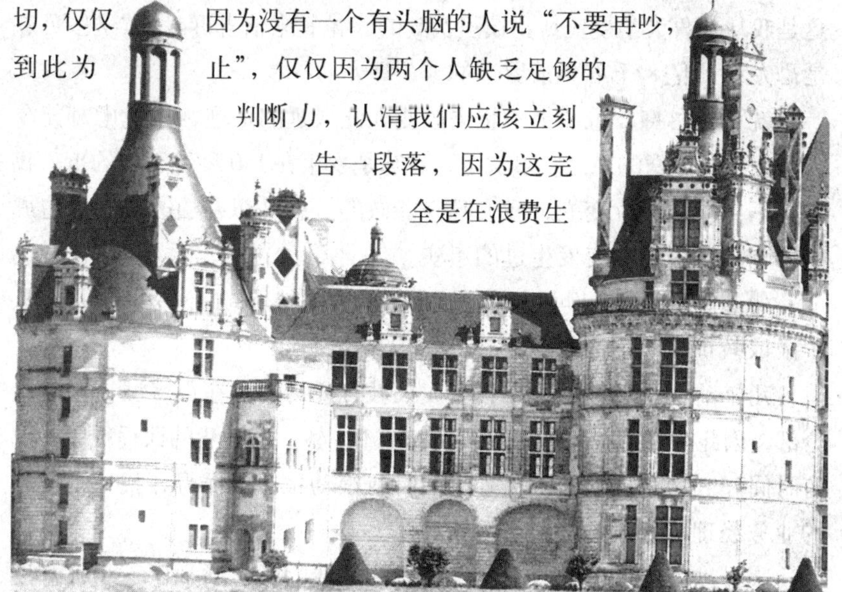

命，现在就说停止。

不错，我认为，树立正确的价值观是获得内心平静的秘诀之一。

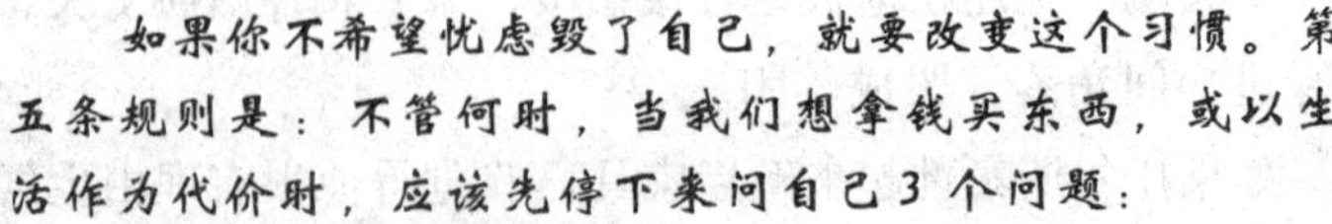

处事规则

如果你不希望忧虑毁了自己，就要改变这个习惯。第五条规则是：不管何时，当我们想拿钱买东西，或以生活作为代价时，应该先停下来问自己3个问题：

一、我现在忧虑的问题和自己有什么关联？

二、面对这件令人忧虑的事情，应该在哪里设置“到此为止”的限度，然后全部忘掉它？

三、我应该用多少钱买这个“哨子”？它的价值是否没有我所付出的那么高？

第6节　不要试图锯木屑

当你为那些已经发生的事情忧虑时，你仅仅是在锯木屑。

在我的院子里，有一丝恐龙的足迹——它留在大石板和木头上。这是我从耶鲁大学皮氏博物馆里买到的，馆长来信告诉我：“这些足迹是恐龙在1亿8千万年前留下的。”

就算是白痴，也从来不想去改变如此久远的足迹，但忧虑却能令人产生如此愚蠢的想法。事实上，就算是发生在180秒钟之前的事，我们也不可能回头改变它，我们唯一能做的，就是想办法改变它所造成的影响，而不能改变发生过的事实。

如果希望这个错误具有价值，最好的方法就是，冷静分析错误，从中汲取教训，然后忘掉这个错误。

几年前，我举办了一个大型成人教育补习班，在很多城市设立了分部，因此在维持费和广告费上投入了不少钱。当时我的课程很紧，没有时间和心情管理财务。另外，当时我很幼稚，不懂得寻找一个优秀的业务经理，来帮我安排各项支出。

这样过了快一年，我突然发现，虽然我的收入增加了不少，却没

有看见利润。本来，我应该马上做两件事。

第一，学习黑人科学家乔治·华盛顿·卡佛尔损失全部财产后的做法，将这笔损失完全从脑子里抹去，永远不再提起。

第二，仔细分析错误，吸取教训。

但我一样也没有做，反而忧虑起来。一连好几个月，我都恍恍惚惚的，吃不下睡不着，不仅没有从中学到东西，还犯下一个类似的小错误，真是应验了那句话——教20个人如何做，比自己去做要容易得多。

亚伦·山德士先生说："我永远记得生理卫生课老师——保罗·布兰德温博士给我们上过一堂最有价值的课。当时，我只有十多岁，却经常担心很多事，对自己犯下的错误总是自怨自艾。我总在想：如果我当初没有做这件事该有多好，如果我不说那句话就对了。

"一天早上，我们和平常一样走进科学实验室。我们发现，保罗·布兰德温老师的桌上放着一瓶牛奶，大家都想不通这和生理卫生课有什么关系。突然，老师一把将瓶子掀翻，牛奶洒落在水槽中，只听见老师大声说：'不要为打翻的牛奶哭泣。'接着，他让我们站在水槽边，说：'你们好好看看，牛奶已经漏光了。要永远记住：不管你如何担心、如何抱怨，也不可能将它捞回来。如果你们能先动点脑筋，加以防范，那么牛奶就不会被打翻，但现在已经太迟了。我们唯一能做的，只是忘掉它，然后考虑下一件事。'

"这堂课令我终生难忘，我从中学会了一个道理：要尽量不打翻牛奶，

万一牛奶被打翻，就要彻底忘掉这件事。”

“不要为打翻的牛奶而哭泣”，这句话虽然是个老生常谈，但它是人类智慧的结晶。即使你阅读过每个时代的伟人们的著作，看过所有有关忧虑的书籍，你也不会发现比“船到桥头自然直”、“不要为打翻的牛奶哭泣”更有用的老生常谈。其实，如果我们将这些古老的谚语记在心里，并按它说的去做，那么，我们的生活几乎已经接近完美了。所以，如果不加以利用，知识就不具备力量。本书并不想告诉你学习什么新知识，而是要提醒你：注意那些你已经明白的道理，并将其加以应用。

佛烈德·富勒·希德虽然已经亡故，但人们不能不承认，他有一种天赋，可以用新颖、吸引人的方法阐述古老的真理。

有一次，他在大学毕业班讲演，突然向学生们提问：“你们谁锯过木头？请把手举起来。”

绝大多数学生都举了手。

他接着又问：“那么，你们有谁锯过木屑？”

学生们面面相觑，没有一个人举手。

希德先生点点头说：“很好，你们当然不可能锯过木屑。那么，过去的事也一样，当你无休止地为已经做过的事忧虑时，你就是在锯木屑。”

康尼·马克是著名的棒球运动员，当他 81 岁时，我问他，是否对输了的比赛产生过忧虑。

他说：“以前我经常这么干，但后来我发现，这种做法对我一点儿好处也没有。磨完的粉不能再磨，因为水已经把它们冲走了。”

一次，杰克·邓普塞和我共进晚餐，席间他讲述了自己和金·童

黎的那次比赛。就在这场争夺中，他输掉了重量级拳王的头衔。

他说："……裁判已经数到第十，尽管我还没有倒在地上，但身上已经伤痕累累，脸又红又肿，眼睛几乎睁不开。最后，裁判举着金·童黎的手宣布：他胜利了！从这一刻开始，我不再是世界拳王。我穿过人群，顶着大雨回到家……

"一年后，我再次和金·童黎角逐，结果仍然没有区别。就这样，我永远离开了拳击舞台。要完全不为此事忧虑，确实非常困难，但我告诫自己：不能被过去的阴影所笼罩，我要顶住这次打击，不能被它打倒。

"于是，我尽量忘记自己的失败，集中精力谋划未来。我开始经营百老汇的邓普赛餐厅，还有大北方旅馆，并抽出时间安排、宣传拳击赛，举办和拳击有关的各种展览。就这样，我没时间和心思为过去发愁。"

最后他说："我现在的生活与从前做世界拳王时相比，要好100倍。"

莎士比亚有一句名言："聪明人永远不会守着自己的损失伤心，他们会高兴地找出办法，弥补创伤。"

我曾经参观过辛辛监狱。我发现：这里的囚犯们非常快活，看上去似乎和外面的人一样，这让我非常吃惊。后来，典狱长告诉我，这些囚犯刚进监狱时，都心怀怨恨，脾气特别坏。但几个月后，聪明一点的人就会忘掉自己的不幸，安心适应监狱生活。他还说，有一个犯人曾经是园林工人，如今，他依旧在监狱里种菜、种花。当他干活时，居然会大声地唱歌，因为他知道，眼泪在这里毫无用处。

当然了，所有的疏忽和错误都是不应该的，但又有谁没有犯过错呢？即便是拿破仑，也在那些重要战役中输过三分之一，说不定我们的平均纪录比他还要少呢！

处事规则

就算动用了所有的人马，也无法挽回已经发生的事实。因此不要试图锯木屑，因为它们早已被磨得粉碎。

小　结

如果你不希望忧虑毁了自己，就要改变这个习惯。

规则一：让自己忙个不停，将忧虑从思想中驱逐出去。治疗“胡思乱想”的最佳方法是大量的行动。

规则二：不要为小事忧虑，不要让这些无足轻重的东西毁了自己的快乐。

规则三：学会计算概率，然后问自己：“这件事发生的几率到底有多少？”概率可以帮你消除忧虑。

规则四：接受无法避免的情况。如果你知道某种情形已经无力扭转，就要告诉自己：“既然如此，那就这样吧！”

规则五：为忧虑的事情定一个“到此为止”的期限——看这件事值得你付出多少担心，忧虑——然后决不再多去管它。

规则六：让过去的就成为过去，不要去锯木屑。

【快乐的人生】

第一章 打造快乐心态

第1节 生活因你的态度而改变

如果你正忧虑不安，精神沉重，你完全可以依靠自己的意志来改变此时的心态。

我曾经参加过一个电台节目，主持人问我："你认为自己学到的最重要的一课是什么？"我的答案很简单："思想的重要性。"如果知道你在想些什么，我就可以推断出你是什么的人。每个人的思想不同，也就造就了性格的差异。

我们每个人所要面对的最大问题，就是怎样正确地思想。我们一旦解决了这个问题，所有的问题都可以迎刃而解。

曾经统治古罗马帝国的马尔卡斯·阿利瑠斯留下一句发人深思的名言："生活是由思想组成。"

当我们想到的都是快乐时，我们真的会快乐；当我们想的都是忧伤时，我们真的会忧伤；当我们想到恐怖，我们内心开始惧怕；当我们认为自己会失败时，我们最终会失败；当我们总是自怨自艾时，别人也会远离我们。诺曼·文森·皮埃尔说："你不是你所想到的模样，但你却会成为你想象的人。"

我并不是提倡人们要盲目的乐观，而是要用积极的心态去面对生活，也就是正视问题，但不过分忧

虑。正视问题就要了解研究问题因何而来，再找出解决的办法，多余的忧虑和担心，对于解决问题毫无帮助。

一个人可以在正视棘手问题的同时，在衣领上插一朵鲜花昂首漫步。洛威尔·托马斯就是这样的一个人。

我曾经协助洛威尔·托马斯拍摄一部电影，讲述艾伦贝和劳伦斯在第一次世界大战中的经历。他带着助手在前线拍摄了许多珍贵镜头，记录了劳伦斯和他手下那支骁勇善战的阿拉伯军队，也拍下了艾伦贝征服胜地的进程。最令世界为之轰动的，是贯穿整部影片的旁白“巴勒斯坦的艾伦贝和阿拉伯的劳伦斯”。在这部影片获得巨大成功后，他又用了两年时间准备拍摄一部印度和阿富汗的纪录片。

在遭遇了一些出乎意料的事情之后，他突然发现自己陷入了糟糕的境地——他破产了。那时我和他正好在一起，我们不得不去街边小店吃些很便宜的食物，而这也是托马斯跟苏格兰著名画家詹姆斯·马克贝借了钱才办到的。

面对庞大的债务，洛威尔·托马斯也不免有些消沉，但他敢于正视这个问题，也没有过分忧虑，他深知，自己一旦被不幸压倒，在别人眼里他就彻底失败了，债权人也只会更看不起他。因此，他每天早上出门时，都会买一朵鲜花插在自己的衣领上，然后昂昂然走到大街上。他不允许自己被挫折挤垮，他告诉自己说：挫折不过是一个过程，是登上成功之峰前必须经历的考验。

心理会对人们的生理和能力产生惊人的影响。英国著名心理学家哈得菲在只有54页的《力量心理学》中讲述了一个心理测试：“我请了3个人

来参加测试，分别在三种不同的情况下，用尽全力抓住握力器。第一次是在完全清醒的状态下，他们的平均力量是100磅。第二次则处在催眠状态下，并且暗示他们身体很虚弱，这一次，他们的平均力量才29磅，还不到正常情况下的三分之一。第三次还是在催眠中，但暗示他们非常强壮。结果这一次，他们的平均力量达到了142磅，在他们心里认定自己具有这样的能力时，他们的力量增长了近百分之五十。”

心理具有匪夷所思的强大能力，让我们简单地回顾一件发生在美国内战期间的真实事件。

玛莉·贝克·埃迪是基督教信仰疗法的创始人，很久以前，她以为疾病、忧愁和不幸将会陪伴自己终生，因为她的第一任丈夫在他们结婚不久就去世了，第二任丈夫抛弃了她，和一个有夫之妇双双私奔，最后潦倒地死在一家救济院里。她有一个病怏怏的儿子，因为家里实在太穷，被迫在他4岁的时候送给了别人收养，从那以后的31年里，她再也没见过自己的孩子。

她自己的健康状况也很糟糕，因此对“信仰治疗法”产生了兴趣，后来，在麻省的利安市，她的人生发生了重要的转折。

一个寒冷的冬日，她在冰面上滑了一跤，摔得昏了过去，脊椎损伤非常严重，她因此不停地抽搐，医生对此也束手无策，对她说只能等待奇迹的出现，但是她也绝不可能再站起来了。

玛莉·贝克·埃迪躺在病床上，默默地等待死亡的降临，可是，一本书改变了这一切。她读到书里的一段话：“一个瘫痪的人被人用担架抬到耶稣面前，耶稣对他说：‘你的罪已获得了宽恕。孩子，站起来，回家吧。’瘫痪的人就站了起来，走回家去了。”

正是耶稣的这句话令她浑身生出一种神奇的力量，她“立刻下了床，可以走动了”。这是信仰予她的治疗力量。

她说：“就如同牛顿被一只苹果触发了灵感。我感觉自己变得不一样了，还可以帮助他人改变。我坚信：一切取决于你的心理和由之引发的思想。”

我不是基督教徒，我也不是在为基督教的信仰疗法做宣传，只是我自己深信思想的力量。只要人们改变心理，就可以解除恐惧、忧虑和一些疾病，让自己的生活变得更好。仅仅我亲眼所见的真实事例，就有几百件之多。

在我的一位学生身上，就曾经发生过惊人的思想转变。最早的他，几乎因为忧虑而崩溃，他对我说："没有什么事情不让我忧虑。我太瘦，不停的掉头发，也许这辈子没办法挣到钱结婚，我不会是一个好父亲，我会失去我所爱的那个姑娘，别人对我的印象很糟糕，我的胃是不是出了毛病，会不会因此丢了工作。这些都令我忧心忡忡，就像一个没有安全阀的锅炉，我内心的压力膨胀到了无法耐受的地步。这样下去，我只有一种结局——真的玩完了！如果你没有过这种经历，那就感谢上帝吧，让你永远不要体验精神崩溃的痛苦，那实在是世界上最折磨人的事情。

"我无法和人沟通，家里人也不行，我控制不了自己的惊恐，只要有一点点细微的动静，我会吓得蹦起来。我无缘由地哭泣，不愿意见到任何人。我每天在痛苦中挣扎，我想所有的人包括上帝都已经抛弃了我，我觉得自己没办法再活下去了。

"我下了决心，去佛罗里达旅行，希望能帮自己改变心情。在上火车之前，父亲交给我一封信，叮嘱我到了佛罗里达之后再拆开。我找到一家汽车旅馆住下，打算找一份船上的工作，却没有找到，我只好在海边消磨时间，心里更加难受了。我想起了父亲的信，于是打开来读，信里说：'孩子，你现在离家1500英里远，但你的感觉和在家没有什么不同，因为你的烦恼之源正是你自己，而实际上，你的生活环境不是真的糟糕，而你的身体和精神也完全没有问题，这一切，不过是你自己的想象。如果你明白了这一点，就请回家吧，因为你已经可以医好你自己。'

"父亲的信令我非常恼怒，我认为应该他同情我，而不是指责我。我再也不想回家了。就在那天晚上，我无意中路过一家教堂，因为无聊，就决定进去看看。里面正在传道，讲的是'战胜精神，甚于攻占城池’，大意竟然和父亲的信如此相同，我不禁沉思起来，我终于吃惊地明白自己有多么愚蠢，还曾想过改变世界和他人，原来我唯一需要改变的，正是我自己思想相机上的焦距。

“第二天我就回了家，一周后我恢复了工作。4 个月后，我娶了心爱的姑娘。如今，我们有 5 个孩子，生活快乐幸福。上帝一直都很眷顾我。以前我只是一个小主管，现在我是拥有 450 名员工的工厂厂长。我理解了生命的真正含义，我常常提醒自己，注意调整思想的焦距，一切都会变得更好。

“我感激自己曾经的精神崩溃，才会让我发现思想的强大能量，现在的我充分运用思想带来积极的影响，不再让身心疲惫焦虑……”

我们的平静和快乐并不取决于外在的条件，诸如我们身在何处，我们拥有什么，或我们的身份，而取决于我们的心理状态。

在 300 年前，失明后的汉弥尔顿指出了同样的道理：“运用思想自身的力量，就能把地狱变成天堂，天堂沦为地狱。”

拿破仑拥有无上的权力、荣耀和财富，但他却说：“我的一生从没有一天是快乐的。”而又瞎又聋又哑的海伦 · 凯勒，却快乐地宣称：“我的生命是那样美妙。”

半个世纪的生活经历让我牢记爱默生的一句话：“唯有你自己，才能带给你平静。”

古代著名哲学家艾比克坦德郑重地说：“我们要尽全力摆脱错误的思想，这远比清理‘身体的脓包或肿瘤’更为重要。”

19 个世纪之后，这一理论被现代医学证明无误。在约翰 · 霍普金斯医院的病人里，有 4/5 是因为心理压力过大而引发了生理或心理疾患。坎贝·鲁宾博士说："病因在于他们无法协调自己的生活。"

如果你此刻正忧虑不安，精神压力很重，请听我说，你要依靠自己意志来改变心态。做到这一点并不难，只要你愿意花一点时间和精力。

我们不能仅仅是下定决心，而要付诸行动，首先改变我们的行为，在这个过程中，我们的心理也逐渐发生了转变。

威廉·詹姆士曾说："唯一能让你变得快乐的方法，就是努力让自己先从行为和语言上表现出快乐的感觉。"

你可以试试这个简单的方法，昂首挺胸，露出你的微笑，做个深呼吸，唱唱歌，或吹口哨，你很快就会体会到快乐的行动会让你忘却烦恼和担忧。这是大自然赋予我们创造奇迹的礼物。

印第安纳州有一位名叫英戈赖特的人，他就是用这方法快乐地活到了现在。10 年前，他被诊断得了猩红热病，治好之后，肾脏又出了问题。他找了许多医生，甚至连"江湖医生"都看过了，可没人治得好他的疾病。

不久，他得了并发症，医生告诉他，他的血压已经升高到214 的最高值，情况非常严重，没有办法可以挽救他的生命了。

他说："我回到家里，查清我所有的账单包括保险单都已经付清。我向上帝忏悔我过去的种种过失。家人在为我哭泣，而我也郁郁难平。悲伤地度过了一星期后，我问自己：'或许你一年之内都不会死，那为什么不快乐地珍惜每一天呢？'

"我豁然开朗，从此微笑对待每一天。我尽力表现出自己一切正常，一开始，这实在很难办到，但是我坚持让自己看上去快乐，

这样做对我和家人都大有帮助。

“很快，我就发现自己真的好多了——好的和我所表现出来的一样。每天都在恢复，直到现在——我被预言将会去坟墓的日期已经过去了好几个月，我快乐而健康，血压也在稳步下降。如果我一直活在悲观的等待死亡的阴影里，那么医生的宣判无疑会变成事实，可我给自己一个快乐的心情，反而日渐恢复了健康。”

既然快乐、勇敢的心理能够让一个人改变“死刑判决”，那为什么我们要生活在小小的烦恼和忧愁的控制之中呢？既然可以为自己和周围的人创造真正的愉悦，那我们又何乐而不为呢？

詹姆斯·艾伦在《人类思想》一书中写道：“如果一个人改变了对其他人和事物的看法，那么其他人和事物对他而言，确实发生了改变……当一个人的思想朝向光明的一方，他会发现自己的生活获得了巨大收益……改变我们气质的关键在于我们的内心……如果一个人不能从心理振作起来，那他只能终生和忧虑、无为做伴。”

《圣经·创世纪》告诉我们，是上帝让人类统治世界。这份贵重的馈赠并不能引起我的兴趣，我不想要控制世界的权力，我只想要控制我自己的能力——控制我的内心和思想，控制我的恐惧和悲观——控制我的行为，改变我的人生。诚如威廉·詹姆士所言：“……只要将内心的恐惧转化为进取的力量，就可以把大部分的伤害转化成获益。”

让我们从此刻开始，为自己的快乐而努力。这里有一份快乐计划《只为此刻》——是已故世多年的席贝尔·帕区吉所写。只要我们依此去做，就能摆脱忧虑，让自己变得快乐。

只为此刻

只为此刻，我必须要快乐。林肯说过“大多数人的快乐来自决心”。快乐来自内心，而非外在世界。

只为此刻，我应该适应一切，我无法改变所有来迎合我自己。我要适应我的家庭、事业还有机遇。

只为此刻，我要身体健康。我要多运动，不忽视健康、不伤害身体，我要珍惜身体，这是我获得成功的基础。

只为此刻，我要在思想上丰富自己。我要多学习和研究，不把时间荒废在空想里。我要多读书，尤其是需要专心和动脑思考的书。

只为此刻，我要为锻炼自己做三件事：我要做一件不让对方知晓是我做的对他有益的事情；我还要做两件自己不愿意做的事。这样做是依照威廉·詹姆士要锻炼自己的建议。

只为此刻，我要做个受欢迎的人。我要注意仪表，打扮得体，不大声喧哗，举止要彬彬有礼。我不在意别人的评价，也决不对他人或事件指指点点、妄自非议。

只为此刻，我要努力过好每一刻，一生的问题不可能一次性解决。我可以一连12个小时只作一件事，可我不能一生墨守成规，那我就不会再有进步。

只为此刻，我要计划的生活。我应该写下每小时要做些什么，虽然不会完全照此去做，但我还是要制订计划，至少可以让我避免——仓促和迟疑这两种弊端。

只为此刻，我要让自己有半小时的空闲，让我的心灵宁静而愉悦。感谢上天给我生活的希望。

只为此刻，我要毫不畏惧，更不能害怕快乐，我爱人们，我爱一切美好的事物，我相信人们也一样会爱我。

处事规则

塑造快乐的人生，让你的思想和行为先快乐起来，你会拥有真正的快乐。

第2节　报复的代价是你自己

如果自私自利的人想要占你的便宜，不要计较，也不要报复，在你试图从他身上找回平衡的时候，你自己的损失要远比给他造成的损失还大。

我在黄石公园游览时，森林管理员说：有一种大灰熊可以打倒除了黑熊和犀牛以外的任何西方的动物。我当时却注意到，还有一只小动物在和那头大灰熊共进晚餐，那是一只臭鼬。很明显，大灰熊只需要一巴掌就可把臭鼬拍死，可是经验告诉它，那样做的结果很糟糕，因

此大灰熊容忍臭鼬与自己分享食物。

我了解大灰熊的想法，因为我幼年时曾经抓到过四条腿的臭鼬，成年后，在纽约也遇到过几个臭鼬类型的两条腿的人。我深知：聪明的人，是不会招惹任何一种臭鼬的。

如果你憎恨你的仇人，那就会影响你的睡眠、食欲还有血压，毁灭你的健康和快乐，这无疑是给了你的仇人胜利的希望，他们很乐于见到你挣扎在痛苦和愤恨之中。你痛恨的感情对他们不会造成任何伤害，却会让你沦入地狱般的生活。

“如果自私自利的人想要占你的便宜，不要计较，也不要报复，在你试图从他身上找回平衡的时候，你自己的损失要远比给他造成的损失还大……”这可不是理想主义者的教导，而是摘自警察局的报告。

报复之心会给你的健康带来很大损害。《生活》杂志说：“长期处在激愤的状态下，高血压和心脏病就会和你长伴。”

耶稣教导我们“爱你的仇人”，这也符合医学原理，“应该原谅70个7次”是在指导我们怎样减少患高血压、心脏病、胃病以及其他疾病的机会。

任何医生都了解，有心脏病的人，一旦发怒就可能致死。华盛顿州斯博坎城的警察局长杰瑞·斯瓦托给我写信时提到：“68岁的威廉·崔坎博，在此地开了一家小餐馆，他对厨师一直用茶具喝咖啡很是不满。有一天，他火冒三丈，拿起左轮手枪就向厨师跑去，却因为心脏病突发而倒地死亡——手里还紧握着那支枪。根据验尸报告，他过于愤怒引发了心脏病导致死亡。”

耶稣教导我们“爱你的仇人”，也是在指示我们善待自己的仪容。

或许你也认识一些女性，她们的神情被仇恨和幽怨扭曲，脸上满布皱纹。美容可以让她们变得美丽，但她们心中却没有温暖和喜悦。

有位圣人曾说："满怀爱心吃青菜，要比满怀怨恨吃牛排还要美味。"

如果不能做到善待敌人，那我们也应该善待自己，我们不能让仇恨控制我们的健康、外表和快乐。诚如莎士比亚所言："不要为敌人点燃怒火，最终烧伤的却是你自己。"如果你不能善待你的敌人，那你至少可以原谅或忘记他们。我曾问艾森豪威尔将军的儿子，他父亲会不会对别人记恨。他回答说："不会！我父亲从不为他不喜欢的人浪费一分钟的时间。"

俗语说："会生气的人是傻瓜，聪明的人是不生气。"前纽约州州长威廉·凯若被地方小报大肆攻击，还被一个疯狂的人枪击，虽然面对死亡的威胁，他还是不改初衷："每天晚上我都会原谅一切人和事。"

或许你会认为他的做法过于美好和理想化，然而，叔本华认为生命本身就是痛苦的冒险，可即便是在深深绝望的时候，也尽力"不要怨恨任何一个人"。

波那·巴鲁区（曾担任6位美国总统的顾问）曾说，我不会让敌人的攻击得逞，"任何人都不可能羞辱或给我造成困扰。"同样，任何人也都不能羞辱或困扰你，除非你自己愿意。

让我们善待那些误解和敌对我们的人，让我们努力做一些超出我们能力的事情，这是一个行之有效的方法，可以让我们忘记曾遭受的屈辱和敌视，将时间和精力用在我们所要达成的目标上。

1918年，第一次世界大战期间，人们的情绪很不稳定，那时在密西西比中部地区有一个谣言流传甚广，说是德国人正怂恿黑人团结起来造反。劳伦斯·琼斯是一位黑人老师，被人密告说他是造反者的头领。一大群白人将他绑起来，让他站到一个大木柴堆上，准备把他吊起来烧死。

这时有人提议，让他临死前说点什么。于是，劳伦斯·琼斯五花大绑的站在木柴堆上，面对群情激昂的人群，镇定地述说自己的理想和生活。他教育了许多没有上过学的孩子，让他们成为优秀的农民、机械工人、厨师还有家庭主妇。他也说到许多白人送给他金钱、土地、木料、猪、牛，帮助他开办一所学校。

他神色镇定，言辞恳切，并不乞求放过自己。有一些熟悉他的人知道他所言句句为实，人们渐渐冷静下来，不但释放了他，还现场募集了一些钱作为学校的教育经费。

后来，有人问劳伦斯·琼斯，他恨不恨那些想要烧死他的人？他回答说，他忙着为自己的目标而奋斗——那是超出他能力的事情，没有去恨别人的时间。“我没有时间考虑仇恨，没时间后悔，不论什么人也不值得我放低自己去恨他。”

艾比克坦德早就警告过：“每个人终归会为他所犯的过失付出相应的代价。了解这一点，任何人都不会令你愤怒，你也不会和他们争斗，更不会谩骂、斥责、报复他们。”

我仿佛听到我父亲多年来每个夜晚念诵《圣经》的声音：“爱你的仇人，善待以你为敌的人；为诅咒你的人祝福，为欺凌你的人祈祷。”

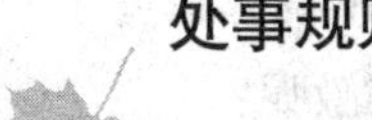

塑造快乐的人生，不要报复你的敌人，以避免带给你自己最大的伤害。也不要为你不喜欢的人浪费时间。

第 3 节　施恩不求回报

人天生爱忘记表达感激之情。要是我们帮助别人就想得到别人的感激，那我们只会令自己头痛。

我曾经遇到一位得克萨斯的商人，他怒气冲冲地告诉我：11 个月以前，他给自己的 34 位员工一共发放了 1 万美元的年终奖，可令他气恼的是，居然没有一个员工向他表示感谢，他说自己实在后悔，早知道一分钱奖金也不发了。

古人有云：“人之所以愤怒，因为他心中满是怨恨。”我很同情他，因为他已经60岁，却花了近一年的时间抱怨这件早已过去的事情。

他应该停止抱怨，而是想想为什么员工不感谢他，或许他发给员工的日常工资很低；或许员工认为发放年终奖是再正常不过的事情；或许他一直脾气不好，员工根本不敢也不愿意表示感谢……

当然，也许还有其他的可能，比如他手下的员工都没有修养和礼貌等等。我们并不了解事情的真实情况，但我想起了沙穆尔·强森博士的话："良好的教育会让人常怀感恩之心，但这样的人极为稀少。"

大部分对人施恩的人，都有一个错误的认识：希望得到回报。而这恰恰说明了他对人性的无知。

要是你曾经救过某人一命，你可能也会希望他对你感激涕零。塞穆·利波维兹当律师时，曾经成功地为78个人辩护，使他们免于一死。请你猜猜，其中会有几位表示感激，哪怕只是寄一张圣诞贺卡给他呢？没错，一个人也没有。耶稣一下午治好了10位麻风病患者，也不过只有一个人向他道谢，那9个人连个"谢"字都没说，就一溜烟全都走了。

请你想一想，为什么你、我，还有那个得克萨斯商人在施了一点小小的恩惠之后，却想要得到比耶稣所得还多的感激呢？

如果你送给一位亲戚100万美元，你觉得他会感激你吗？安德鲁·卡耐基就这样做了，假如他在地下能够听到人世间的声音，那他一定会惊诧地听到这位亲戚正在咒骂他，原因就在于他将3.65亿美元捐给了慈善机构，而只是给

了这位亲戚“区区100万美元”。

人性就是如此，你不要奢望人们会做出改变。我们应该泰然地接受这个事实，从此施恩不求任何回报，要是我们得到被帮助者的感谢，就权当是一次惊喜；如果没有得到任何感激，那我们也不必为此闷闷不乐。

这就是我想要告诉你的重点：人天生爱忘记表达感激之情。要是我们帮助别人就想得到别人的感激，那我们只会令自己头痛。

要想在这个世界上得到爱，唯一的方法就是不求回报地付出你的爱。这个方法是不是太理想化呢？其实不然，这不过是最普通的方法，会让我们都感受到快乐的方法。我这么说，是因为我自己的家人就有这样的体会。我的父母喜欢帮助别人，虽然我小时候，家里很穷，但他们还是竭尽所能帮助爱达荷州的一所孤儿院。我父母从来没有去过那里，或许也从没有人为此感激他们——当然会收到感谢信——但他们却从中得到了莫大的乐趣，他们并不想让别人感激或做出回报。

亚里士多德说过：“理想的人，以帮助他人为快乐……”，毫无疑问，我的父母正是这样“理想的人”。

我要谈的第二个要点：假如你想要快乐，那就不要考虑感恩与否的问题，而享受帮助他人的乐趣。

几千年来，多少当父母的在悲哀地叹息儿女竟不知感恩。莎翁笔下的李尔王也如是说：“一个不懂感恩的孩子，比毒蛇的毒牙还具杀伤力。”

可是，如果我们不教育孩子们感恩，他们又怎么会懂得呢？人类忘恩的本性就如同野草，而感恩之心就如同玫瑰花，要对其精心培养、耐心呵护。

要是我们的孩子薄情寡义，那怪不得别人，或许只怪我们自己。或许我们忘记了教育他们要懂得感恩，那又怎能指望他们对我们心存感激呢？

请记住：父母的行为通常是子女效仿的榜样。如果我们想要教育孩子学会感恩，那我们首先要做到知恩图报。我们要在孩子面前注意自己的言辞，不要随口贬低别人对我们的好意。我们无意间的一言一行，也会在孩子心中留下印记。

处事规则

塑造快乐人生，不要因为别人不懂感恩而忧虑或难过，要将其看做是非常自然的事情。耶稣一下午治好了10位麻风病患者，也不过只有一个人向他道谢。为什么我们想要得到比耶稣所得还多的感激呢？我们得到快乐的方法，是对人施恩但不求回报，只为施恩时的快乐而快乐。我们还要记得，感恩是由教育而来，如果希望自己的孩子懂得知恩图报，那就要以身作则，从小教育他们。

第4节　你愿意为100万美元出卖自己吗?

人在生活中应该有两个目标：第一个目标是努力得到你想要的。第二就是要在得到后满足而快乐，这一点唯有最具智慧的人才可做到。

我认识哈罗·艾伯特已经很多年了，他曾经当过我的教导主任。有一次，我们在堪萨斯相遇，他特意开车送我回位于密苏里州贝尔城的农庄。路上，我问他是怎样保持快乐心态的，他便给我讲述了一个令人难以忘怀的故事。

他说："以前很多事情都让我忧虑。可是1934年的一天，我走在韦伯镇的希戴替大街上，有一件前后只有10秒钟的事情让我完全抛开了忧虑，我在这10秒钟里领悟的道理要远比我过去10年所学到的多得多。"

他把故事从头说起："那一年，我在韦伯城已经开了两年的小百货商店，我不仅把所有积蓄都贴了进去，还欠了很大一笔钱。后来我用了7年的时间才还清债务。当时我的商店刚关门一周，我正准备去银行借钱，好去堪萨斯城找工作。我垂头丧气，像只被斗败的公鸡一样

在路上走着。突然，我看到对面有一个没有腿的人，他坐在一块安装了滑轮的木板上面，两只手里还各抓了一个木块，他用木块撑地，以推动木板前进。我看到他的时候，他正把木板跷高几英寸，好慢慢挪上人行道。他注意到我的目光，对我微微一笑，问候道：‘早上好！先生！今天天气真好！不是吗？’我望着他，猛然发觉自己原来是如此富有：我有健康的双腿，可以走可以跳。我对自己的沮丧感到羞耻。我对自己说：既然一个没有双腿的人可以做到，那我为什么不可以呢？在那一瞬间，我直直地挺起了胸膛。原本我想找银行借100美元，但我现在打算借200美元。本来我只想去堪萨斯城找工作碰碰运气，现在我充满自信地说我一定会在堪萨斯找到一份好工作。最终，我借到了200美元，并且在堪萨斯城找到了一份很不错的工作。

“从那以后，我的浴室镜子上始终贴着几句话，每天早上我刮胡子时都会重温一遍：

人家骑马我骑驴，

多瞧世上推车人，

知足常乐不自怜。”

我曾经问过艾迪·雷肯勃克，他和伙伴坐在救生筏里在太平洋漂流了21天，曾经失去所有希望时，他最深刻的体会是什么？他回答说：“令我深有感触的是，如果你有足够新鲜的食物和饮用水，那就再没什么事情是值得抱怨的了。”

你常常会发现，原来自己所担心的事情竟是微不足道，毫无意义的。如果我们想要快乐地生活，就不必纠结在这些细微的事情上。

英国的许多教堂里都醒目地刻着一句话："多思考，多感激"。我们应该把这句话刻在自己的心底。

"快乐医生"无时无刻不在为你和我提供免费的服务，我们唯一要做的就是全神贯注于我们已经拥有的无价之宝——就连阿里巴巴的宝库也难以比拟。你愿意用自己的双眼或者双腿来换取100万美元吗？或者你的双手、你的味觉，还有你的家庭……把你所拥有的一一列举出来，你会发现自己舍不得卖掉现在所拥有的一切，就算是用洛克菲勒、福特以及摩根三大家族的全部财产你也不会这么做。那为什么我们不能在平日里就重视我们已拥有的呢？这一点似乎很难做到。就像叔本华所说："我们总是日思夜想我们不曾拥有的东西，却往往忽略了我们已经拥有的。"世上最大的悲剧莫过于此，它带给人们的痛苦和折磨要远比历史上任何一次战争或灾难都要多。

露西丽·布莱克是我的老朋友，我们是在哥伦比亚大学新闻学院学习短篇小说写作时认识的。9年前，她住在亚利桑那州的杜森时，生活突遭巨变。她告诉我说："我一直非常忙碌紧张。那时我在亚利桑那大学学习风琴，同时还在杜森开办了一所语言学校。我还负责教授我所居住的沙漠牧场的音乐课。我不停地参加各种聚会、舞会，不停地骑马奔波。直到一天早上，我突然犯了心脏病，我感到自己不行了。

"医生叮嘱我：'你必须卧床休息一年。'除此之外，他竟然没有说一句给我信心恢复健康的话。

"卧床一年，还没有痊愈的希望，我可能还是会死去。我简直惊呆了，这么悲惨的事情为什么偏偏被我遇到？我究竟做了什么坏事，上帝要这样惩罚我呢？我大哭并不停地埋怨，不过，我还是按照医生的要求，坚持卧床休息。我有一位艺术家邻居鲁道夫，他来探望我时说：'或许你认为卧床一年是件糟糕的事，可事实上，你很快就会改变想法，因为现在你有了充足的时间来反思自己。以后的几个月里，你对自己的认识和思想上的成熟要比你半生所得还要多。'我渐渐冷静下来，开始思索如何重塑我的人生理念。我阅读了许多发人深思的书籍，一天，我听到广播里的时事评论家说：'你所谈的事情应是你确知的。'我曾经听过无数次类似的话语，可唯有这次我真正听懂了，并且以此为鉴。我决定只留住那些令我快乐和健康的想法。每天早晨一睁开眼睛，我首先是要求自己去想那些值得感谢的事情：没什么事情是需要我担心的，我有一个可爱的女儿，我能看得见一切，也能听得到美妙的音乐，我想看书就可以看书，食物非常丰盛，我拥有很多关心我的朋友，这太令我开心了。来探视我的人如此之多，以至于医生不得不挂了一个牌子，严格规定探视我的时间，而且每次只允许我见一位客人。

"如今，9 年过去了，我的生活依然丰富多彩，对于卧床的一年时光，我永远心存感激。那是我在亚利桑那州最充实也最有意义的一年。直到今天，我每天早上还是会为自己找到许多值得感谢的事情，那是我人生最珍贵的宝藏。我为自己羞愧，因为我直到面临死亡的威胁才终于明白什么是生活。"

亲爱的老朋友露西丽，你可能并不清楚，你的感悟正和 200 多年前的萨穆尔·约翰逊博士不谋而合，"让自己学着只看事物好的一面并养成习惯，这会比你每年多赚 1000 英镑更有价值。"我想你大概也不知道，约翰逊博士并非天生乐观积极，他曾在贫苦和艰难中挣扎了 20 年，几经努力，最终成为他那个时代最著名的作家，也是历史上享有盛誉的演讲家。

洛根·皮尔萨·史密斯总结说："人在生活中应该有两个目标：第一个目标是努力得到你想要的。第二就是要在得到后满足而快乐，这一点唯有最具智慧的人才可做到。"

你能否想象在厨房刷洗碗碟也是一件快乐无比的体验呢？如果你感兴趣，就可以找一本名叫《我想看见》的书来看，作者是波姬·阿黛尔，这本书里述说了这位女性作者勇于直面现实的故事。

她失明几乎长达50年，她写道："我只有一只完好的眼睛，上面也都是疤痕，我只能透过眼睛左侧的小缝来看外面的世界。我看书时，不得不把书几乎贴到脸上，并把另一只眼睛斜向一边。"

但她并不悲天悯人，甚至不希望别人将她视作"和正常人不一样的人"。小时候，她特想和其他孩子一起玩跳房子，可她看不清地上画的线，她就在其他孩子都回家后，趴在地上，用一只眼睛贴近地面察看，将每一条线都牢牢记在心底。没过多久，她居然成为那群孩子中跳得最好的一个。她看书的时候，将书页紧贴在脸前，几乎碰到了眼睫毛。就这样，她一直坚持读书，后来获得了两个学位：先拿到明尼苏达州立大学的学士学位，后来获得哥伦比亚大学硕士学位。

她最早是在明尼苏达州丰收镇的一个村庄当老师，多年后成为南达科他州奥格塔那学院的新闻和文学教授。她在学院工作了13年，被许多女子俱乐部邀请去演讲，还在广播电台主持评点图书的节目。她写道："在我内心深处，总是惶恐不安，担心自己会随时完全失明。为了不被恐惧所摆布，我努力让自己快乐一点再快乐一点，几近快乐的极限。"

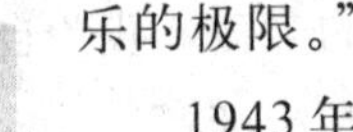

1943年她52岁时，那一年发生了一件奇迹。她去著名的麦威眼科医院做了一次手术，她的世界豁然明亮了许多倍。在她眼前，呈现的是一个充满新鲜和趣味的新世界。她发现，即便只是在厨房的水池里洗碗碟，也是乐趣无穷的事情。她在书里写道：

“我把水池里的洗涤剂产生的泡沫，抓起一把来，迎着光亮看，在大大小小的泡沫里，我看到了一道又一道灿烂绚丽的彩虹。”

你和我都该为此羞愧。我们已经在美好的童话国度生活了许多年，可我们一无所知，被蒙蔽住了双眼，拥有得太多，却忽略了生活的真正乐趣。

处事规则

塑造快乐人生的第四条要则：多想想你所拥有的——不要让自己沉浸在忧虑之中。

第5节　保持真我

我白白浪费了大量宝贵的时间妄图去模仿他人，最终才明白，我就是我，不是其他任何人。

居住在北卡罗莱纳州埃尔山地区的伊迪丝·埃勒德夫人给我写了一封信，她在信中写道：“从小，我就是个自闭而敏感的孩子。我长得很胖，并且脸看上去更胖。我的妈妈很古怪，她认为穿合身的衣服是件很傻的事，她总是对我说：‘宽松的衣服让人感觉舒服，合身的衣服很快就会磨破了。’这也就是她帮我选择衣服的原则。我从不和别的孩子一起出去玩，就连体育课我也不肯上。我觉得自己不像别的孩子那样讨人喜欢，因此我非常自卑。”

“我就这样长大了，找了个大我好几岁的老公。他一家人都非常好，充满自信——那正是我最想成为却未能成为的那种类型。我很想和他们一样，但我还是做不到，他们为我所做的每一件事，都是希望我快乐起来，可我却变得更加怯懦，甚至不愿意见到老朋友，害怕听到门铃响起。我认定自己是个彻头彻尾的失败者，但我又担心我丈夫发现，因此每当我不得不出现在公开场合时，我总是刻意地表现出高兴，可又总是表现得太过分了，其后一连几天，我都懊恼不已。后来，我实在觉得活着是一种煎熬，就决定自杀，一了百了。”

那是什么改变了她绝望的生活呢？就是一句很随意的话。她接着写道："就是一句很随意的话扭转了我整个的人生。那天，我婆婆谈起了她培养几个孩子的心得，她说：'我总是要求他们，不论遇到什么情况，一定要保持真我。'……就是婆婆这句随意说出的话，一瞬间敲醒了我，我突然明白我全部的忧虑和烦恼，都因为我在扮演一个非我本性的角色。

"我来了个180度的大转变，我分析自己的本性，反省自己究竟是什么样的人？我开始尽量保持自己的本色。我挖掘自己的长处，我学习衣饰搭配的艺术，我选择最适合自己的装扮。我开始主动和别人接触，并且参加了一个俱乐部——那时规模还很小——一开始他们让我参加活动、发言时，我担心极了。不过随着发言次数的增加，我发现自己的勇气一天比一天增长了。转变的过程我经历了很久，带给我从未曾想象的快乐和自信。我在教育自己的孩子时，总会先说出我的痛苦经历，并一再教导他们：'不论遇到什么情况，一定要保持真我。'"

詹姆斯·高登·吉埃杰博士感叹道："保持真我这个问题，就像人类的历史一样悠久，存在于每个人的人生当中。"精神疾患和心理问题产生的根源之一就是不能保持真我而引发的。诚如安吉洛·帕曲这位写过13本少儿教育书籍和无数文章的专家所说："这世上最痛苦的人，莫过于是那些希望自己成为其他人或者除他自己以外任何事物的人。"

前不久，我曾经和术凡石油公司人事部经理保罗·包尔登谈话，我问他，他曾经面试过6万多名求职者，什么是求职者最好犯的错误呢？曾写过《求职六方法》的保罗回答道："求职者大部分会犯的错误就是不能保持真我。他们不够坦诚，反而遮遮掩掩，他们迎合你来说话。"这样做并不能起到任何作用，没有一个公司愿意招收虚伪的人，就好像一旦知道是假钞票，就没有人愿意要是相同的道理。

威廉·詹姆士曾经研究过那些尚未发现真我的人，他指出，普通人只发挥出了百分之十的潜能，"跟我们实际潜藏的能力相比较，我们就好像睡着了。换句话说，我们只是占用了自己潜能空间的极小的部分，人们却不知道那样能够开发运用自己丰富的潜能。"

你和我当然都具有这样的潜能，那我们为什么还要为自己不能成为其他人而烦恼呢？我们不要再为此浪费时间，对于这个世界而言，你是唯一的，崭新的——从有人的历史开始一直到永远，你都是独一无二的，再也不可能出现一个和你完全一样的人。

对于保持真我这个问题，我自己就有很多的感触，因为我曾经在这方面走过弯路，为此付出了痛苦的代价。

当年我为了当一名演员，离开了密苏里州的乡村，进入了美国戏剧学院，我脑子里有一个自认为聪明绝顶的主意——可以让我轻松地走向成功。在我想来，这是多么完美而容易达成的做法，我甚至奇怪，为什么有梦想有追求的人竟然想不到这个方法。

我的想法很简单：我要把每一位著名演员的长处都学会。我也成为一个集众人优点为一身的全才大明星。后来我才醒悟过来，自己当时是多么的愚蠢和无知。我白白浪费了大量宝贵的时间妄图去模仿他人，最终才明白，我就是我，不是其他任何人。

这是一次痛苦的经验，可更痛苦的是，我并没有吸取这次的教训，因此，几年之后，我又重蹈覆辙，才真正把这个道理铭刻在心底。那时，我打算写一本关于当众演讲的书，并想把它做成同类型书中最棒的一本。我无意间又犯了以前的大错，想把其他作者的观点全部概括进这本书里，让它包罗万象，无所不能。于是，我先买了十几本这方面的书籍，用了一年的时间将这些书里的观点融入我的大纲里。最终，我才发觉真是蠢透了：这样写出来的书东拉西扯，枯燥无趣，根本不会有人愿意读下去。我把一年来的工作成果全部丢进了垃圾桶，打算重新开始。

我提醒自己说："这一次你要保持真我，不要去想你会有什么遗漏，更不要怀疑自己的能力，你不是其他任何一个人。"我不再试图综合专家们的观点，而是按照自己最初的设想，从一位演讲家和教师的角度，编写了一本当众演讲的指导书，内容完全是出自我自身的体会和观察。我终于领会到曾在牛津大学任英国文学教授的华特·罗利爵士所说的："或许我不能写出一本与莎士比亚相媲美的作品，但我完全可以写出一本我自己的书。"

卓别林、威尔·罗吉斯、玛丽·玛格丽特·迈科普雷、金·奥德雷还有成千上万的人都曾对此深有体会，也曾和我一样艰苦摸索。

卓别林初涉影坛，几乎所有的导演都要求他模仿当时德国最著名的一位喜剧演员。卓别林始终坚持自创的表演模式，后来才终于出名。威尔·罗吉斯一开始在杂技团里当一名抛圈表演者，一直默默无闻，直到好多年以后，他发现了自己的幽默天分，才开始在表演时说话助兴，从此一举成名。

你是这个世界上崭新的一员，在你为此骄傲的同时，也应该充分利用上天给你的恩惠。如果细加探索，你会发现所有艺术形式都存在鲜明的自我，你唱你自己的歌曲，你画你自己的画，你是由你的家庭、环境、经历所打造出来的，无论何种形式，你都要拥有属于自己的私密花园，无论何种形式，你都会为你的生命奏响你自己的乐章。

已故诗人道格拉斯·玛洛屈写道：

假如你不能成为山顶的松树，
那就做一株生长在山谷里的灌木，
但一定是小溪长势最好的那一株。
假如你不能成为一棵大树，
那就做一株灌木，
假如你不能做一株灌木，
那就做一棵小草，
为路旁增添一丝绿意。
假如你不能成为一头麝鹿，
那就做一条鲈鱼，

但一定是湖中最好的一尾鲈鱼。
我们不能都做船长，我们都可以做海员。
世上的事情有大有小，
无休无止，
我们要做的事情，就在身边。
假如你不能成为一条大道，
那就做一条小路；
假如你不能成为太阳，
那就当一颗星星；
只凭大小无法决断你是否成功，
不论你选择做什么，
都要努力做到第一名。

处事规则

塑造快乐人生，不必模仿他人，保持真我，开创属于自己的天空。

第6节　看到事物积极的一面

聪明的人却会琢磨：“这件事情教会了我什么呢？我要怎样改变现在的状况，怎样用这个柠檬榨出一杯柠檬汁呢？”

我在写这本书时，曾经去向芝加哥大学的洛博·梅南·罗金斯请教怎样才能快乐。他回答说：“已故的希尔斯公司董事长区里亚斯·罗森沃对我说：‘假如只有柠檬，那就做一杯柠檬汁。’我一直遵照这个建议去做。”

这是一个智者的做法。如果是一个笨人，看到只有一个柠檬时，想法却是截然相反的：“糟透了！这就是我的命运，一点希望也没有了。”随后，他会不停地抱怨，伤感命运对自己的不公平。而聪明的人却会琢磨：“这件事情教会了我什么呢？我要怎样改变现在的状况，怎样用这个柠檬榨出一杯柠檬汁呢？”

著名心理学家阿尔弗雷德·安得尔倾尽毕生精力来研究人类未被

开发的潜能，他认为“将负面影响变成正面动力”这是人类最奇妙的特性之一。

下面这个故事非常有趣，故事的女主角是塞玛·汤普生。她告诉我说：“战争时期，我丈夫驻扎在加州莫嘉福沙漠附近的陆军营地。我不想和他分离，就随军去了营地。那里极度让我厌烦，我这辈子还从未有过那么多的烦恼。没多久，我丈夫被派往沙漠腹地出差，我自己留在那间破旧的住房里。那儿热得简直无法忍受——虽然被高大仙人掌的影子遮盖，温度还是高达华氏125度。这儿只能见到墨西哥人和印第安人，可他们又都不会说英语。沙尘不停被风吹起，所有食物甚至呼吸的空气中到处都是沙子！沙子！沙子！

“我痛苦的煎熬着，觉得自己再也忍受不下去了，就给父母写了一封信，说我想回家，再也不留在这里。我还说这里连监狱都不如，我实在一分钟也不愿意呆了。我父亲给我写了回信，通篇只有两句话，这两句话从此深深刻在我的脑海中，完全改变了我的人生。

“‘有两个囚犯同时从监狱的围栏内向外望去，一个囚犯只看到了满地的泥泞，另一个却看到了满天繁星。’这两句话被我一连读了好几遍，越读越心生惭愧。我决心留下来，找到这里好的一面，我也想要看到满天繁星。

“我和当地的土著慢慢成了朋友，他们对我的热情令我惊讶不已，当我对他们手工织的布或是陶器流露出兴趣时，他们就把那些他们珍藏的不肯卖给观光客的物品当礼物送给我。我开始欣赏仙人掌和思兰，喜欢上了土拨鼠。我欣赏大漠落日，还去沙漠里寻找贝壳——这里300万年前曾经是海洋。

“是什么改变了我？沙漠还是原来的沙漠，土著也还是原来的土著，我的心态却不复昔日烦忧。以前觉得可怕而难以忍受的事物，如今却让我的生活充满刺激和乐趣。我发现了一个全新的世界，这令我感动而兴奋，于是我写下了小说《光明之路》……我从自己当初的牢狱中向外观望，我看到了满天闪烁的星光。”

哈瑞·爱默生·福斯迪柯在20世纪时说：“快乐的感觉大部分来自于胜利，而非享受。”确实如此，这种胜利的快乐是一种成就，令人自豪，因为我们成功地将柠檬做成了柠檬汁。

我认识一位弗吉尼亚州的快乐农夫——他把一颗有毒的柠檬做成了美味无害的柠檬汁。他的农场土地非常贫瘠，不能种水果，也无法养牲畜，只有白杨树和响尾蛇可以顽强的生存。后来他就充分利用了响尾蛇的资源，不仅做响尾蛇罐头，开放游人参观，还将响尾蛇的毒液提取出来卖到各个制药公司，他还买响尾蛇的皮用于制作皮鞋或皮包。……他的农场所在的乡村已经改名为响尾蛇村，用来纪念这位非凡的农夫。

我在纽约开办成人教育培训班已经35年了，我发现大部分学员的遗憾都是没有上过大学，在他们看来，没有接受过大学教育是终生的缺憾。要我说，这想法完全不对，单就我所知，有许许多多成功人士就连中学都没能上完。我常常说起我一个朋友的故事：他家里非常穷，小学没毕业他就辍学了。他父亲去世的时候，是靠着众人的募捐才得以下葬。他母亲每天在制伞厂工作10个小时，甚至加班到晚上11点。他曾经参加过一次教堂的业余演出，之后决定学习演讲，渐渐步入政界。30岁时，他当选为纽约州议员，当时他既无心理准备，也搞不清楚应该怎样履行职务。他专心研究那些需要他投票表决的复杂的提案——对他来说，就好像是用印第安文字书写的。后来，他被选为森林委员会委员，他又担心不已，因为他还从未进过森林；当他被选为州立金融协会委员时，他更加不安了，因为他还从未在银行开过户。他坦言，他当时真想从议会辞职，就此逃避一切，可如果那样做了，他不知道如何跟自己的母亲解释。于是，他决定每天发奋学习16个小时，

把自己从知识贫乏的柠檬变成一杯有丰富内涵的柠檬汁。他最终大获成功，他一跃而为全美国最知名的人士之一，并被《纽约时报》称作“纽约最受欢迎公民”。

此人就是埃尔·施密斯。他曾4次当选纽约州州长，这个纪录至今无人打破。1918年，他被推举为民主党候选人，有6所知名大学——包括哥伦比亚和哈佛都赠给这位小学都没读完的人名誉学位。

埃尔·施密斯对我感叹道，若不是当初他一天16个小时的学习和工作，把自己的负面因素转化为正面，这一切荣誉都不可能归于他。

我研究那些已获得成功的人士，有一种观点愈加强烈，许多成功者之所以会成功，正是因为他们在初期受到自身缺陷的限制，他们尽力将其转化为动力，从而获得了更多的回报。就像威廉·詹姆士所说：“我们的缺点或许会给我们带来意想不到的帮助。”

贝多芬或许因为耳聋，才写出精彩昂然的乐曲；海伦·凯勒或许是因为残疾才取得辉煌的成就。

“假如我没有身体的疾患，或许我不能完成这么多的工作。”这句话出自开创了生命基本科学理念的达尔文之口，他早已表示，他身体的疾患对他的事业有着不可低估的帮助。

哈瑞·爱默生·福斯迪柯在《洞察一切》中提到：“居住在斯坎德维亚半岛上的人有一句俗语：‘维京人由北风塑造而成。’这句话堪当我们的激励之语……”

就算是你已经放弃了一切希望，认定不可能把柠檬做成柠檬汁，但是，还有两点理由值得你为之再次努力——并且只会有所收获，不会遭到任何损失。

第一点，我们有可能成功。

第二点，即便我们没有成功，但我们可以将负面转化为正面，并鼓励我们一直向前看，积极地面对人生，也没有时间为发生过的事情担忧。

有一次，享誉世界的小提琴家欧里·布尔在巴黎举办音乐会，上场时，他的小提琴的A弦突然断掉了，但他不动声色，就用三根弦演

奏完了乐曲。就如哈瑞·爱默生·福斯迪柯所言："生活就是如此，当你的A弦突然断裂，你还可以用另外三根琴弦来演奏。"

处事规则

塑造快乐人生：如果命运只给我们一个柠檬，我们要努力做出柠檬汁。

第7节　怎样才能快乐

为了其他人完善你自己的心态。

我在写本书时，组织了一次"我怎样获得快乐"为题的有奖征文，奖金为200美元。评审团由东方航空公司董事长埃迪·雷坎培克、林肯纪念大学校长史都华·麦克柯利南博士以及新闻评论家卡坦波恩组成，最终是两篇故事并列第一。下面就是其中一篇，由住在密苏里州斯普林菲尔德的伯顿先生所写。

故事讲述了伯顿先生自己的经历："9岁时母亲离家出走，12岁时失去了父亲。"他和年幼的弟弟相依为命，后来历经辗转被洛弗丁夫妇收养。洛弗丁先生提出了3项要求：不准偷盗，不准说谎，不可偷懒。他这才有了栖身之所。没想到，一开始上学，他就被同学们欺负得哇哇大哭。他说："其他孩子都欺负我，笑话我的大鼻头，骂我是笨蛋，是臭孤儿。我真想揍他们，可洛弗丁先生对我说：'你要永远记住，能走开不予还击的人，要比会打架的人更伟大。'"

在洛弗丁太太劝告下，伯顿开始在学习上帮助那些欺负他的孩子，并且尽力帮助那些

缺少劳动力的人家。人们都渐渐喜欢他、关怀他，当他从海军复员回来时，有200多名农夫跑来看望他。伯顿写道："他们真的关心我，因为一直以来，我都真诚而快乐地帮助他们。我不再忧虑，这13年来，再没有人叫我'臭孤儿'了。"

已经过世的弗兰克·鲁培博士也是这样做的。他住在华盛顿州的西雅图，因为风湿病卧床23年。像他这样的病人，是如何度过他的每一天呢？他是不是每天自艾自怜，怨声不断呢？……并非如此，他的座右铭是威尔士王子的一句话："我为人民服务。"他给全国各地的病人写信，年均达到14000封之多，他鼓励他们勇敢、帮助他们变得快乐，他自己也从中获得了激励，感到快乐。

著名的心理学家阿尔弗雷德·安得尔常对精神抑郁的患者语出惊人："要是你完全依照我的处方去做，两周之内你的病就会痊愈，这个处方就是：请你每天想办法怎样才能让其他人感到愉快。"

安得尔医生还建议我们每个人每天都做一件好事。什么是好事？先知默罕默德告诉我们："好事，就是能令他人露出发自内心的笑容的事情。"为什么我们每天要做一件好事呢？对我们有什么影响呢？当我们努力让别人愉悦时，我们就会暂时把自己遗忘掉。要是一门心思只想自己，那就会患得患失，变得忧虑不安，甚至会导致抑郁症。

在我们的生活中，每天都和许多人相遇。你是怎样对待他们的呢？你是不是心不在焉，随便望一眼？或尝试着了解他们？比如给你送信的那位邮递员，你是否关心过他——他住在哪里、他的妻子和孩子长什么样子、他的脚是否很累、他对工作是否满意呢？或者是商店里送货的半大男孩，或是买报纸的人，又或是街道拐角那个擦皮鞋的

人……他们也都是和你我一样的人，他们也有梦想、有烦恼、有他们的追求，他们希望有人关心他们，与他们分享快乐。你是否意识到这一点，并且主动去做呢？这些事情都是我们力所能及的，并不是一定要成为南丁格尔或是推动社会变革的人，才会对世界有所帮助。你完全可以从明天早上开始，从你身边相遇的人开始！

这样做对你自己会有什么帮助呢？这会带给你更多的快乐、满足以及一种自豪的感觉。亚里士多德称这种感觉为“对人有益的自私感”。富兰克林的说法更为明确：“善待他人，即善待你自己。”

尽可能多地关注别人的感受，这不仅能帮助你不再忧虑，还会让你获得更多的友情，其乐融融。那我们应该怎样去做呢？耶鲁大学的威廉·里昂·菲尔普教授说出了他的方法：“我每次来到一家旅馆、商店或是理发店时，都会对我所遇到的人说些令他们开心的话——就是平等地对待他们，而不是把他们当做一个机器。我会赞美店里的女士说她的眼睛很美，或是夸她的头发很漂亮；我会关心我的理发师，问他一天都站着会不会很累？为什么选择了这一行？做这行已经有多长时间了……我发现，当你对他人充满关切和兴趣时，他们通常都会感到非常高兴。每次旅馆的红帽子帮我拿行李，我都会谢谢他并和他握手，他因此总是很高兴，这一天工作起来都特别有劲。……”

“有一次，我在英国遇到一位牧羊人带着他的牧羊犬，我真诚地夸赞了他的牧羊犬又健壮又聪明，还请他跟我讲讲，他是怎么训练它的。当我告别离开后，我回头看了看，那只牧羊犬正把两条前腿搭在牧羊人肩上，牧羊人面带微笑轻轻拍着它。我只是表露了一点热情和真诚，就让牧羊人感到很开心，我相信那只牧羊犬也很高兴，而我也从中获得了快乐。”

像他这样一位真诚的和红帽子握手致谢，会赞美替他服务的人、会夸奖别人的狗的人，难道会满心忧虑，食不下咽，以至于要去看心理医生吗？我们都很清楚，这是根本不可能的。记得有一句俗语说：“玫瑰从手中传递，总会留下淡淡花香在手上。”

要是你已经明白这个道理，就像德莱塞所说：“为了其他人完善你自己的心态。”那就请你立即行动起来吧，我们没有时间可供浪费。“这条路我只能走一次，我所想要做的好事和我能够做到的善举，都必须现在就做。不能拖延，也不可忽略，因为从此我不会再走过这里。”

处事规则

塑造快乐人生要关注别人的感受，暂时把自己遗忘掉；每天都做一件会让别人发自内心微笑的好事。

小 结

想要塑造快乐的人生，请遵循七条要则：

1．让你的思想和行为先快乐起来，你会拥有真正的快乐。

2．不要报复你的敌人，以避免带给你自己最大的伤害。也不要为你不喜欢的人浪费时间。

3．不要因为别人不懂感恩而忧虑或难过，要将其看做是非常自然的事情。耶稣一下午治好了10位麻风病患者，也不过只有一个人向他道谢。为什么我们想要得到比耶稣所得还多的感激呢？

我们得到快乐的方法，是对人施恩但不求回报，只为施恩时的快乐而快乐。

我们还要记得，感恩是由教育而来，如果希望自己的孩子懂得知恩图报，那就要自身作则，从小教育他们。

4．多想想你所拥有的——不要让自己沉浸在忧虑之中。

5．不必模仿他人，保持真我，开创属于自己的天空。

6．如果命运只给我们一个柠檬，我们要努力做出柠檬汁。

7．关注别人的感受，暂时把自己遗忘掉；每天都做一件会让别人发自内心微笑的好事。

第二章　不要因别人的批评而气恼

第1节　没人会踢一条死狗

别人之所以大力抨击你或踢你，通常是因为他们可以由此获得一种成就感，这也从另一个角度说明你已经成功，引起了他们的关注甚至妒忌。

1929年，发生了一件震惊美国教育界的大事情，业界人士纷纷赶到芝加哥亲睹此事：罗伯·霍金斯被任命为美国第四有名的大学——芝加哥大学的校长。他是半工半读从耶鲁大学毕业的，曾经当过作家、伐木工人、家庭教师和服装推销员。不过8年的时间，年仅30岁的他就获此殊荣，这不仅令人难以相信，也令老一代的教育界人士们大加反对。一时间，批驳的声音排山倒海一般向这位年轻人倾倒而来，有人指责他太年轻没经验；有人说他不懂得正确的教育理念。当时的报纸杂志也都加入了这股批评风潮。

在罗伯·霍金斯接受任命的那一天，有人告诉霍金斯的父亲："我早上看报纸，上面都是猛烈攻击你儿子的文章，读得我胆战心惊。"他的父亲回答道："那些言辞的确很激烈。不过，你要明白，从来不会有人去踢一条死狗。"

通常被踢的狗越有身价，踢的人就会更踊跃更满足。英国国王爱德华八世（温莎公爵），在他还是温莎王子时，就被不少人踢过屁股。那

时，他只有14岁，在迪文夏郡达特默思学院上学——和美国安纳波里海军学院性质相同。有一天，一位海军教官看到他在流眼泪，就问他发生了什么事？在教官的一再追问下，他才肯说：他被同学们踢了屁股。教官将学生们召集起来，并告诉他们王子没有告状，学校只想了解为什么他们要这么做？

学生们都欲言又止，最后终于有人肯说出实情：他们将来当上英国皇家海军司令或者军舰长时，可以向别人炫耀说自己曾经踢过国王的屁股。

因此，请你记住，别人之所以大力抨击你或踢你，通常是因为他们可以由此获得一种成就感，这也从另一个角度说明你已经成功，引起了他们的关注甚至妒忌。这个世界上有很多人通过辱骂那些比自己优秀的人来获得满足的快感。有一位美国人曾被人辱骂为“伪君子”、“诈骗犯”、“和谋杀犯差不多”，有家报纸登载的漫画，画着他站在断头台上，一把大刀在半空中向他的脑袋砍下来。他骑马走过街道时，一大群人拦住他叫嚣大骂。你能想象他是谁吗？他正是被誉为美国国父的乔治·华盛顿。

我们可以举出很多例子，但那都是很多年前的事情了，或许现在的人们已经有了很大的进步。我还想起了探险家、海军上将裴瑞的经历。1909年4月6日，他乘雪橇到达了北极——几百年来，已经有无数勇敢的人为此目标受尽磨难，甚至献出了生命。裴瑞上将也差点在途中被冻饿而死，他的八个脚趾头因为严重冻伤被切除，一路上的艰难险阻几乎令他崩溃。可是，安逸地呆在华盛顿的那些海军高级将领们却因为裴瑞闻名世界而大为妒忌，竟然诬蔑说，裴瑞以北极探险为幌子，大肆聚敛钱财，并且是“在北极悠闲自在的度假”。或许他们真的是这么想的，因为人们总是对自以为是的想象深信不疑。他们下定决心阻挠裴瑞上将，给他制造种种障碍，最后还是麦金利总统亲自处理此事，裴瑞上将才得以安心完成北极的研究工作。

假设裴瑞上将一直安稳地坐在华盛顿海军总部的办公桌前，还会不会招来这么多的抨击呢？很明显，正是因为他一下出了大名，才引致别人的妒忌和打击。

处事规则

当你因为遭受不公平对待而忧虑时，请记住下面的要则：不公平的待遇往往隐藏着对你成功的肯定，请你牢记：从来没有人会去踢一条死狗。

第2节　不要让批评伤害到你

倾尽全力去做，同时收起你那把破旧的雨伞，不要让批评的雨水流进你的脖子里。

我曾经拜访过斯米德里·伯特雷少将——那位大名鼎鼎的绰号“钉子眼”、“地狱魔鬼”的将军，他是美国陆战队历届将领中最霸气、最出彩的一位。

他对我说，他年轻时总想成为每个人都喜欢的人，但凡受到一点点批评，他都会感到非常难过。他说是在海军陆战队待的这30年令自己变得坚韧不拔。“我常常遭人辱骂和讽刺，被人骂作是狗、毒蛇、臭鼬。被那些具有骂人专业水准的人狠狠地骂过，就连英语里面那些不堪入目的字眼都被用在了我头上。我会为此难过吗？哈，根本不会，如果我听到身后有人在骂我，我甚至不会转过头去看究竟是谁。”

或许只有“钉子眼”伯特雷才能做到这一点。大多数情况下，人们会对一件细微的小事过于介怀。

许多年以前，有一位纽约《太阳报》的记者参加了我举办的成人培训演示会，后来，他在文章里对此批评了一番。我觉得受到了羞辱，非常恼怒，立即致电《太阳报》的主席西吉尔·赫吉斯，要求《太阳报》发表一篇致歉的文章。我当时发誓说，一定要让那个记者受到惩罚。

时至今日，我却为自己当初的行为感到羞愧。我已经懂得，读那份报纸的人有一半以上不会看那篇文章，读到的人之中只会有一半人注意这件事，而这些注意此事的人要不了几周就会将此完全忘记。

我终于明白，人们通常不会注意你或我，也不会注意别人是怎样对待我们的，人们最关注的是自己——早餐前、早餐后，一直到午夜2点过10分。人们对自身一点细枝末节的关注，远远超过对其他人哪怕生死攸关问题的关注程度。

如果有人对我们加以批评，或是嘲笑，或是欺骗，甚至在我们背后使阴招，或者是被我们最信任的朋友出卖了，也不要让自己一味地哀怨，这时不妨提醒自己回想耶稣曾经遇到过的背叛。他12个最亲近的门徒之一背叛了他，竟然只是为了相当于现在19美元的赏金，其中另外一个人，也在他最需要帮助的时候抛弃了他，并且三次发誓说根本不认识他。在耶稣信任的12个人里，六分之一的人都背叛了他，那我们为什么会期盼比耶稣的运气更好呢？

多年前我就已经明白，我不能够阻止别人对我的批评或非议，但有一件事情却是我能做的，而且更为重要：我可以决定自己是否受到这些议论的影响。当然，我并不是建议你对任何批评都不理不睬，而是说不要理会那些有失公允的批评。

我曾经问伊莲娜·罗斯福，她是怎样对付那些不公正的批评的——上帝知道，针对她的批评实在是铺天盖地，所有住过白宫的女主人当中，拥有最多真诚朋友和无情的对手的非她莫属。

她对我说，她小时候是个羞涩的孩子，总是害怕别人批评她，她总是去请求姑妈的帮助："姑妈，我想做这件事情，可是又害怕被别人指责。"

她的姑妈，也就是老罗斯的姐姐，鼓励她说："不用害怕别人说什么，你只要确定自己做的对就可以了。”伊莲娜·罗斯福说，一直到多年后她进入白宫，也始终依照姑妈的忠告来行事。

查尔斯·舒韦伯在普林斯顿大学演讲时，说起曾有一位在钢铁厂工作的德国工人给他上了人生中重要的一课。当时那位老工人和其他工人因为某件事发生了争执，那些人最后竟然把他扔进了河里。舒韦伯回忆道：“他走进我的办公室，浑身滴答着泥水。我问他是怎样回应那些人的？他的回答很简单：‘没什么，一笑了之。’”舒韦伯说，老工人的这句话后来成了他的座右铭——“一笑了之”。当你面对不公正的对待时，遵循这句话就变得尤为重要。别人辱骂你，你可以选择还击，但对于选择了“一笑了之”的人，你难道还能再说些什么吗？

假如林肯不是运用了这个策略，估计他早就被内战引发的压力摧垮了。他对待批评的那段名言也被世人奉为经典，二战期间，麦克阿瑟将军曾将这段话挂在指挥部办公室的墙上，丘吉尔也曾经把这段话镶在镜框里，挂在书房的墙上。林肯说：“即使我只是全都读一遍——还不对所有的批评予以回击，那我还不如不做现在的事，而是去做生意。我倾尽全力去做，也打算一直做下去，要是最终证明我是正确的，那别人说什么，都没有关系！要是最终发现我是错的，那我现在费尽时间和精力做解释，也毫无意义。”

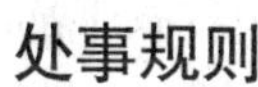

处事规则

当你遭到不公平的对待时，请你记住下面的要则：倾尽全力去做，同时收起你那把破旧的雨伞，不要让批评的雨水流进你的脖子里。

第3节　以自己做过的傻事为鉴

受到一点批评就大为不满的人是愚蠢的，智者会从批评自己、阻挠自己的反对者那里获取经验和教训。

在我的私人档案里，有一卷档案叫做“我做过的傻事”，里面专门详细记载了我所有曾经做过的傻事。通常是由我口述，秘书记录下来。不过有些事情过于私密或者太愚蠢，我就自己动手记录下来。

直到今天，我仍然能记起15年前放在这卷档案里的事情。要是我对自己从不自欺欺人，那么我做过的傻事恐怕早就把档案柜给撑破了。就像索罗王在1300年前念叨的："我做过傻事，曾经做了许多傻事。"

我常常重读"我做过的傻事"这卷档案，每次都能够帮助我解决眼前的难题：保持自我情绪的稳定。

过去，我总是会把责任推到别人身上，后来，我逐渐明白，所有烦恼的根源就在于我自己。通常人们随着年龄的增长都会领悟到这一点。拿破仑失败被流放时说过："没有任何人应该为我的失败负责任，这全都是我自己的问题，我是我自己最大的破坏者——也是造成我不幸的原因。"

这是一位我所熟悉的人的故事：他对自我调整和控制的掌握堪称艺术。他名叫H·P·霍华。他1944年7月31日突然在纽约大使饭店去世，引起了整个华尔街的震动。因为他是美国财经界的旗帜人物——是美国商业银行和信托投资公司的董事长，还兼任好几个大财团的董事。他从小没能上多少学，最早是在一个乡下店铺里当伙计，后来成为美国钢铁公司信贷部经理——之后，他一路扶摇直上，位高职重。

当我问起他成功的原因时，他回答说："这么多年来，我一直坚持记录下我每天所有的约会。我的家人从不占用我周日晚上的时间，他们知道我要利用这个时间反思，回顾总结这一周的工作和得失。吃完晚餐后，我就一个人呆在书房里，打开我记录的笔记，回顾周一以来的每一次会议、面谈和决策。我问自己：'这一次有什么失误？''这件事情我做得很好——怎样做得更好？''我能从这件事中吸取什么教训？'一开始，每周日的反省让我心里很不舒服，也惊讶于自己的失误。后来，随着时间的延续，这些失误逐渐减少。一年年不间断坚持自省，是我此生做过最有意义的事情。"

或许霍华的这种做法并非原创，而是学自老富兰克林。不过唯一的不同，老富兰克林总是每天晚上就回顾当天的事情。他总结出自

己常犯的13种错误，其中三种是浪费时间，为微不足道的事情担忧，与他人发生冲突。他明智地意识到，如果不抛弃这些错误，他就不可能取得成功。因此，他要求自己每周改正一种，并将自己实施的情况记录下来。到了下一周，他开始改正另一种缺点。这样依次进行下去，他足足花了两年多的时间改正了所有缺点，也正因为此，他对美国人民深具影响力，是他们最欣赏的人。

阿尔波特·赫伯德表示："任何一个人在每一天都至少有5分钟是愚蠢的。所谓聪明的人，不过是努力将时间控制在5分钟之内。"

受到一点批评就大为不满的人是愚蠢的，智者会从批评自己、阻挠自己的反对者那里获取经验和教训。

不要被动地等待对手来指责或批评我们所做的事情，我们要超越他们，成为自己最严格的评价人，并且在他们批评我们之前就找到自己的薄弱之处，加以改正或巩固，不给他们可乘之机。

如果你知道有人骂你是"笨蛋"，你会怎么做呢？大为恼火？觉得受到了羞辱？你知道林肯是怎么做的吗？林肯曾经被美国国防部长埃德华·诗丹顿大骂是个"笨蛋"。诗丹顿对林肯干涉自己的工作非常不满——为了讨好一个重要的政治人物，林肯命令调整部队。诗丹顿对此命令拒不执行，并且公然指出林肯这是一种愚蠢的行为。林肯听说后，非但没有生气，反而说："诗丹顿几乎从未说错过，既然他说我是笨蛋，那我一定是犯了大错，我要去亲自问问他。"

诗丹顿在林肯面前坦言那个调整军队的命令多么不合理，林肯虚心地接受了批评，并且马上收回了成命。林肯欢迎一

切友好的批评，并且虚心地接受改善的建议。

你和我都应该像林肯那样，欢迎善意的批评和建议。要知道，我们所做的事情可能连四分之三的正确率都很难达到——这是罗斯福在入主白宫时对自己的期望。就连世界上最伟大的科学家爱因斯坦，也坦承自己的结论百分之九十九都是不正确的。

罗杰芬卡指出："我们对手的看法，往往比我们自己看得更加透彻。"

我很赞同他的说法，可是每当有人批评我时，我常常头脑一发热，即全凭着本能和对方辩解——有时我根本不清楚对方批评我的究竟是什么。这样做过之后，我总是很后悔。

没有人喜欢被批评，人们生来喜欢听到夸赞，至于公正与否并不是人们关注的重点。我们是感性的动物，在情感的汪洋中，逻辑就如一叶小舟随波漂流。

当我们得知有人在说我们的不是，不要马上为自己辩护——那是不明智的做法。我们不可流俗，应该冷静而理智地去见对方，并表示："要是批评我的人对我所犯的错有全面的了解，那他一定会对我更严厉的指责。"以此赢得对方的钦佩和尊重。

前面我已经谈过当你遇到不公正的对待时，你要怎么做。我现在所说的是另一种方法：当你因为不公正对待而恼怒时，请马上对自己喊停，并对自己说："慢着……我并不是十全十美的人！既然爱因斯坦百分之九十九都是错的，那我至少有百分之八十是不正确的。或许别人对我的指责并没有错。如果真是如此，我应该感激他，还要从中吸取教训。"

我认识一个推销肥皂的人，他经常主动邀请别人批评他。他一开始进入科凯肥皂公司当推销员时，业绩很不好，他非常担心自己因此被解雇。他想肥皂的质量和价格都没有问题，那么只能从自己身上找原因。于是，只要是没能谈成订单，他就会一边散步一边琢磨，分析自己的失败的原因，是自己不够热情还是表达得不清楚？他甚至还回去拜访刚才的客户，请教说："我这一次不是来推销肥皂的，我只想听听你的看法，请你告诉我，我之前向你推销时，哪些方面做得不够好？你有丰富的经验，也已经获得了成功，请你毫无保留地指正我。"

他用这种诚恳而积极的态度赢得了许多客户和友善的意见。

你知道此人是谁吗？他就是如今CPP肥皂公司——全世界最大的肥皂公司的董事长——E·H·里特。全美国收入超过他的人在去年只有14位而已。

能够像H·P·霍华、老富兰克林、E·H·里特那样自我反省的人，一定会成就非凡。此刻，如果没有人在你身边，你不妨对着镜子问问自己：你究竟是哪种类型的人？

处事规则

不要因为受到批评而烦恼，请你记住下面的要则：我们要谨记自己曾经做过的傻事，以之为鉴。既然我们并非十全十美之人，那不妨参照E·H·里特的方法，请别人对我们的不足坦诚以告。

第三章　怎样安排你的工作和金钱

第1节　人生中的重要抉择

你的工作会对你造成终生的影响，正确的选择工作，会让你走向成功，否则，可能会令你碌碌无为，甚至遭到毁灭。

本章是专门写给那些还没有找到理想工作的年轻人的。假如你此时也处在这个阶段，请仔细阅读本章，会对你的未来产生深远的影响。

要是你现在还未满18岁，那你就要面临两个决定——是你一生中最重要的两个决定。它们会影响你的一生，更会对你的健康、生活、幸福产生永久的影响。这两个决定可以令你走向成功，也可能会令你碌碌无为，甚至遭到毁灭。

这两个决定究竟是什么呢？

第一，你将决定以何为生？你打算做一个农民、邮递员、科学家、森林管理员，还是做速记员、兽医、大学老师，或者是做一个卖牛肉馅饼的小贩？

第二，你将决定由谁来做你孩子的父亲或者母亲？

这两个决定，既重大，又有点像赌博。哈利·艾默生·福斯迪柯在《透视之力量》里写到：“在每个小男孩决定怎样度过自己的假期时，他就是一个小赌徒，他的赌注就是他假期的时间。”

如何才能把这场赌博的风险减少到最低呢？我会尽量在本章中告诉你。

首先，你要尽可能找你喜欢的工作。我曾经请教过轮胎制造商古利奇公司的董事长大卫·古利奇，获得成功的第一要素是什么？他回答说：“喜欢你所从事的工作。那么即使你的工作时间很长，你也会觉得自己在做喜欢的游戏，而不是辛苦的工作。”

查理斯·史兹韦伯也说过相同意思的话："如果每一个人都可以做自己最喜欢的工作，那么人人都可以取得成功。"

不过，假如你还不清楚自己想要做什么工作，那你又何谈喜欢呢？埃德娜·卡尔夫人现任美国家庭产品公司公关部副总经理，她过去曾为杜邦公司招聘过好几千名员工，她说："在我看来，世上最悲惨的事情，莫过于许多年轻人根本不知道自己想要做什么。要是一个人只从工作中收获到了薪酬，其余一无所获，那真是太可悲了。"有很多大学毕业生对她说："我有达摩斯大学的文学学位（或坎奈尔大学硕士学位），你公司里有什么职位比较适合我？"他们不知道自己能做什么，也不清楚自己想做什么。也正因为此，他们中的大部分人一开始豪情万丈，对未来充满信心，可一直到了四十多岁，还是毫无作为，以至垂头丧气，甚至一蹶不振。

正确的选择工作还会对你的健康产生重要影响。琼斯·霍金斯医院的医生雷蒙，曾与几家保险公司合作，对人们健康、长寿的原因作了一番调查。得出的结论，"合适自己的工作"名列首位。这与苏格兰哲学家克莱尔不谋而合，他曾说过："祝福那些找到最适合自己工作的人，他们不再需要祈求别的幸福。"

你能想象，在美国陆军中最容易出现精神问题的是哪些人吗？就是那些被分配到错误的岗位的人，这里所说的不是那些在战斗负伤的人，而是在平常的事务精神出现问题的人。当代最著名的精神病专家威康·蒙吉博士，曾在二战期间，负责美国陆军精神

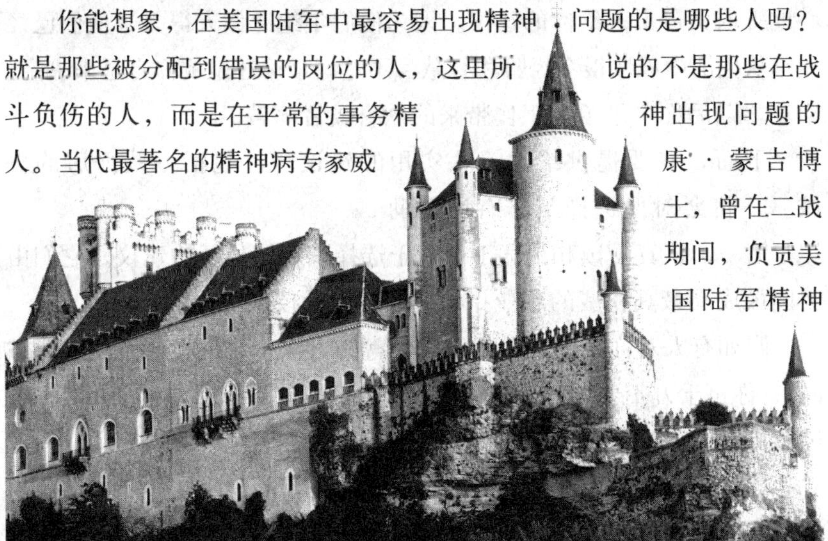

病医疗中心，他说：“我们发现，军队分配工作是很重要的一环，要把每个人安排在他最适合的岗位上……或者让每个人都明白自己工作的重要性。如果一个人对自己的工作没有任何兴趣，那他会认为自己的才能不被重用，被随便打发了。在这种情况下，即使他的精神没有出现问题，也已经埋下了一些精神上的隐患。”

与此相同的，从事工商业的人也会因此精神出现问题；要是他不喜欢自己所从事的工作，那他或许还会使其毁灭。

我还想提醒年轻的朋友一点，虽然拒绝可能会让家庭内部产生纠纷，但千万不要因为你的家人想要你从事某种工作，你就勉强自己去做。除非你自己真的喜欢，否则不要茫然地听从安排。当然，你要耐心地听取父母家人给你的建议。因为他们年纪比你大得多，他们已经能够从生活中汲取很多经验和智慧。不过，最终还是要你自己来决定，毕竟，以后你自己承担工作带来的欣喜或者痛苦。

下面，我要提供给你一些实用的建议——包括一些严厉的告诫——将会对你选择工作有所帮助：

第一，认真阅读和记住下面关于选择职业辅导师的建议。它们由美国最成功最具权威的职业指导专家吉森教授所提出的。

假如有人对你说他可以用不同寻常的方法，帮助你确定“就业方向”，你可千万不要相信他。这些人可能是摸骨看相的人、星相家、笔迹分析家，他们对你毫无益处。

最好找一位累积有相当丰富职业方面书籍的职业辅导师，充分利用他那里的藏书资源。

至少要接受两次以上就业辅导面谈。

一定不能接受带有函授性质的就业辅导。

第二，要尽量避开那些大热门或者早已人满为患的职业或行业。

第三，尽量不要选择成功机率低于十分之一的行业。例如，推销人寿保险。每年都有好几千人——大多是失业人士——他们没有经过慎重考虑，就开始推销人寿保险。

第四，当你最终决定从事某行业之前，最好用几个星期的时间对这个行业作全面的了解。最直接的方法，就是找那些已经从事这个行业10年、20年甚至30年的人请教一番。

和他们的谈话可能会对你的未来产生深远的影响。这是从我切身的体会得出的经验。我二十几岁时，就曾经向两位资深人士请教职业方向。直到现在，我仍然认为，那两次谈话引导了我人生最重要的转折。可以这么说，要是没有这两次谈话，我很难想象自己的人生会变成什么样子。

那怎样才能得到这种面谈的机会呢？举例来说，你打算当一名建筑设计师。那在你做最后决定前，不妨用几个星期的时间去拜访一些建筑师。你可以给他们的办公室打电话或者写信，请求他们和你见面谈一谈。

要是你不好意思自己一个人去见面，那请你记住下面两点建议，可以对你有所帮助：

第一，找一个年纪相仿的朋友陪你去。你们可以相互鼓励。或者请你的父亲和你同去。

第二，如果你去向某个人求教，这也是他的荣誉。你的虚心求教会让他有一种自得的感觉。请记住，事业成功人士是很愿意给年轻人提出忠告的。所以你想求教的建筑师会很高兴地接待你的。

请务必记得，这是你人生最重要的选择之一。所以，值得你多花些时间去了解和考虑。如果你草率行事，你的后半生可能会在懊悔中度过。

你还要特别注意，不要认为自己“只适合一种职业”。每个人都可能在多种不同的事业上做出成就，同样，每个人也都可能在多种事业上大败。就我个人而言，要是我从事以下各种职业，我不但能愉快地胜任，而且很有可能取得成功。诸如：园艺、果木种植、农牧、医药、销售、广告、编辑、教学、林业。而另外一些职业则是我不喜欢没有信心能成功的：会计、工程、旅馆业和生产工厂、建筑、机械制造，还有其他成百上千种职业。

第2节　百分之七十的烦恼

人们百分之七十的烦恼都与金钱有关，而大部分人都不懂得怎样正确地安排金钱，以致烦恼多多。

我并不清楚怎么样解决每个人的财政问题，不然我也不用写这本书，我完全可以悠闲地坐在白宫里面——坐在总统旁边。不过，我可以给你们提供一些帮助，我将许多权威专家的看法综合转述，并说明一些颇具实用性的建议。

《妇女家庭月刊》曾做过一项调查，结果表明：人们百分之七十的烦恼都与金钱有关。盖洛普民意调查协会主席盖洛普·乔治也表示，协会调查过的大部分人都认为，如果他们的收入能够增加百分之十，他们就在经济方面没有任何困难了。确实有很多人都处在这种状况下。可令人意想不到的是，还有很多人并非这样。我在写这本书时，特意请教了预算专家埃尔希·施塔普利顿夫人。她曾担任过许多年的任华纳梅克百货公司纽约分公司和詹培尔分公司财政顾问。她还是一名指导个人财务的老师，帮助过许多为金钱烦恼的人。那些人收入有多有少，有每年挣不到1000美元的搬运工，也有年薪10万美元的公司经理。

她告诉我说："对于大部分人来说，解决他们财务问题的关键并不是多挣钱。我常常看到，他们在增加了收入后，非但没起什么作用，还增加了许多开销——也令他们更加头痛。"她接着说道："许多人烦恼的真正原因，并不是他们没有足够的金钱，而是他们不知道怎样合理安排自己的现有的金钱……"

或许你对她的这番话不以为然，不过，请你在表示不屑之前，注

意一下，施塔普利顿夫人不是说“所有的人”，而是说“大部分人”。她不是在说你，或许是在说你的亲朋好友，那可是相当多的人呢！

有人读到这里，可能会愤愤不平地想：真希望你来过过我的生活，用我的薪水支付我的账单，维持我一切必需的开销。等你尝试过后，就会明白我的艰难，再不会这么自以为是了。我明白你的意思，因为我也曾有过这样的时候：我曾在密苏里州的玉米地里和仓库每天做 10 小时的体力活。辛辛苦苦一天，累得半死，而我当时的报酬既不是每小时 1 美元，也不是 50 美分，连 10 美分也没有——而是每小时 5 美分，每天连续工作 10 小时。

我也清楚在没有卫生间、没有水的地方住上 20 年是什么滋味，我也尝过在零下 15 度的房间里睡觉的滋味；我也曾经为了节省 10 美分而步行好几里地，我也曾穿过有破洞的鞋子、补丁摞补丁的袜子；我也有过吃饭时只能点最便宜的菜的感受，也体会过只能把裤子压在床垫下以保持平整——我付不起干洗店的费用。

可即便再苦再难的时候，我仍然从微薄的收入里省出几美分存起来，不然我心里就很不踏实。正是因为我曾经有过这样的经历，所以我才懂得，如果你想要避免欠债，并且不为金钱所烦恼，我们就应该像经营公司那样，制定财政计划，有计划的支出，遗憾的是，我们中间大部分人都做不到这一点。我的一位好友理鹏·希孟晋就告诉过我：人们往往在安排个人财政时，表现得很不理智。

你要明白，当你处理一件和你自己的钱有关联的事情时，你就是在经营你自己的事业。你的钱你究竟要怎么花，也只是你自己的事情，别人不能替你做主。

我们应该依据什么原则来管

理自己的金钱呢？怎样做财政预算和计划呢？下面有11条规则可供你参考：

规则一：记下每笔钱的去向。

50年前，阿诺·潘尼德50年来到伦敦，想要当一名小说家。刚开始他穷得丁当响，每天都在担心生活费的问题，于是，他把花掉的每一便士都记下来，他并不是想知道自己的钱都怎么花掉的，他只想心里有数。他觉得这个方法非常有效，就一直延续下来，直到他成为闻名世界的大作家、大富翁，还拥有一艘私人游艇，他仍然坚持这样做。

洛克菲勒也有记账的习惯。每天晚上，他在做祷告之前，都会详细记下当天的每一分支出。

我们都应该这样做。拿一个笔记本，从今天开始记账。一辈子都要这样记账吗？那倒未必。按照专家的建议，我们至少要记下第一个月的详细支出——最好是能坚持3个月的时间。这样我们就有一份完整而正确的财务记录，可以清楚地知道每一笔钱用在何处，然后根据记录做出合理的财务计划。

或许你对自己的钱花在哪里都很清楚，但你可能不知道，像你这样的人每1000个人里只有1个。施塔普利顿夫人告诉我，通常人们第一次花上几个小时记下自己的开支明细后，都会大吃一惊，难以置信："上帝啊！这些钱都是我花掉的？"

或许你也是这样？

规则二：根据实际情况制定最适合你的财务计划。

施塔普利顿夫人对我说，假设有相邻的两家人，他们住的房子一样，在同一个社区，就连家庭人数和总收入也都完全一样，可他们的财政计划却截然不同。这是什么原因呢？在于人与人之间的想法完全

不同。要依据每个人的实际情况来制定相应的财务计划。

制定财务计划并不会影响你生活的乐趣，反而会让你的生活更具安全感——物质上的保障。一般来说，在物质得到保障的前提下，人们的精神和情绪会更加放松，也会产生一定的优越感。施塔普利顿夫人指出："生活有计划的人，通常都很幸福。"

那么，你打算怎样制定你自己的计划呢？

规则三：理智消费。

尽量让你的钱充分体现最高价值，买到最合适的物品。

规则四：不要因你的收入而多添烦恼。

施塔普利顿夫人对我说，她最不喜欢帮年薪5000美元的家庭制定财务计划。当我问她原因时，她回答说："大部分美国家庭的期望收入都是5000美元，或许他们要经过多年的努力才能达到——这时，他们通常认为自己已经成功，于是大手大脚的花钱：在郊外买住宅，还说'就和租房子花的钱一样多'，还买新车，换新家具，还有大量的新衣服——等到他们突然发现情况不妙时，他们口袋里已经空空如也了。他们会比以前还要不快乐——他们的增长的收入已被花得精光。"

虽然我们每个人都希望生活过得更舒适、更为享受。但出于长期的考虑，我们应该遵守一定的财政计划，这总比你的信箱里塞满了账单，你的债主成天上门催债，要来的幸福和安稳！

规则五：假如你必须借款，请尽量争取银行贷款。

规则六：购买保险，尤其医疗、意外灾害，以及紧急事件的保险。

你可以针对医疗、意外以及紧急事件，购买一些小额保险。当然，我并不是让你上每一种保险。但我建议你一定要为自己投保一些主要的险种，尤其是意外险，这些保险的费用一般都不高，却让你因此有了保障。不然，一旦出事，会让你花很多钱，而且还非常烦恼。

规则七：不要允许保险公司把你的人寿保险一次性以现金的方式支付给你的受益人。如果你是想在死后给家人留一份经济保障，那么购买人寿险时，一定要规定保险公司不可将全部现金一次性付给你的受益人。

你不妨向世上最优秀的财政专家——J·P·摩根学习。他把自己的财产分别遗赠给16位受益人，之中有12位女性。他是将现金留给她们吗？实际上他留下的是有价证券，这样一来，就充分保证了她们每个月的固定收入。

规则八：教育孩子从小就对金钱负责。

规则九：或许你是家庭主妇，可以尝试自己做些什么以增加收入。

你在做好家庭财政计划后，可能会发现收入和支出无法平衡，你这时有两种选择：或是郁闷、担心、生气、埋怨；或是心平气和地盘算自己怎样找些外快以贴补家用。究竟应该做什么呢？你可以琢磨什么是人们最需要但比较缺少的？

雅拉·斯林达夫人住在伊利诺伊州梅坞小镇，镇上有3万居民。她的事业是从自家厨房里，用10美分的原料开始的。那时，她的丈夫生病不能工作，她必须想法赚些钱来维持生活。可是她只是个家庭主妇，既没有工作经验，也不懂得专业技术，也没有钱可以投资。有一天，她在厨房里用一些鸡蛋清和糖，烤制了一点饼干，将它们拿到离家不远的学校旁，一分钱一块，卖给那些放学的孩子们。她告诉那些孩子："明天记得带钱，我以后天天带饼干来。"第一个星期，她赚到了4.15美元，最重要的是她给自己和那些孩子们都带来了乐趣，她从此不再为生活忧虑。

这位小镇上的家庭主妇并不满足于此，她想把自己的家常饼干卖到大城市芝加哥去，但她心里很没底，因此有些惶恐。她先是和一个卖花生的意大利小贩谈起此事，此人摇摇头，说顾客只需要花生，对饼干没兴趣。于是，她请他尝尝自己做的饼干，他觉得非常好吃，就答应帮她，第一天就帮她赚到了2.15美元。4年之后，她的第一家店铺在芝加哥开业了，店子很小，宽只有8尺。她晚上做饼干，白天卖。这位曾经很腼腆的家庭主妇，从自家的厨房开始创业，如今已经拥有19家糕点铺——并且有18家都开办在芝加哥市最热闹繁华的区域鲁普区。

雅拉·斯林达夫人没有被经济上的困难压倒，她没有为此忧虑，而是积极地找到解决问题的办法。她从自家厨房开始，这是很简便的开始，不用交店租，不用广告费，也无需发工资。通过这样简单的模式开始创业，是不会遭遇财政危机的。

仔细观察你的周围，或许你能够发现很多你可以做的事情。比如，你是一位很不错的厨师，那你可以在自己的厨房里开办一个烹饪学习班，教授那些年轻的女孩，可能报名学习的人会很踊跃呢，这不失为一条好的生财之道。

也有很多教导你怎么在业余时间挣钱的书，你可以去图书馆借来读。无论男女，都有很多工作的机会。不过，我必须提醒你：如果你不是天生的推销高手，那么就不要尝试做上门推销的工作，因为绝大部分尝试过上门推销的人都从未成功过。

规则十：绝不赌博——永远也不要。

我无法理解那些梦想通过赌赛马或玩吃角子机赢钱的人。我认识一个拥有多台赌博游戏机的人，他以那些机器为生，在他眼里，那些想战胜这些吞钱机器的人太过天真，他对这样的人毫不怜悯，唯有蔑视。

规则十一：既然我们无力改变自己财务现状，那千万不要苛责自己。

假如我们没有能力改变自己的财务现状，那不妨尽力完善我们的心态。你要明

白，人人都有自己经济上的烦恼。

就连美国历史上那些著名人物，很多也曾面对经济上的烦恼。当年的林肯以及华盛顿为了赶往首都就任总统职位，还都是向别人借了钱才得以成行的。

要是我们的能力达不到我们所想要的目标，那我们也不能让忧虑和烦恼毁了我们的生活。不妨对自己宽容一些，心态放轻松一点。古希腊哲学家埃皮利迪塔说过："一个人真正的快乐，不应该依赖于对外界事物的满足。"罗马政治家及哲学家塞尼基埃也说过："要是你有一颗永不满足的心，那你即使拥有了整个世界，你也不会感到快乐。"

我们都应该明白，就算整个世界都归我们所有，我们也不过一天吃三顿饭，睡觉不过占一张床——这是连一个挖沟的工人都可以拥有的，甚至连"石油大王"洛克菲勒都可能没有他吃饭吃得香甜，睡眠安稳充实。

第四章　获得快乐的秘诀

第1节　别被烦恼束缚

人们担心的事情百分之九十九都不会成真，为不会发生的事情烦恼那才悲哀。

——戴维斯商业学院创办人波莱克

在1943年那个夏天，我感觉全世界的烦恼至少有一半落到了我头上。

我活了四十多年，一直以来，只遇到过那些作为丈夫、父亲、经商者所通常会遇到的问题，很容易就可以解决，可突然之间，我竟然同时面对6件大烦恼。我夜不能寝，不知怎么办才好，只好希望白昼迟点到来。

我的六大烦恼分别是：

第一，我的商业学院就要倒闭了，因为年轻的男子都去了军队服役，而女孩子们去军品供应厂上班挣的钱，要比在商学院学习后去公司上班挣得还多。

第二，我的大儿子也在服兵役，和天下的父母亲一样，我很担心他的安危。

第三，奥克拉荷马市政府计划征收建设机场的土地，我的房子——过去是我父亲的，正位于其中。我只能得到土地价格十分之一的补偿，而且，现在房源紧张，我可能找不到合适的房子搬家，或许一家六口要住到帐篷里去，而我恐怕也付不起买帐篷的钱。

第四，我家附近前段时间挖了一条大排水沟，我地里的水井也干了。如果我花600美元打口新井，那无疑是浪费，因为我的土地要被征收了。两个月来，我每天提水给牲畜饮用，我担心自己要天天提水直到战争结束。

第五，学校和我家距离10公里，而我持有的“乙级汽油卡”是无权购置新轮胎的。我总担心自己那辆旧福特突然爆胎，我就没法去学校了。

第六，我的大女儿提前一年高中毕业了，但我没钱供她上大学，她一定会非常难过。

我在办公室里想到这些烦恼，就随手记了下来。没有谁会比我更烦恼了，如果可能，我愿意尽全力去解决，可是这些都不是我所能控制的，我毫无办法。

18个月后，我整理办公室，发现了这张写满令我头疼的烦恼的单子。我觉得非常有趣，因为此时所有的烦恼都已经不存在了。

第一，商业学院不会关门。因为政府拨款给学校，代为培训退伍军人，我的学校又重新热闹起来。

第二，对儿子的担心纯属多虑，因为儿子从战场上毫无损伤的回家了。

第三，土地征收已不是问题。在距我农场1公里处发现了石油，机场不能建在这里了。

第四，既然土地还是我的，我立即打了一口新水井，用水问题迎刃而解。

第五，我对轮胎的担忧也很多余。因为我改造了旧轮胎，只要小心开车，就没什么可担心的。

第六，我不必担心女儿上大学的问题，因为在大学开学前6天，我得到一个查账的工作，天助我也，我顺利地送她进了大学。

以前听别人说，通常人们担心的事情百分之九十九都不会成为事

实，我对此深表怀疑，现在看着这张单子，我终于相信了。

我很感激自己以前曾经的烦恼，它们让我深刻地领悟到：总在担心那些不会发生的事情是多么悲哀。

请记住，今天就是你昨天所担忧的明天。静下心来问自己：我确定我担心的事情真的会发生吗？

第2节　成为乐观者

尽力在一小时之内抛开你的沮丧，你会怎么做呢？

——经济学家罗杰·巴伯森

每当我发现自己陷入沮丧之中时，我就会让自己在一小时内抛开烦忧，重新变成愉悦的乐观者。

我会走进书房，走到摆放历史书籍的那排书架前，闭上眼睛，随便摸到哪一本书就抽出来——我不清楚自己拿的是布里斯科特的《墨西哥征服史》，还是史东尼的《恺撒传》，随手翻开一页，然后再睁开眼睛，从那页读起。在读书的一个小时里，我深切感受到世界充溢着痛苦，人类总是饱受煎熬。悲剧故事不停地上演：战争、瘟疫、贫穷、灾荒、残暴。

我已经知道：我的现实生活再糟糕，也比书里写的好得多，我要勇敢面对烦恼，因为世界在不断地进步，只会更好。

这个方法值得我用整个章节来说明。读一读历史，尝试把你的目光放到千年之前，在永恒面前，你的烦恼实在渺小，不足为道。

第3节　我住在安拉乐园

我快要发疯了，头皮似乎要被烧焦……阿拉伯人却若无其事，轻声念诵着："麦克托波。"

——《撒哈拉之风》、《先知》作者R·V·C·波德莱

1918年，我离开熟悉的生活圈子，来到非洲西北部，和游牧的阿拉伯人一起住在撒哈拉这个"安拉乐园"里。我在那里待了7年——那是我生命中最安详、快乐的7年。我熟练运用他们的语言，我穿的

和他们一样，我吃的和他们一样，生活方式也完全和他们相同，我也拥有羊群，我和他们一样住在帐篷里。我研究他们的信仰，我还写了一本名为《先知》的书，讲述穆罕默德的故事。

我的生活一向丰富多彩：我父母都是英国人，却在巴黎生下了我，我在法国待到9岁。我是在英国著名的伊顿公学和皇家军事学院上的学，后来，我成为了一名陆军军官并在印度住了6年，在那里，我打马球、打猎、去喜马拉雅山探险。我参加过第一次世界大战，并且以助理军事武官的身份参加了巴黎和会，那次在巴黎的见闻令我吃惊而愤慨。在4年的战场生涯中，我坚信我们是为了正义和文明而战，可在巴黎和会上，我看到的却是那些政客自私的嘴脸。是他们为二战埋下了导火索——他们都在为自己的国家争取土地，制造国与国之间的矛盾，到处是各种阴谋和密谈。

我厌倦了战争，想要逃离军队，逃离这个现实的社会。我第一次辗转难眠，对自己的未来一片茫然。当我正在考虑好友里夫·乔治劝我入政坛的提议时，突然发生了一件事，以致影响了我后来7年的生活。那是一次不足4分钟的谈话，和我对话的人是“泰德”劳伦斯，就是一战中最具传奇色彩的“阿拉伯的劳伦斯”。他和阿拉伯人在沙漠里住了很久，现在他劝我也这样做，这主意听起来非常特别而有吸引力。

我考虑到退役之后找工作是件很麻烦的事，老板们会有源源不断的退役军人可供选择。于是，我接受了劳伦斯的劝告，去沙漠和阿拉伯人一起生活。

我很高兴我做出了正确的决定。从他们那里，我学会了怎样克服忧虑。他们将穆罕默德在《古兰经》里的每一句话都奉若圣旨。他们完全相信《古兰经》里所说的“真主（安拉）创造了你和你的行为”。这正是他们遇事不急不躁、处之泰然的原因所在。他们坚信所有的事情都是真主安排的，也只有真主能够改变。当然，他们并不是坐在那里傻等着灾难的发生。

我曾经在撒哈拉经历过一场连刮了三天三夜的大风沙，强劲的风居然把撒哈拉的沙子一直吹到了法国隆河河谷。酷热的风沙令我快要

发疯了，头皮似乎要被烧焦，嗓子干涩疼痛，眼睛火辣辣的疼，嘴里全是沙子，我感觉像是站在玻璃厂的大熔炉前。我努力保持着冷静，可那些阿拉伯人却若无其事，只是轻声念诵着：“麦克托波。”

大风沙终于偃旗息鼓了，他们马上开始行动，先是把羊群赶到南边有水的地方喝水，然后杀死那些已经不能存活的小羊羔，这样做也可以挽救母羊。他们不动声色地行动着，既不抱怨，也不难过。一位部落酋长说：“感谢真主，没让我们损失所有的一切，还剩下百分之四十的羊群，我们可以重新开始。”

还有一次，我和他们一起坐车穿越大沙漠，半路上汽车轮胎爆了一只，偏偏司机忘了带备用胎。我非常恼火，他们却平静地对我说，发脾气也于事无补，只会觉得更烦躁。爆胎是安拉的旨意，不可抗拒。

我们坐着3个轮子的车继续前进，可没走多远，车子又停住了——这回是没油了。他们没有一个人对此抱怨，酋长只说了一句：“麦克托波！”我们一行人只好用双脚前进，一路上还不停唱着欢快的歌曲。

在和阿拉伯人生活的7年中，我终于明白那些在美国和欧洲常见的酗酒、疯狂及精神问题，追究根源正是我们引以为傲的文明生活状态。

在撒哈拉沙漠这座“安拉乐园”里，我永远不会有烦恼。我在这里找到了大部分人想要寻找却难以找到的——生理和心理的满足与平和。

很多人认为宿命论愚蠢可笑，或许他们是对的。但是有许多事情都能让我们感觉到，命运是上天早已安排好的。假如那个酷热的下午，我没有和“阿拉伯的劳伦斯”谈上4分钟，我将会走上完全不同的人生道路。回首过去，我发现生活中无处不受到神秘的力量影响。这就是阿拉伯人所谓的“吉斯密特”——阿拉伯的旨意。不论你用什么方式来形容，但它的确神奇地改造了你。对我而言，虽然已经离开撒哈拉17年了，但我仍保持着阿拉伯人的那种心态：平和地接受那些你不能避免的事实。这令我不再焦躁与不安，比上千支镇静剂更为有效。

或许你和我一样都不想被命运完全操纵，可当我们遇到生活中那狂暴的风沙时，既然无法躲避，不如先坦然接受，然后再收拾一切，重新来过。

第4节　丢掉你的自卑

我把讲稿背诵下来，对着树林和牛群练习了上百遍……没有那次演讲的胜利，或许我今生不会进入参议院。

——美国参议员埃玛·托马斯

我16岁时，生活在忧虑和自卑中，相对我的年纪来说，我长得实在太高太瘦，就像根竹竿——高6.2英尺，体重180磅。瘦弱的我，根本不能在棒球场或田径场和别的男孩对抗。他们嘲笑地叫我“瘦竹竿”。这令我烦恼而自卑，不愿意出现在人前。我家的农庄距公路有半公里远，在一片茂密的森林中，除了父母和兄弟姐妹，我平时七八天都不会见到一个生人。

我每时每刻都对自己的身体悲哀的关注，其他任何事情都引不起我的兴趣。如果我这样发展下去，我的忧虑和自卑会让我变成一个怯懦无为的人。曾经当过老师的妈妈发现了我的异常，她告诉我说：“你的身体不好，但你可以利用你的头脑，你应该去上大学！”

我很清楚父母没有能力送我去大学，因此我决定自己努力。那一年冬天，我独自去打猎，设置陷阱，捕捉貂、獾、腹鼠。到了春天，我卖掉那些毛皮得到了4美元，用这钱我买了两头小猪，主要用玉米喂养。到了第二年秋天，我用它们换来了40美元。用于支付我在印第安纳州丹威市中央师范学院上学的费用。每周的伙食费1.4美元，房租

0.5美元。我穿着妈妈给我做的棕色衬衫，我有一套原本是父亲的西服，不过我穿着不合身。脚上的鞋子也是父亲的，那是一双侧边有松紧带的鞋子，但松紧带已经失去了弹力，鞋子又偏大，我穿着不跟脚，走路时常会甩掉。这令我非常难为情，总是自己闷在房间里读书，不愿意和别的同学交往。那时我最大的愿望，就是买一些合身的衣物，不再为此烦恼。

不久，我遇到了几件事，不仅让我摆脱了自卑感，还让我充满了自信和勇气，完全改变了我的生活。

第一件事，我上学的第八周，参加了一个考试，得了“三等奖”。这意味着我获得了乡村学校的教师资格，虽然只有6个月的时效，但这足以说明我的能力，这还是除了妈妈以外第一次有人肯定我的能力。

第二件事，位于“欢乐谷”的一所乡村学校的董事会聘用了我，日薪2美元，一个月40美元，这意味着别人对我很有信心。

第三件事，是我在领到薪水后，去商店买了合体的衣物，我再不会为此自卑了。即使现在有人白送我100万美元，我也不会像当初花几美元买衣服时那么激动、快活。

第四件事是我生命中最重要的转折点，从那以后，我完全抛开了自卑和忧虑。印第安纳州潘乔镇每年都要举办“普特纳郡博览会”，妈妈鼓励我参加其中一项演讲比赛。我甚至没有勇气面对一个人讲话，可妈妈几乎是为我而活——她对我充满期望和信心，这令我决心参加比赛。

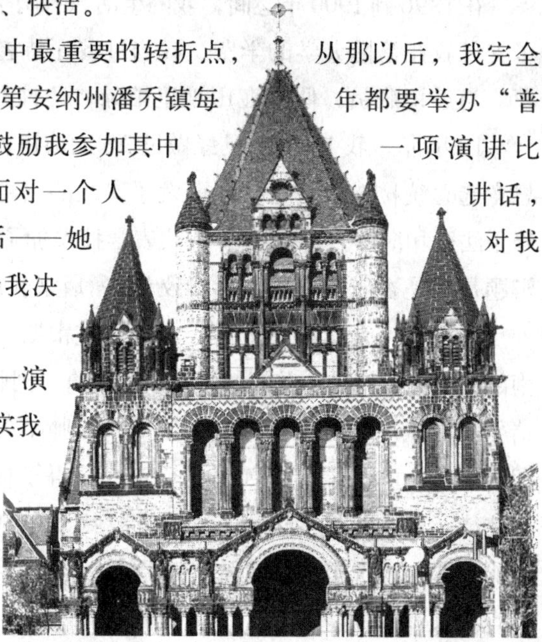

我只有一个选择——演讲《美国自由艺术》。其实我并不知道什么是自由艺术，我想听众们也并不清楚，于是我将一篇洋洋洒洒的讲稿

背诵下来，对着树林和牛群练习了上百遍。我不想让妈妈失望，因此在演讲时倾尽了我的情感——我赢得了第一。

听众欢呼起来，而我难以置信。曾嘲笑我是竹竿的男孩们，友好地拍着我的肩说："我早知道你很棒！"妈妈高兴得流下了眼泪。

那次演讲比赛是我人生的转折点，当时报纸在头版报道，并预测我会大展宏图。我成为当地出名的人物。最重要的是，我因此信心倍增，如果没有那次获胜，我也许不能进入参议院。我豁然开朗，发现了自己的真正潜力——还有一点很重要，第一名的奖品就是中央师范学院奖学金。

在1896到1900年之间，我的生活只有两个主要内容：教和学。为了支付我在第博大学的学费，我当过餐厅侍者，当过锅炉工，帮人除草，当过记账员，假期在田地里忙碌，还挑石子修公路。

1896年，我19岁，已经做过28次演讲，为威廉·杰林斯·布列恩竞选总统拉选票，也从此萌发了参政的兴趣。我进入第博大学后选修了法律和演讲。1899年，我代表学校参加了与巴特雷学院的辩论赛，辩题是《是否应由人民选举参议员》。后来我成为班报和校报的总编。

获得第博大学的学位后，我接受克雷斯·格里历的建议，来到西南部的俄克拉何马，并在基俄格、坎曼奇、阿帕基印第安人保留地，申请了一块土地，在罗顿市开办了一家律师事务所。自从俄克拉何马和印第安区合并为俄克拉何马州后，我获得了自由党的支持，进入州参议院待了13年，之后在州议会4年。终于在50岁那年实现了我此生最大的梦想：入选美国参议院。那是1927年3月4日那一天，其后，我一直担任参议员之职。

我回忆往事，并不是想炫耀我一生的成就，这也不是人们希望听到的。我只是想让那些正被自卑和忧虑困扰的年轻人，从中获得勇气和自信。当年穿着父亲的旧衣物的我，差点就被烦恼和自卑打垮。

（注：有趣的是，埃玛·托马斯年轻时为衣着而烦恼，后来却被评为美国最佳着装参议员。——戴尔·卡耐基）

第5节　5个抛开烦恼的好方法

精神的力量能够战胜身体的疾病，心情愉悦的人是无暇顾及忧虑的。

——威廉·里奥·费尔普教授

（注：这是我和耶鲁大学费尔普教授在他逝世前的一次谈话，他提到了自己抛开烦恼的5个方法，我将之整理记录。——戴尔·卡耐基）

方法一：

我24岁时，视力突然变得很糟糕。看不了三四分钟的书，就会觉得眼睛刺痛。即便不看书，眼睛也很难受，不敢面对窗户的亮光。我曾去纽哈芬和纽约最好的眼科大夫那里诊治，但毫无效果。

每天下午4点，我只能躲在房间最黑暗的角落里，等待睡觉的时间到来。我惊恐不安，深怕自己不能再教书，只能去当伐木工了。

冬天来时，我眼睛的状况简直糟糕透了。这时，我接受了一个大学的演讲邀请。在会场里，悬挂着许多明亮的灯，强光把我的眼睛刺激得剧痛难忍，在上台之前，我只好将眼睛垂下，望着地面。但当我开始30分钟的演讲时，却感觉不到眼睛的刺痛，甚至我可以直盯着灯。可演讲一结束，眼睛立即重新疼起来。我想，这是精神的力量战胜了身体的疾病，若是我能一直保持专注的状态，哪怕一周的时间，或许我就能够完全恢复。

我后来还有一次与此相仿的经历，那时我正乘船穿越大西洋，突然腰部剧痛，几乎不能直立，行动困难。可我还是应邀在甲板上作了一次演讲。在我开始演讲的一刹那，腰痛消失了，我站直了身子，精神抖擞地讲了一个钟头，然后轻松地回到舱房。可没过多久，我以为

不见了的痛楚又回到了腰间。

这让我感悟到，心理状态对自身的深刻影响，我应该尽力让每一天都觉得充实美好。我努力的生活，每一天都是崭新的，也是唯一的，这让我的生命充满新鲜和趣味，始终处在兴奋状态的人是无暇顾及忧虑的。我对每天的教学都充满热情，我还写了一本名为《快乐教学》的书。教师不仅是一种职业，对我而言，它更是我最大的爱好。如同画家热爱绘画，歌手热衷于歌唱，我深深地热爱教学，因此每天不论我起床还是睡觉，心中总是愉悦而充实。我认为成功的最大秘诀就在于“热诚”。

方法二：

阅读一本好书，可以让你抛开烦恼。我59岁那年面临精神崩溃，后来，我开始阅读大卫·威尔逊著作《克莱尔传记》。我全神贯注地阅读，直至完全忘却了精神上的压力。

方法三：

每当我精神消沉时，我就强迫自己每天每小时都做大消耗的运动。早上打五六场激烈的网球，洗澡吃午餐，再打18洞的高尔夫。周五晚上，我流连舞场直跳到凌晨一点。我让自己不停地流汗，让沮丧和烦恼统统随汗水一去不返。

方法四：

我早已深知如何不慌忙、不紧张地完成工作。我从韦伯·科洛斯那里学到他的生活哲学，他在担任康奈特州州长时告诉我说：“当我要同时处理许多问题时，我会先坐下来，把事情都放在一旁，抽根烟，放松一小时。”

方法五：

时间可以治愈我们的忧虑。

每当我为某件事忧虑时，我就会对自己说："两个月之后，我将忘记今天的忧虑，既然如此，我现在又何必为此担忧呢？"

第6节　昨天已经过去，今天不会更糟

我从不后悔曾经历的苦难，这令我真正懂得生活的多样性，为之付出的代价我亦深感值得。

——桃乐斯·提克兹

我曾在贫病交加中挣扎，当有人问我是怎样扛过那些日子的？我总会说："既然昨天已经过去，那今天不会更糟，也不要去想明天将会如何。"

我对需求、奋斗、忧虑和失望了解得十分透彻。我超出极限的努力工作。每当回想昔日，感觉那就是一个充满了残破美梦的战场。我没有希望的战斗着，伤痕累累，心力交瘁。但我不自悲自怜，我不嫉妒那些不曾像我一样经历痛苦的幸运的女性。这是我实实在在的生活，她们不曾体会，生活的苦乐我都已尝尽，她们却只浅浅尝过。或许她们永远也不能理解我的生活。我所经历的是她们匪夷所思的事——唯有眼泪冲刷过的眼睛，才清亮看的广阔。

艰难的生活令我领悟到许多珍贵的人生哲理，那些生活优越的女人也许终生不会明了。我懂得珍惜每一天，不要为明天的事情提前让自己烦恼。心底的恐惧会让人变得软弱，所以我拒绝恐惧，因为当我必须面对我所恐惧的那一时刻，我的心里就会迸发出自信和勇气。当你经历过严酷的不幸后，会和我一样，不再受小挫折的影响，像侍者服务态度不好，或是厨师把汤做得一塌糊涂，你都不会为此气恼。

生活教会我任何时候不要有太高的期望，这样我就不会为朋友的背叛或是诋毁而难过，我还是继续和他们交往。生活还教会我善用幽默，当女人遇到烦恼的事情，不急不躁并将之转化为正面的影响，她将不再会被世上任何事情所伤害。

我从不后悔曾经历的苦难，这令我真正懂得生活的多样性，为之付出的代价我亦深感值得。

第7节　我以为看不到明天的太阳

“上帝会帮助你”。我走进教堂，聆听人们吟唱圣诗和祷告。上帝无私的爱包容了我。

——J·C·班利

(注：1902年4月14日，一位年轻人发誓要用仅有的500美元赚到100万美元，他在怀俄明州的科莫雷镇开了一家布料商店。科莫雷是一个以矿业为主的小镇，位于开发西部的马车道旁，只有1000名居民。他和妻子住在商店楼上的小阁楼里，桌子是一个装布料的大木箱，小木箱当做椅子。妻子将襁褓中的孩子用毛毯裹住，放到柜台下面睡觉。她站在柜台前接待顾客。如今，他的名字代表着全世界最大的布料连锁店——J·C·班利百货商店。他的1600家分店，遍布美国各地。我曾和班利先生共进晚餐，听他讲述了他生活中最传奇的一段经历。——戴尔·卡耐基)

在很多年前，我曾沦落痛苦的深渊。那时我的生意越做越大，可是因为我私下作出的不明智决定，令我在1929年惨遭破产。我被许多人批评指责，心里烦乱如麻。我整晚整晚的失眠，终于突发了“带状疱疹”——起了一身红疹，疼痛难忍。

密歇根州巴多卫生局的伊可斯登医生是我一起长大的好友。他为我做了检查，说我病得很厉害，必须卧床。经过严密的治疗后，我的病情没有任何的改观。

身体的极度痛苦，折磨着我的精神，我绝望的就要崩溃。没有什么事情能吸引我的注意，再没有人是我的朋友，就连家里的人也总是找我的麻烦。

有一天，伊可斯登医生让我服用了镇静剂，但当它的效用消失后，我被痛醒了。看不到一点希望的我给妻子和儿子写下了遗书，说我不相信自己还能看到明天的太阳。

可第二天早上，我在阳光中睁开了眼睛，我居然还活着——这简直是个奇迹。在那一瞬间，我像是挣脱了地狱，来到幸福的天堂。

我终于明白，自己不过在自寻烦恼。从那一天起，我再没让自己烦恼过，直到现在，我已经71岁。

第8节 去运动吧

我的身体因运动而疲倦，但我的头脑也因此而松弛。当你遇到烦恼，试着少用思想，多用肌肉，效果会令你大吃一惊。

——前次重量级拳王艾迪·伊坎上校

每当我感觉自己陷入困扰，或是思想在像骆驼寻找水源那样不停兜圈子，我会用激烈的运动来消除这样的感觉。我或是跑步，或去乡村远足，或打上半小时的沙袋，或者去打网球。不论哪一种运动，都会让我精神为之一振。

我在周末安排了丰富的运动项目，或许是打一场高尔夫球，或进行一场激烈的网球比赛，也可能去阿迪伦达科山滑雪。我的身体因运动而疲倦，但我的头脑也因此而松弛。当我再次回到工作之中，我从里到外，洋溢着活力，无所畏惧。

我在纽约工作，可以随时去健身中心运动一个小时。当一个人滑雪或者剧烈运动时，他根本没有闲暇去考虑烦恼。以为高不可越的烦恼转眼之间就变成了毫不起眼的小土坡，只需一个新想法就可以轻易把它铲平。

在我看来，运动是烦恼最好的“融化剂”。当你遇到烦恼时，试着少用思想，而让你的肌肉动起来，效果会令你大吃一惊。这是对我最有效的方法——我的烦恼总在运动中跑掉。

第9节 我曾是“忧虑之王”

每个人都知道我是弗吉尼亚“忧虑大王”。忧虑已经成为我的恶习。

——C·F·穆勒公司生产主管吉姆·伯德苏

17年前，我在弗吉尼亚州布莱克斯堡军事学院上学，那时每个人都知道我是弗吉尼亚“忧虑之王”。我常常因为忧虑而生病，甚至校医院都为我保留一张专用病床。护士见到我再次出现时，

会马上跑来给我打一针。

没有一件事能让我不忧虑，甚至我自己都搞不清究竟为了何事忧虑。学校会不会因为成绩不好把我开除；我的物理和其他科目考试没有通过；我的平均分应该在75分到84分之间；我消化不良的肠胃、深度的失眠；我的经济现状，以上都令我时时忧虑。我还忧虑没能经常送女朋友礼物，没能带她去跳舞。我担心她会答应另外一位军校生的求婚。我的忧虑没完没了，令我日渐消瘦。

几乎绝望的我向教授企业管理学的杜克·巴特教授求助。就在和巴特教授见面的15分钟里，对我获得健康和幸福的帮助远胜于我在四年大学中所学到的一切。他对我说："吉姆，你要正视现实。要是你将忧虑的时间分一半来解决问题你就将摆脱忧虑的控制，现在忧虑已经成为你的恶习。"

他给我制定了三条用来摆脱忧虑的规则。

第一，想清楚究竟为什么而忧虑。

第二，所忧虑问题的症结在哪里。

第三，为了解决问题，应该针对性地采取哪些措施。

我依据这三条规则，为自己制定了积极的计划。物理考试没通过，我不再像以前那样一味地烦恼，而是问自己为什么没有通过，因为我很清楚自己并不笨，那时我已经是校刊的总编。

我终于明白物理考试没通过的原因，是我对物理压根没兴趣，之所以没兴趣，是因为我认为物理对我未来要做的工程师工作，起不到什么作用。于是我提醒自己："要是学校要求学生必须通过物理考试才能毕业，我就不应该对此有所怀疑。"

因此，我不再抱怨学习物理是多么的难，我下苦功努力学习，这一次我顺利地通过了物理考试。

我积极寻找打工的机会——比如在舞会上售卖饮料——这缓解了我的经济难题。我还向父亲申请贷款，毕业没多久我就把贷款还清了。

我的爱情也不再令我忧虑，我向曾担心她会嫁给别人的女孩求婚了。如今，她已成为吉姆·伯德苏夫人。

我早已明白，当年自己最大的问题是不愿找到忧虑的根源，更缺乏面对的勇气。

第10节　一句解救我的经文

它对我意味着信仰的价值，令我的人生充满希望……

——布鲁恩斯威克神学院院长乔瑟弗·西瑞

许多年前，我曾经为不能掌握自己的生活而困惑。一天清晨，我偶然翻开《圣经新约》，看到了这样一句经文："他让我前来，而且一直与我同在——天父从不曾忘记我。"

我的生活从那一刻完全转变，一切都不再和以往相同。从那以后，我每天都在重复这句经文，已经有许多人请求我的帮助，我将这句经文送给他们每一个人。

从读到这句经文的那一天开始，它就成为我一生的座右铭。它陪伴我的生活，它带给我平静和能量。它对我意味着信仰的价值，令我的人生充满希望，是我生命中遵循的不二法则。

第11节　我做过世上最苦最累的工作

我很高兴自己曾经做过世界上最苦最累的工作，与之相比，我生活中其他的事情都变得不值一提。

——国家瓷器打印机公司南加州代理泰德·埃里克斯

以前的我，曾经满腹牢骚、患得患失。自从我经历了1942年的夏天后，那些牢骚、忧虑统统不见了——希望它们永远不要再回到我的生活中。我所忧虑的一切问题在那个夏天变得不值一提。

我有个多年的梦想，就是夏天在阿拉斯加的渔船上工作。1942年

的夏天，我终于如愿以偿，和阿拉斯加克蒂亚克的一艘渔船签了工作合约。那是一艘32英尺长，用拖网捕捞鲑鱼的渔船，船上只有3名船员：负责指挥的船长，船长的助手——大副，第三个船员就是负责干活的——一般都是北欧人，我恰好就是一名北欧人。

我常常要连续工作24小时，因为用拖网捕鲑鱼必须依照大海潮汐的规律。我要做那些别人都不肯做的杂活：刷洗甲板、保养机器、在狭窄的船舱里用烧木头的炉子做饭，而船舱里臭味和马达散发的热量令人窒息。我还负责修缮船只，把捕到的鲑鱼扔到另一艘运输的小船上，好先送回岸上做成罐头。我穿着长长的雨靴，两只脚还总是湿的，因为鞋里常会进水，而我根本没时间把它脱下来控控水。

这些和我主要的工作比起来，不过是小巫见大巫。我的主要工作就是“拉渔网”——看上去很简单，就是站在船尾，将渔网的浮标和边线一点点从海里拉上来。可是渔网实在太沉了，我要费尽吃奶的力气才能把它慢慢拉上来。一连好几个星期我都是这么做的，全身没有一块肌肉不疼，一直疼了好几个月。

要是难得有空休息一会，我就赶紧在一个破烂的柜子上铺上能拧出水来的床垫，躺倒就呼呼大睡了。我浑身酸疼，却睡得比吃了安眠药还香——过度疲劳就是我最好的安眠药。

现在我也不后悔曾经吃了那么大的苦，因为我的忧虑从此不见了。每当我再遇到棘手的问题时，我就问自己：“埃里克斯，这难道比拖渔网还困难吗？”答案总是不变的：“不，没有比它更困难的事情了！”我不会为此烦恼，而是勇往直前解决问题。

我很高兴自己曾经做过世界上最苦最累的工作，与之相比，我生活中其他的事情都变得不值一提。

第12节　我曾是世上最蠢的人

自从我学会自嘲后，我就顾不上担心自己了。从此，我时不时就自嘲一下。

——纽约卡耐基公司总经理珀西·汇丁

这个世界上再没有哪个人——无论活着还是死去的——像我一样得过那么多种疾病。

我不是通常所谓的忧郁症患者。我父亲是开药店的，从小我就受到熏陶，每天都和大夫、护士接触，我比大部分人都了解病名和症状。我不是忧郁症患者，但我的确有一些相似的症状！我常常为某一种疾病胡思乱想，用不了两个小时，我就真的出现了那种疾病的明显症状。

我家所在的林顿镇，曾经流行过严重的白喉。那时我在父亲的药店里帮忙，每天卖药给受到传染的患者。我开始担心自己也被传染了，我躺在床上，越想越忧虑，没一会，我真的出现了那些症状。

医生给我作了检查，他说："是的，珀西，你被传染了。"我如释重负，一下就不再害怕了。很快，我就呼呼大睡了。等我第二天早上睡醒后，发现自己还是健康的。

人们对我关注了好几年，因为我总是会得一些奇怪而可怕的病——好几次是"必死"的狂犬病和下颌紧闭的病症。我的病情越来越厉害，最可怕的是癌症和肺结核。

今日的我回想起来，可以一笑了之，那时我却一点也笑不出来，我整天惶恐不安，就像游走在死亡的边界。春天来了，我想给自己买些衣物，转眼我就问自己："你既然知道自己就要死了，又何必把钱浪费在穿不着的衣服上呢？"

幸运的是，我现在有了很大的进步：至少在过去的一年中，我还一次都没有"死"过。

我是怎么做的呢？每当我又感觉到得了重病时，我就大肆讽刺自己，我嘲笑自己说："听着！汇丁，已经20多年了，你不是已经'死'于好多种绝症了吗？可你现在还是活蹦乱跳的。有家保险公司还接受你为自己再投几份人寿保险。汇丁，现在你唯一要做的就是笑话自己是个多么愚蠢的家伙！"

我发现自从我学会自嘲后，我就顾不上担心自己了。从此，我时不时就自嘲一下。

（注：不必对自己过于忧虑，请试着嘲笑自己那些愚蠢的想法，你一定会将自己解脱出来。——戴尔·卡耐基）

第13节　我永远的补给线

军事的第一条要则，是保证军需补给线的通畅。这一点对于个人"战斗"也尤为重要。

——著名牛仔歌星基尼·奥特雷

在我看来，人们的烦恼大部分都源于家庭、事业、钱财。我的妻子来自俄克拉何马一个小镇，我们家世相仿，兴趣喜好也差不多，娶到她是我的幸运。我们共同遵守一些规则，以尽量避免来自家庭的烦恼。

我还运用两条基本原则，来减少钱财带给我们的烦恼：第一条：诚实能令人避免很多烦恼。我信奉百分百的诚实，在任何事情上都是如此。要是我欠了钱，一定会尽快还清。第二条：当我开展新业务时，我会留有一定的余地。军事的第一条要则，是保证军需补给线的通畅。这一点对于个人"战斗"也尤为重要。我小时候在得克萨斯州和俄克拉何马生活，干旱的威胁令我体会到贫穷的真正含义。我们辛苦劳作，却只能勉强糊口。我们的日子实在艰难，为了生存，只好赶着破旧的马车四处奔波。

我在一个火车站找到一份工作，我利用业余时间学习发电报。之后，我在佛里斯科铁路公司做替班员，当有人生病或者休假时，我就去代班，或是在他们需要人手帮忙时去救急。每个月可以拿到150美元的工资。

我认为铁路公司这份工作稳定而有保障，因此当我决定需要更好的发展时，仍然为自己留有重操这份就业的余地。这就是我的补给线，在我没有建立更稳固的保障之前，我决不会放弃这条退路。

1928 年，我被佛里斯科铁路公司派到俄克拉何马的基尔市工作。一天夜里我在火车站办公室拿着吉他自弹自唱一首牛仔歌曲，这时，来了一位要发电报的先生，他说我吉他弹得不坏，歌也唱得很好，还说我应该去纽约的电台或剧院找份工作。我以为他不过是随口奉承，可当我看到他在电报上的签名时，我吃惊的简直没法呼吸了——威尔·罗金斯。

我没有马上跑到纽约去，而是翻来覆去的考虑，足足想了 9 个月，我终于决定去纽约，因为我不会有任何损失。我有免费乘车的铁路通行证，我可以在火车上睡觉，再带些三明治和水果，一日三餐就可以解决了。

我来到纽约，先找了一个每周租金 5 美元带家具的房间安顿下来，每天去快餐店吃饭。我在纽约呆了 10 周，没有任何收获。要不是我随时都可以回去上班，可能已经担心的病倒了。我在铁路公司已经工作了 5 年，因此我享受优先就业的权利，可前提是我离职不得超过 90 天。那时我在纽约已经 70 天了。为了留住我的补给线，我拿出铁路通行证，赶紧回到基尔市上班。几个月之后，我又存了些钱，再次到纽约去碰碰运气。

当我在一间录音棚等待面试的时候，我为女接待员们弹唱了一首《珍妮，我梦中的紫丁香》。正巧，这首歌的作者纳特·斯杰科劳德走了进来，听到我在唱他的歌，他自然很高兴，就写了张条子，让我去

威多唱片公司试唱。我在威多录制了一首歌，得到的评价很差——说我的声音平板不流畅。在威多公司录音师的建议下，我回到了铁路公司上班，晚上空闲时就去当地的电台演唱牛仔歌曲。这样的生活我非常满意，因为我的补给线不存在任何危机，我也不会为此忧虑。

我在电台唱了 9 个月，在那期间，杰尼·朗和我共同创作了一首歌《白发苍苍的父亲》，人们非常喜欢。美洲唱片公司的老板亚瑟·萨德利给我录制了一张唱片，也大受好评。

随后，我又灌了好几张唱片，每张的报酬是 50 美元。再后来，芝加哥 WLS 电台给我提供了一份工作，专门演唱牛仔歌曲，周薪 40 美元。在那里唱了 4 年后，我的周薪提高到 90 美元，那时我每晚还在戏院登台演出，差不多有 300 美元的外快。

1934 年，好莱坞制片商决定拍摄牛仔题材的电影，他们想要会唱歌的新型牛仔形象。美洲唱片公司的老板——也是“共和电影公司”老板之一，他说：“要找一名会唱歌的牛仔？刚好我认识一个符合要求的人。”

就这样，我进入了电影圈。刚开始，拍摄牛仔电影时，我的周薪是 100 美元。我对自己的表演能否成功没什么信心，但我不必担心，我知道，我随时都能重新开始我以前的工作。

出乎我意料的是，我在电影上取得了非常大的成功。目前我的基本年薪是 10000 美元，另外我还可以得到每部影片的分红。或许，我不会永远这样成功，但我必不担心，即使发生了意外，我不再拥有这些金钱——我还永远拥有我的补给线——我随时可以重返俄克拉何马，在铁路公司找到一份工作。

第 14 节　主对我的召唤

我突然感觉到全身心充盈着前所未有的宁静安详……

——传教士、演讲家 E·斯坦格·琼斯

我已经在印度传教 40 年了。在传教初期，我几乎无法忍受那里骇人的高温，再加上身负重任，我的精神压力越来越大。8 年之后，我

已经身心疲惫，以至于经常性的精神崩溃。因此，我被派回美国休养一年。当我在回美国的船上星期天早上的弥撒时，我再次精神崩溃，随船大夫坚持要我一直卧床，直到船只抵达美国。

休养了整整一年后，我坐船重返印度传教。当我路经马尼拉时，我为当地的大学生一连作了几次布道，我的精神又变得紧张，几次出现崩溃的征兆。医生劝我不要再回印度，否则我的病情会更严重，甚至死亡。虽然我坚持前往印度，但我心底的忧虑日渐深重，在我重新回到孟买时，我已在精神崩溃的边缘徘徊。我躲到一座山上安静地休养，过了好几个月，才回到城市里继续传教。可是没过多久，我的精神再一次崩溃，无奈之下，我只能回到山上继续静养。

过后，我又一次下山，我的精神也又一次垮掉。我发觉山下的环境带给我的压力是我所不能承受的，那会令我烦躁疲倦，甚至痛苦不堪。我担心自己会变成一个精神病人，那意味着我会凄惨地度过余下的生命。

要是我不能找到帮助自己的方法，那我就必须放弃传教，回美国去。或许在农场工作会对我的精神大有裨益。可那绝不是我想要的结局。

那时，我仍坚持在鲁克诺主持传教聚会。一天晚上，发生了一件改变了我的人生的事。在我祈祷时——我并非在为自己祈祷——我似乎听到一个声音说：“你是否已经准备好，执行我所委派给你的工作？”

我回答道：“主啊！我做不到，我已经无法坚持。”

那个声音又说：“若你愿意把烦恼交给我，我可以为你保管它。”

我回答说："主，我愿意这样做。"

说完之后，我突然感觉到全身心充盈着前所未有的宁静安详。活力——健康而灿烂的活力重新注入我的心灵。我兴奋极了，走在回家的路上，就如同在云彩中飘荡。

此后一连好几天，我不分昼夜忘我地工作，到了睡觉时间，我也不想去休息，因为我感觉不到一丝倦意。

我曾经犹豫，是否应该将这件事告诉人们，但我还是决定说出来——我也这么做了。这已经是几十年前的事情了，我已不复年轻，以前的忧虑也同样不复存在。我不仅身体健康，就连精神和思想也犹如获得了新生。

多年来，我一直在世界各地旅行，常常一天要作三场演讲，还撰写了《印度的基督》和其他 11 本书。不论我如何繁忙，我从不曾忘记任何一次约定，并且从不迟到。曾经打垮我的烦恼早已烟消云散，63 岁的我，仍然享受生命中的每一份快乐。

或许可以用心理学来解释我的精神转变以及对健康的影响，可不论原因何在，都并不重要，因为人生充满玄机，无法一一解释。

第 15 节　我失去了全部家产

我还拥有很多：健康的身体，还有朋友，我可以从头再来。不再沉浸于对往日的感伤，我每天都默念母亲常说的那句话。

——作家赫玛·克罗伊

1933 年，我度过了此生最糟糕的一天。那天，警察来到我家门前，我却从后门逃跑了——我不再拥有长岛佛罗里斯特山的那个家，我和家人在那里居住了 18 年，我的孩子也都在那里出生。我从没想过，在

我身上也会发生这样的事情。

就在12年前，我还高踞事业的顶峰。我的小说《水塔之上》的电影版权被一家制片公司用好莱坞有史以来最高的价格买走。我带着家人在国外生活了两年，夏季去瑞士避暑，冬天来到法国南部——我们过着百万富翁一般的生活。

我在巴黎呆了6个月，期间完成了小说《他们应该来巴黎游览》。这部小说不久被改编成电影，主演是威尔·罗金斯，这也是他主演的第一部有声电影。电影公司请我不要回纽约，留在好莱坞继续给罗金斯写电影剧本，可我拒绝了。

回到纽约后，我的噩梦由此开始！我自认拥有其他方面的潜能，比如可以做一位成功的商人。我听人说起，约翰·嘉克伯是因为在纽约投资地产才成为百万富翁的。既然移民到美国的小摊贩嘉克伯都能大获成功，难道我还不如他吗？

对房地产业一窍不通的我，却无知者无畏，我按照自己想当然的方法，将住宅抵押了，用抵押的贷款买下了佛罗里斯特山位置最好的一块土地。我想等到地价涨到最高点时，再把它卖掉，那我将大赚一笔，轻轻松松地成为百万富翁。我对那些只能在办公室里辛苦工作的职员们心生怜悯——他们的生活唯有依赖一份薪水。我对自己说，不是每个人都被上帝赋予了创造财富的潜能。

可一夜之间，房地产突然变得低迷，我就像堪萨斯的狂风中的养鸡笼那样，被彻底吹垮了。

每个月我都要为那块土地支付220美元，那真不是转瞬即逝的几个月啊！同时，我要还被抵押掉住宅的欠款，还要负担一家人的生活。

我原本打算给报纸杂志写一些幽默小说，可陷入苦恼的我，写出的却仿佛《旧约》中哀伤的段落。

没人买我的文章，也没人想要我的小说。我花光了所有的钱，除了我的金牙和打字机，我也没什么可拿去抵押贷款。牛奶公司不再给我送牛奶，煤气公司也给我停了煤气，我只好买了一个野炊用的火炉。

我家只剩一个壁炉可以用来取暖，但我买不起煤。因此，我常常

夜里出门，跑到富户人家修建房子的工地上捡一些废弃的木料——那是我当初曾经梦想成为的人。

我忧心忡忡，以致失眠，常常在夜间步行数小时，好让自己倦极思睡。

最终，我也没能保住那块土地，并为此付出了更大的代价。银行将抵押的房产收走，我和家人被赶到了马路上。

那是1933年的最后一天，我翻出身上仅有的几美元，租下了一间小小的公寓。当我坐在行李上打量房间时，脑海中突然蹦出母亲经常说的一句话："不要为打翻的牛奶哭泣！"

可这不是牛奶，是我全部的身家啊！

我又坐了一会儿，自语道："我已经扛过最糟糕的一天了，以后的状况不会更糟了，一定会慢慢好起来的。"

我对自己说，我还拥有很多：健康的身体，还有朋友，我可以从头再来。不再沉浸于对往日的感伤，我每天都默念母亲常说的那句话。

我投入地工作，努力忘却烦忧。我的生活逐渐有了起色。现在的我，感谢那段最糟糕的时期——我变得顽强、自信。我已经有过最悲惨的生活，我知道希望永远都在，我清楚我的耐受力有多强。每当我遇到新的挫折和烦恼时，我就再次想起我坐在行李上曾说过的话："我已经扛过最糟糕的一天了，以后的状况不会更糟了，一定会慢慢好起来的。"

（注：你是否从中领悟到什么？既然事情已经发生，就不要为此磋

叹，不妨勇敢面对。假如你现在的状况已经糟糕透顶，那你就向好的方面努力吧！——戴尔·卡耐基）

第16节　摆脱忧虑的几招

> 我这一辈子，曾经被打裂过嘴唇，眼睛被打伤，肋骨也被打断过好几次，但是作为拳击手我在比赛中不曾感觉到任何人的拳头。
>
> ——拳击手杰克·德塞

在我一生的拳击生涯中，比我遇到的所有重量级对手都更难对付的是忧虑；我想我必须要控制这种心态，不然我的能力会被大打折扣，不能取得最佳成绩。我给自己制定了一些规则，部分如下：

第一，要在比赛中始终保持勇气，为此我不断地鼓励自己。

比如：当我的比赛对手是弗珀时，我一直在心里对自己说："谁也打不过我！他打不倒我！他的拳头伤不着我！不管怎么样，我都要狠狠地教训他！"

我不停地激励自己，勇气和信心也随之增强，这对我帮助非常大，就连他的拳头打到我时，我也浑然不觉。

我这一辈子，曾经被打裂过嘴唇，眼睛被打伤，肋骨也被打断过好几次，有一次还被弗珀一拳打得飞起来，直直地扑到台下一位记者的打字机上，把打字机压得稀巴烂。但我并没有感觉到弗珀的拳头，我在比赛中不曾感觉到任何人的拳头——除了唯一的那次，李斯特·琼森一拳就打断了我的三根肋骨。那一拳并没把我击倒，却让我没办法呼吸了。

第二个规则，是我一直提醒自己，忧虑有百害而无一利。

我在参加重要比赛之前，经常会出现忧虑状况，那正是我加大训练强度的时期。我常常午夜梦转，烦躁不安，一连几小时都无法安然入睡。我忧虑的是自己会不会在第一回合就被对方打断手或摔断脚，或者把我的眼睛打伤，这样我就无法继续比赛。

我一旦发现自己开始忧虑，就赶紧跳下床，盯着镜子里的自己，责骂自己一顿："你真够蠢的，居然为还没发生并且可能永远不会发生的事情愁眉苦脸！人的生命是短暂的，你要充分享受你的黄金时光。"

我还会告诉自己说："最重要的就是你的健康，没什么比健康更值得你关注了！"我告诫自己，不要让忧虑和失眠损害自己宝贵的健康。我不停地告诉自己，很快我就发现，当这些理念根深蒂固的驻扎在我心底时，忧虑和烦恼终于被赶跑了。

第三种方法，也是行之有效的方法——祈祷！

在比赛前训练期间，以及每一次比赛的时候，在新一回合的铃声敲响之前，我都会虔诚地祈祷，那会给我注入无尽的信心和勇气，继续勇往直前。

第17节　远离忧虑的诀窍

你只要还能走路，能自己吃饭，也没什么大毛病，你已经是世界上最幸福的人了。你只要还好好活着，那就是你最大的幸运！

——音乐老师凯瑟琳·海尔德

从小，我的生活中就满是惊恐的影子，我母亲有严重的心脏病，随时都会晕倒在地。我们每每看见，都担心她会这样死去。我知道，那些没有母亲的小女孩会被送到威斯利孤儿院，就在我们住的密苏里州东林顿镇上。我不敢想象自己被送到那里的情形，我才6岁时，就经常祈祷："亲爱的上帝，请您让我妈妈好好活着，一直看着我长大了，不要让我去孤儿院。"

20年之后，我哥哥梅雷受了重伤，他一直在痛苦中挣扎了整整20年。他没办法吃东西，也无法动一下自己的身体。最初的两年，我不分昼夜必须每隔3小时给他注射一针吗啡，这样才能缓解他的痛苦。

我那时在卫斯里中心学院当音乐老师，每当邻居听到我哥哥痛得死去活来的呼叫声，就会打电话到学校找我，我马上丢下工作，跑回家给他注射一针吗啡。每晚上床前，我会把闹钟定在3小时之后，好按时给他打针。我还记得，冬天时，我总在睡觉前把一瓶牛奶放到窗外，让它冻成冰，就成了我最爱的冰淇淋。闹钟准时叫我起床时，想到那瓶牛奶冰淇淋，我会更愿意起床。

在那段艰难的岁月里，为了避免陷入忧虑和沮丧的低谷，我让自己谨守两条规则。

第一，我总是让自己忙碌而充实。每天我都要上12小时到14小时的音乐课，根本没有空闲时间去烦恼。一旦我觉得日子难熬，自己很悲惨时，我就立即对自己坚定地说道："记住，你只要还能走路，能自己吃饭，也没什么大毛病，你已经是世界上最幸福的人了。请不要忘记，不论经历多少挫折，你只要还好好活着，那就是你最大的幸运！"

第二，我感激我上面所说的所有幸福的感觉。当我每天清晨醒来时，我感谢上帝：我可以自由地起床，去厨房为自己准备早餐。我坚信自己虽遇到了许多艰难险阻，可我仍是密苏里州东林顿镇上最幸福快乐的人——或许我还未将之变为现实，但至少我是镇上最懂得感恩的女子之一，也许像我这么快乐的人没有几个。

（注：这位音乐老师告诉我们两条原则：使自己尽量忙碌，没有时间烦恼；对自己的一切心存感激。这是对你同样适用的原则。——戴尔·卡耐基）

第18节　不要累积你的忧虑

"昨天的忧虑、明天的忧虑，加上今天的忧虑，累积在一起，就造成了你心灵最大的负担。"

——牧师威廉·伍德

我这些年里，一直被严重的胃病折磨着，晚上常被痛醒，甚至一夜有两三次，这让我不能好好睡觉。我的父亲是因为胃癌过世的，因此我担心自己得了胃癌，至少会是胃溃疡。

于是，我去看一位著名的胃病医生，他给我做了详细检查，还拍了X光片。最后，他很肯定地对我说，我没得胃溃疡，更没得胃癌，是精神过于紧张引发了胃痛。他只是给我开了一些帮助睡眠的药。

他知道我的牧师，首先就问我说："你教堂里的事务，一定特别多而繁杂吧？"

确实如此，我实在太忙了，每周日都要布道和主持教堂的各种活动，除此之外我还担任着红十字会主席、吉瓦尼斯俱乐部会长。每周我还要主持两三次的葬礼，还有其他各种临时的活动安排。

工作的压力令我无法保持轻松。我匆匆忙忙地工作着，好像没有一件事情不令我忧虑。医生给了我一些能帮助我摆脱紧张情绪的建议，我当然乐于听从。我把每周一定为自己的休息日，尽量减少参加聚会和各种活动。

一天，我在清理我的书桌。当我把整理出来的一大堆旧讲稿、旧记录统统扔进垃圾筐里时，突然一个对我影响很大的念头跃然脑海，我停住动作，问自己说："你为何不将忧虑像这些没用的笔记一样丢掉呢？将你心底所有的忧虑，全都扔进垃圾筐里吧！"

这个念头刚刚冒出来，我立刻感到如释重负。从那时开始，我都将此作为的科玉律：把我那些不必要的忧虑和烦恼，全都扔到垃圾筐里。

时隔不久，有一天，妻子在厨房里，一边哼唱着歌曲，一边洗碗碟。我站在旁边帮她把碗碟擦干，突然又有个念头冒了出来："她的心情多好。我们已经结婚18年了，她也洗了18年的盘子。要是在结婚前，她就知道自己要洗的碗碟能够堆满一个谷仓，那可能没有哪个女人愿意结婚了。”

我又想到：“在她看来，洗碗碟不是什么难事，因为她每次只用洗当天用过的碗碟。”我恍然大悟，终于知道自己的问题出在哪里了——我不但想一次性洗完今天、昨天以往的所有碗碟，甚至连明天不曾用过的碗碟也想在今天洗完。

每周日的清晨，我都会告诫人们要让生活变得有意义，可我自己却在忧虑和烦恼中浪费光阴。我实在太蠢了，真该为自己感到羞愧。

从此，我抛开了忧虑，胃痛也消失了，我睡得很安稳。我将昨天的忧虑全都扔进了垃圾筐，而且我不再试图把明天的碗碟都洗完。

或许你曾听过这句话：“昨天的忧虑、明天的忧虑，加上今天的忧虑，累积在一起，就造成了你心灵最大的负担。”

第19节　康复的秘诀

“如果你有空闲来让自己忧虑，那就是你悲哀的开始。”行动起来，让你的生活变得充实而忙碌吧！

——迪埃·休斯

1943年，我受伤被送进了新墨西哥州阿布奎基市的一家军队医院。我是在参加陆战队在夏威夷岛两栖登陆演习中受伤的。我正准备从小艇跳到沙滩上时，突然一个大浪打过来，把小艇托到浪头上，我措手不及，重重地摔在了沙滩上，折断了三根肋骨，其中一根扎进了我的右肺。

我在医院里住了3个月，受到了一次最可怕的冲击——医生说我的伤可能很难完全恢复。当我静下心来，认真思索后，我认为无法恢复的原因在于我过度的忧虑。过去我的生活一直丰富而活跃，可现在，我每天24小时都被束缚在病床上，百无聊赖，只有思想是自由的，可我想的都是消极的事情，以至于我更加烦恼：我是否还能重回原来的岗位？是否会变成残疾人？我以后还能不能结婚生子，像正常人一样生活？

我请求医生把我换到隔壁病房，那是被戏称为“乡村乐园”的一间病房，里面的病人都活动自如。在这个病房里，我对桥牌产生了莫大的兴趣，我用 6 周的时间和其他病友练习，还专门阅读了一些桥牌指导书，最终掌握了这种桥牌的玩法。后来，我每天晚上几乎都会玩桥牌，还突然对油画大感兴趣，于是每天下午 3 点到 5 点之间，有一位老师来教我怎样画油画。我进步很快，没多久，人们就能一眼看出我画的是什么。我还用肥皂和木块尝试雕刻，并兴致勃勃地阅读了大量与此有关的书籍。

我尽力填满自己的空闲时间，让自己无暇担忧自己的伤。我还仔细地读完了红十字会送给医院的心理学方面的书。当我还差一天就住院三个月时，全体医生和护士都跑来恭喜我，说我几乎完全康复了。我觉得那是我长这么大以来，听到的最动听的一句话，我激动得想要放声高歌。

我想说的是，在我无聊而消沉地躺在病床上时，我的身体没有一点康复迹象。可当我忘记了伤痛，专注地玩桥牌、学习油画、雕刻、阅读时，没多久，医生就高兴地夸奖我，认为我“恢复得很快”。

如今，我的肺和你们的一样的好，我健康而快乐的生活着。

你可曾听说过，萧伯纳的一句话：“如果你有空闲来让自己忧虑，那就是你悲哀的开始。”行动起来，让你的生活变得充实而忙碌吧！

【语言的突破】

第一章　高效谈话的基本要则

第1节　快速掌握基本要则

没有谁生来就善于演讲。掌握下列简单要则，即可轻松面对众人讲话。

1912年，铁达尼号邮轮沉没于冰冷的北大西洋，就在这一年，我开创了谈话技能的培训课程。至今，已培训了50多万人。

每次“戴尔·卡耐基培训”开课，第一项活动就是每个人说出自己来上课的原因和想要获得的成果。大家的说法自然各不相同，但令人惊奇的是，大部分人的理由和愿望不谋而合：“必须当众讲话时，我既紧张又害怕，脑子里乱糟糟的，一点儿也想不起来要说什么。我希望能够情绪稳定，清晰有条理地思考和阐述我的观点，和他人充满自信地交流，语言具有感染力。”

这是否也正是你的心里话呢？你也有过不知如何开口，从何谈起的经历吧？你肯定也希望自己可以气定神闲，侃侃而谈，哪怕为此花费金钱也十分值得。现在，你翻开了这本书，这就是你内心渴望的最佳证明。

如果我们此时面对面，你一定会问：“卡耐基先生，你确信我可以变得有能力，勇敢自信地对着大家说话吗？”

我一生都在帮助人们建立自信、克服恐惧，参加培训的人中发生了很多奇迹，不胜枚举，所以你不必问我是否确信，只要你按照书里内容多加练习，你一定可以做到。

为什么你坐着时就可以清楚地思考，一旦面对众人，就张口结舌，紧张颤抖，自信全无？这究竟是什么道理？你已经意识到，只要通过指导和练习，你就可以逐步改善，变得泰然镇定，自信而善谈。

本书不是普通的教科书，不罗列一条条说话的规则，也不教导你如何发音、断句。重点在于帮助你掌握高效谈话的技巧，从现在开始，你只需依照书中的建议，在任何需要说话的时刻，牢记并运用，你就会成为你想要成为的人。

下面四点简要概括了书中的内容：

●取他人经验，给自己信心

即使在完全放开的状态下，也没有一种动物生来善于演讲。在过去的某些年代，演讲是一种要遵守严谨的语法和形式的艺术，以前想要成为出色的演讲家绝非易事。现在我们提倡的是和众人交流的方式，不再需要以前那种拿腔拿调的演讲方式。我们要用真诚的言语，和他人平和理智地探讨，无论是一起进餐，在教堂做弥撒，还是看电视、收听广播的时候，都不必对他人夸夸其谈。

很多教科书都试图让我们相信，必须经过好几年发音培训以及学习严谨的修辞法，才能成为成功的演讲者。其实演讲并不是高深的艺术，我一生倾力向人们证明，只要能够遵守一些简单要则，就可以毫无困难地面对大众说话。

1912年，我开始在纽约125街的青年基督教会教授课程，那时的我也和来学习的人们一样并不明白这些要则。我按照自己当年在密苏里州华伦堡大学学到的方式，来教授这些商界人士，这无疑是一种错误的教导，他们不是大一新生，也不需要模仿韦伯斯特、博科皮特或欧康奈尔（这几位都是知名演讲家），这对他们没什么用处。他们所需要的，是下一次在会议上做商业报告时，声音充满自信，叙事条理清晰。我醒悟过来，从此抛开了传统的教科书，直接传授基本理念，和他们一起琢磨报告内容，练习发言，针对性地完善他们的不足之处，力求完美。这种方法确实行之有效，不久之后，他们再次来找我，要求继续学习，以取得更大进步。

如果有机会，我会请你看一看我家里或我各地代表办公室收到的感谢信，有的来自常被《纽约时报》、《华尔街日报》提及的商业大亨们，有的来自国会议员、州长、学院院长、娱乐明星们，还有很多是

一般或中层的管理人员、经验丰富的工人、刚参加工作的新手、大学生、职业妇女，更多的信件，来自那些默默无名的普通人——牧师、老师、家庭主妇、一些年轻的孩子。人们写来信件表示感激，因为他们在我的课程中找到了自信，掌握了高效的谈话能力。

就在我写下这段话的时候，想起一件对我影响深远的事情。D·W·亨特是费城很有名气的商人，也是我教过的几千人中的一位。多年前，他刚开始来上我的课，在邀请我共进午餐时，诚恳地问我："卡耐基先生，我常常收到当众演讲的邀请，我尽量都推辞掉了。可现在我被选为大学董事会主席，以后必须主持会议。我这么个老头子，您看还能不能学会演讲？"

我告诉他以往班上和他类似职务学员的经历，并且承诺，只要他足够努力，我一定会帮他达到目标。

差不多3年之后，他再次邀请我共进午餐，同一地点，同一张餐桌，我们回忆起往昔的对话。我问他现在是否已经做到，他露出自信的笑容，还拿出一本红色的备忘录，上面满满当当地排定着他未来几个月的演讲行程，他说："这是我活到现在最为快乐的事情，因为我的演讲对他人和社会的帮助，我自己也充满自信，从演讲中获得了愉悦和满足。"

接着，D·W·亨特还自豪地炫耀道，在英国首相出访美国的时候，费城教会邀请这位极少来美国的首相在宗教集会上说

几句话，这次宗教集会的主持人正是D·W·亨特先生，是他郑重地向所有在场的人介绍了英国首相。

就在3年前，同样是这位D·W·亨特先生，还惴惴不安地怀疑自己是不是能够在大众面前流利地说出话来。

或许你会说，他的变化如此之大，一定是个特殊的例子。实际上，我可以举出好几百个这样的事例。就在几年前，有一位来自布鲁克林的候迪斯医生，他是一位狂热的棒球迷，有一次，他去佛罗里达州度假，正好住在巨人队训练馆的附近，他每天都去看球队练球，很快就和球员们交上了朋友，还被邀请参加当地为球队举办的聚会。在餐后，人们开始喝咖啡的时候，几位知名人士被邀请发表简短的演说，令候迪斯医生措手不及的是，他突然听到主持人宣布："候迪斯大夫是我们球队的医生朋友，现在请他上来谈谈有关棒球运动员的保健问题。"

已经当了几十年的专业保健医生，这个问题对于候迪斯医生而言，可以轻而易举地谈上一整晚，可那是在他端坐台下，仅仅面对桌边的几个人的时候。如今，要让他站到主席台上，即使面对台下人数不多的面孔，这个小问题却变得棘手而困难了，他的心怦怦地猛跳，他想要找到自己稳定的思绪，可这时候他的思维能力好像已经提前退场了。

人们热情地鼓着掌，望着他，等待他上台，候迪斯只好茫然地摇头表示谢绝，却引发了人们更加热切的掌声和欢呼："候迪斯大夫！上台演讲！"候迪斯尴尬极了，他知道自己一上台就会结结巴巴，连几个完整的句子也说不出来。他站起身，沉默地离开了会场，离开了那些棒球队的朋友，他的心里难过又深以为耻。

他立即结束度假，返回了布鲁克林，一下飞机就跑去我的演讲培训课报名，他这辈子再也不想面对那样尴尬和无助的情形。作为老师，最喜欢教授他这种类型的学生，因为他经受了强力的刺激，目标明确而专一。他全身心地投入学习，从不拉下任何一节课，对自己的演讲练习反复揣摩、准备。

这样勤奋的练习令他飞速进步，以至于超出他对自己的期望，令他又惊又喜。仅仅上了几节课后，他就能自信地掌控好自己的情绪，两

个月后，他已经是班上最棒的演讲者了，很快，他就收到了来自各地的邀请。现在的他享受演讲的感觉和由此赢得的赞誉，也结识了更多的朋友，这一切，都让他觉得弥足珍贵。

在听过候迪斯医生的演讲后，一位纽约市共和党竞选委员会的委员，马上邀请他为共和党在各地巡回发表演说。这位委员怎么也不会想到，这位出色的演讲家，就在一年前还因为面对众人说不出话而羞愧地退出了一个聚会。

在许多人看来，充满自信和勇气，在众人面前条理清晰地讲话，是一件超级困难的事情，事实上，这种困难是被人们的想象夸大了十几倍。当然，这种能力也并非是上帝对于某些人的恩赐，就如同打高尔夫球，只要你想要做到，而且努力去做，任何人都可能发挥出内在潜能。

我还可以告诉你一个例子，B · F　古力曲公司已过世的董事长戴维 · M · 古力曲，也曾经来找我，他对我说：“我这一辈子，总是在说话的时候惶惶然的。我作为董事长，必须主持董事会议，毕竟和董事们都是多年的伙伴，坐在一起说话讨论，我都可以应付自如。可是一旦面对外人或者在公开场合，我就觉得万分恐慌，没办法开口说话，就连一个字也挤不出来。这个缺点已经根深蒂固的跟了我好多年，我不认为你可以帮我改掉它。”

我回答说：“既然你认定我不能帮助你，那为什么还来找我呢？”他说：“那是因为我的私人会计师，他一向胆小怯懦，每次来处理我的私人账目时，他必须先经过我的办公室，才能进到会计室，很多年来，他总是小心翼翼地穿过我的办公室，尽量不和我碰面打招呼。可最近他却像变了个人似的，走进我办公室的时候，不但挺胸抬头，神采飞扬，还主动对我说：‘早上好！先生！’这可太让我吃惊了，当我问是什么改变了他时，他告诉我说参加了你的演讲培训班。能使那么一个畏首畏尾的人发生这么奇妙的大转变，我当然要来找你。”

我告诉他，来参加我的课程，依照要求练习，用不了多久，你一样会有很大转变，能够泰然自若的当众讲话。他兴奋地说：“要是真能那样，那我就是全世界最幸福的人了。”

他准时来参加课程，3 个月的时间，进步相当迅速。因此，当我在阿斯特酒店的宴会厅举办 3000 人大会时，特意邀请他来演说，和大家说说自己参加课程的切身体会。当时他抱歉地说自己有约会，不能前来。第二天，他打电话对我说：“我把约会取消了，我想为你参加演讲，我想告诉大家这个课程带给我的帮助。我希望人们听到我的事例后，能得到鼓励，学会勇敢，不再恐惧。”

面对会场的 3000 之众，他诚挚感人地讲述了十几分钟，大大超过了我原本安排的两分钟时间。

如果这算得上是奇迹，那么在我的培训班里，大概有几千起奇迹。我亲眼看到不论男女老少，他们都从这项培训中获益，许多人在事业上取得了更大的成就和更耀眼的社会地位。

在某些时刻，仅凭一次演讲就可以使人声名远扬。马里欧·拉佐就是最好的例子。

那是几年前的事了，我接到一封古巴来的电报，上面说：“要是你不反对，我这就来纽约参加演讲培训。”落款是马里欧·拉佐。我觉得很惊讶，这人是谁，我可从来没听说过。

后来，他在课堂上对我说："3 个星期后，我家乡哈瓦那的乡村俱乐部要为创始人庆祝 50 周岁生日，安排我在晚会上演讲。并且当场送一个银杯给他。虽然我是一名律师，却从来没有当众演讲过，又无法推辞这个邀请，我心里很不安，如果到时说不出话来，这不仅会让我的家人、朋友感到尴尬，也会影响我的声誉。所以，我把全部希望寄托在你身上，不过，我只有 3 个星期的时间。"

我为他做了特别安排，无论哪个班上课，都让他参加，这样一来，他每天都要演讲至少 3 到 4 次。3 个星期后，他按时回到了古巴，并在乡村聚会上作了一次令众人惊叹的演讲。这件事还被美国《时代》杂志"异域新闻"一栏专题报道，并称赞他为"天才演说家"。

这可以称得上是奇迹吧？而且是人类战胜自我的一个奇迹。

●牢记自己的目标

前面说过，亨特先生认为演讲是他感觉最快乐的事情，他能够取得成功，很重要的一点就是他完全按照培训的要则完成练习。而他之所以勤奋地完成课程，正是因为他很清楚，自己想要成为一位自信的演讲者，他为此不断努力，最终把目标变成了现实。同样，你也应该这样做。

时时刻刻提醒自己，你想要变得自信和善于交谈，想在社交场合如鱼得水，想要认识更多的朋友，想要为人们和社会做出更大的贡献，想更好的发展自己的事业。必须提升自己的能力才能为未来美好生活打下坚实的基础。

S · C · 埃林是"国家现金注册公司"理事会会长，也是"联合国教育、科学文化组织"的主席，《演说季刊》曾发表了他的一篇名为《演讲和事业领导者的关系》的文章。文中讲到："从事商业多年以来，我注意到有不少人是先在演讲论坛上获得了成功，从此事业得到了极大的发展。很多年前，堪萨斯州一位年轻的分行主管，做了一次精彩绝伦的演讲，此后，平步青云，现在已是掌管我们公司业务的副总裁。"据我所知，文中的副总裁现如今已经坐上了"国家现金注册公司"总裁的职位。

美国舍夫公司的总裁亨利·波莱斯东也参加过我们的培训课程，他说："能够和他人有效率的谈话，并影响到他人的选择，在对想求得更高职位的应选者甄别时，这是我们最看重的能力之一。"

自信优雅的谈吐，稳重的举止，这将为你的锦绣前程添上一枚举足轻重的砝码。如果你可以面对众人，从容地阐述自己的所思所想，并获得人们的认可和赞许，那是一种多么美妙的感受。我也曾经几次周游世界，但是那种愉悦依然比不上借由言语的魅力和观众共同分享的感受。你会感觉自己浑身洋溢着生机，精力十足。有一位学员说过："开始说话的前两分钟，我宁愿被鞭子抽，也无法张嘴，可说着说着，就要到规定结束的最后两分钟时，我又不情愿停下来，哪怕为此挨颗枪子儿！"

请你从这一刻就开始，想象自己从容不迫地站在讲台上，充满自信地面对观众，当你说出第一句话时，全场安静无声，人们认真地倾听你生动的演讲。请你也想象一下，在你演讲结束时，观众雷鸣般的掌声和欢呼，当你走下台时，观众热情地围过来赞美你。

威廉·詹姆士是哈佛大学最著名的心理学家，他曾写下足以影响你一生的6句话，犹如打开宝藏大门的咒语："只要你充满热情对待任何课业，都可能安然完成。如果你对目标全力以赴，就会获得回报。你确信自己能做到最好，那你就会做到最好。如果你想要成为大富翁，那你就能成为。如果你想成为博学多才的人，那你也可以做到。你要做的，就是全神贯注想着自己的梦想和目标，不去挂念和此毫不相关的事情，一心一意地努力奋斗。"

参加演讲培训，并不是单纯地让你学会怎么说话，也许你一生都无需当众演讲，这种培训带给你的好处是多方面的。首先，培训演讲是要你在人们面前充满自信，敢于表达。这是一个关于勇气的训练，你可以从此摆脱内心的恐惧。很多人来参加培训的原因，是他们觉得自己在公开场合感到拘束不自在，当他们在教导下，逐步克服了羞涩和胆怯，发现和他人自如地交流不过小菜一碟时，他们会嘲笑自己过去的心理。他们变得朝气蓬勃，气度不凡，让家人、朋友、同事还有

客户都感觉眼前一亮。然后，会有更多的人，就像古力曲先生，因为看到周围有人发生了极大的转变，也被吸引前来参加培训课程。

这种演讲培训，能够潜移默化地转变人们的性格。大卫·欧门博士是一位外科医师，也是美国医药协会的前会长，我曾经向他请教：演讲训练会对人们的心理和生理造成怎样积极的影响？他微笑着说，他可以为此开个处方，一付“药房里配不到的药，人们必须自己配自己的，千万别错误地认为自己配不了”。

欧门博士亲笔写下的处方，被我一直放在书桌上，每每读到，都颇有感触：“学习如何在他人面前、众人面前清楚地表达自己的观点，并且让人们感知你内心的想法，这是一种需要终生培养的能力。在你不断取得进步的过程中，你会渐渐领悟，一直在努力的你已经重新树立了新形象，更受到人们的欢迎和喜爱。”

“当你掌握了高效的谈话技巧，就会增强自信心，你的性格也会变得更好，你的心态也会随之更加稳定，这无疑是对你的身体健康有极大的好处。作为社会的一分子，无论男女老少，都会面对他人讲话，我无法详细说出这种技巧究竟能给事业带来多么大的影响，我只听说确实大有用处。我可以肯定的是确实对健康大有裨益，这就是你能够从这份处方里得到两方面的好处。不要放过任何一个和别人谈话交流的机会，这才能使你不断进步的。我自己有机会就和别人说说话，语言变得流利，人也不那么紧张了，塑造出一个全新镇定的自我。世上没有一种药物能够带给人们这样平和愉悦的感受。”

这个要点就是请你时刻谨记自己想要掌握高效的谈话技巧，想成为怎样的人，并且想象自己如何成功达成，及由此带来的各方面的获益。记住威廉·詹姆士的“咒语”吧：“如果你对目标全力以赴，就会获得回报！”

●志在必得

在一次电台谈话中，主持人要求我用3句话来概括对我最重要的观点，我回答说：“一个人最重要的是思想，每个人思想不同，因此人与人也各不相同。如果我了解你的思想，那我就能知道是什么样的人，如果想要改变自己的人生，那首先就要改变自己的思想。”

现在你已经确定了自己的目标：掌握高效谈话技巧和增强自信。那么，你不但时刻要记住自己的目标，还要积极地朝这个方向努力，保持乐观的心态，始终坚信自己可以做到，把信心灌输到每一秒钟、每一个细节上。

下面的故事，就说明了下定决心的重要性，故事的主人公，现在早已是商业界里的知名大腕，他的传奇故事被人们争相传颂。可是，你绝想不到，在他刚进入大学时，老师要求他作5分钟的演讲，他只讲了一半的时间，就无话可说，只好忍住泪水，黯然回到座位上。

这位年轻人并没有因为这样的失败而打击信心，他发誓一定要成为一位出色的演讲家。他经过多年努力实现了这个誓言，还被政府聘为经济顾问。他还写了很多本使人深受启发的书，这位受到世人敬佩的人就是克莱伦斯·B·兰道尔。在他那本《自由的信念》中，他说到演讲：“我的演讲日程安排得满满当当，我受邀出现在商业餐会、商务部、扶轮社、各种基金的募捐会、校友会等大小场合。我曾在密歇根州的埃斯科纳巴为第一次世界大战发表激昂的爱国演讲，我和米奇·朗尼一起去乡村作慈善演讲，也和哈佛大学的校长詹姆士·布兰特·克兰还有芝加哥大学校长罗伯·M·胡钦斯去乡村演讲，呼吁重视教育。我还曾在一次午餐后用生疏的法语演讲过。我深知面前的人们想要听到什么，也知道他们喜欢什么样的演讲方式。一个追求事业成功的人，只需用心学习，就可以掌握这并不复杂的谈话技巧。”

我赞同兰道尔先生的观点，一个人想要掌握高效的谈话技巧，决心的坚定与否，会直接影响到最终的成败。如果我看到你下决心的程度，了解你积极还是消极的心态，那我可以百分百准确的预言：你在学习中会获得多少进步，是否能够成功。

曾经有一位先生，在他第一次上课时，就自信满满地站起来，告诉大家他现在只是一名建筑商人，但他决心要成为“全美建筑协会”的发言人。他想走到全国各地去演说，告诉所有人自己在建筑业中的成败得失。这位乔·哈夫斯提先生是一位言出必行的人，也是老师最欢迎的学生。他对自己的决心充满激情，他全心全意地对待每一节课、每一次演讲练习，即使在他最忙碌的时候，他也依然把学习放在第一位。在这样狂热的劲头下，他飞速进步，两个月后，他因为成绩斐然而当选为班长，他自己也对此大为吃惊。

一年之后，曾经指导乔的教师说道：“有一天吃早餐时，我翻看《维吉尼导报》，上面醒目地刊登着我几乎已经忘记了的乔·哈夫斯提的大照片，报道称赞他前一晚在地区建筑商集会上的演说，现在的乔十足是个会长的模样，看上去可不仅仅是建筑协会的发言人呢。”想要成功，就要把你的决心贯彻到底，志在必得。

当年的恺撒大帝，带着罗马军团从高卢航海来到现今的英格兰，他把士兵们带到高高的悬崖上，然后一把火点燃了航船。士兵们目睹熊熊的火焰断绝了后退的可能，唯有一心前进，征服新的大陆。最后，士气高昂的罗马军团取得了胜利。

在你面对众人之时，请谨记恺撒的激励之策，把你每一点恐惧和怯懦都扔进熊熊大火里，在每一道思想的狭隘之处都紧紧关闭大门。

●利用一切机会勤做练习

我在125街青年基督教会的培训课程，早在一战之前就已经作了很大改变，每年都推陈出新，不断完善演讲理念。不过，在培训中有一个方式却从未改变过，一直延续至今。每位学员在整个培训过程中，至少起立面对大家演讲一次（通常是两次)。没有当众演讲过，又怎么能学会这样的演讲呢？这就像一个人根本不下水，那又怎么能学会游泳？你可以找来所有关于演讲的书通读一遍，也包括这本书，可你不依照要则进行练习，那么你还是一个闷嘴葫芦，在人前开不了口。

萧伯纳擅长演讲，常有人请教他如何把讲话变得生动、吸引人，他是这么回答的："就像学习溜冰一样，不要怕摔跤出丑，一直坚持下去。"萧伯纳年轻时，可算是伦敦最害羞的一个人，就连敲别人家的屋门，都要在外面转上20分钟，才能鼓起勇气。他回忆说："像我这样因为胆怯而懊恼，甚至觉得羞耻的人真是绝无仅有。"

他决定克服自己的怯懦胆小，于是加入了一个辩论会，每逢公开讨论的场合，他一定现身，积极发言。他还到处演讲，宣传自己支持的社会主义运动。就是用这样最直接、最见效的方法，他成功地把自己的缺点转化为优点，也成为20世纪最具自信的一位演讲家。

生活中，随时都有需要开口说话的时候，不要放过任何一个机会。你可以参加任何一种团体，自动担任需要说话的工作。遇到聚会，也不妨主动站起来说一说，哪怕只是一两句也好。在工作会议中，不要沉默不语，一旦有想法就要勇敢说出来。

看看你的周围，有哪一种活动，无论是商业、政治、社交还是邻里之间、社区活动，是不需要人说话交流的？说话，请你说话吧！鼓励自己寻找一切可说的机会，你会发现自己正一天天获得可喜的进步。

一位年轻的部门主管对我说："这些道理我都懂，可我还是害怕面对复杂艰难的学习过程。" 我回答说："哪有什么复杂艰难的学习过程？把你这种错误的想法抛到脑后去吧，你要用正确的思想看待这种学习。"

"什么是正确思想？"

"要敢于冒险。"我告诉他一些在某个时刻侃侃而谈获得极大成功的事例，人的性格也可从此变得更好。最后，他决意尝试一下这种冒险。

在你依照本书的要则进行实际练习时，就已经开始了这项冒险，你将会发现，自我约束力和观察力对你帮助很大，而且这项冒险最终将会从内到外的改变你。

第2节　增强自信心

想象你是听众的债权人，他们都请求你宽限两天。面对这样的听众，你何惧之有？

"卡耐基先生，我5年前就曾来到你举办研讨会的饭店。我站在门口，一想到走进去，我随后就要站到台上发表演讲，我迟疑再三，终于还是没有走进会场。要是那会儿，我就知道你能够让人克服面对众人的恐惧心理，我想我决不会迟疑，也不会整整晚了5年。"

此人并非和我闲聊往事，而是在纽约市的一次培训毕业会上，对着大约200人感慨万分。我很高兴听到他的这番话，这意味着他完全战胜了内心的恐惧，他说话时流露出的自信和神采令我相信，他此次所学一定增强了他处理事务的能力。同时，我也想到，若是他5年前甚至10年前就已踏进培训的课堂，此时的他不知已取得了多么大的成就，也一定会更加快乐和自信。

爱默生说："与世上任何事物相比较，唯有恐惧最令人惨败！"正因为深谙此理，我很高兴自己能帮助人们摆脱恐惧，1912 年的我尚未知晓，自己的培训课程可以帮助人们摆脱恐惧、重塑自信。后来，我才渐渐明白，练习当众说话，是一种自然提升人的勇气和自信的最佳方式，因为人们在不知不觉中，克服了自己的恐惧心理。

经过这么多年的培训，我已确立了一些方法，能在短时间内帮你克服恐惧，再经过几个星期的练习，增强自信。

●对演讲的恐惧心理

第一点：害怕在人前说话的并不止你一个。一份关于大学演讲课的调查指出：大约百分之八十至九十的学生在开始上课时，都惧怕上台演讲。我想在我的培训班里，这些成年人的恐惧指数大概要达到百分之百。

第二点：对上台演讲持有恐惧心理并非全无好处。面对不同的改变，人天生具有一定的应变能力。即使你的呼吸变得急促，心跳加快，那也无需紧张。这是你的身体调整到迎接挑战的生理状态。如果这个尺度把握得刚刚好，那你的思维就会比平时更灵敏，反应更快，语言更加流畅犀利。

第三点：我曾听到很多职业演讲家说，他们从未完全摆脱上台的恐惧感。每一次演讲之前，他们也会害怕，直到三五句话过后，才能消除这种感觉。作为职业演讲家，他们自嘲说自己就像冰冰凉的黄瓜，其实脸皮还要够厚。这也是他们必须比常人多付出的代价。

第四点：你不敢当众说话是因为你还没有习惯。罗宾逊教授所著《思想论》一书中说道："恐惧来自无知和陌生。"大部分人对当众演讲一无所知，因而心存恐惧。刚开始练习演讲，要比打网球或者学驾驶更加艰难，因为你要面对一系列未知的情形。要想改变这种境况，唯一要做的就是勤加练习，当你取得一次又一次成功经验时，你就能体会到当众说话是一种快乐享受。

著名演说家、心理学家艾伯特 · A · 威格恩的故事一直激励着我。他说自己在中学时代，每当想到要站起来演讲 5 分钟时，就控制不住地惊恐。

他写道："每当演讲的日子临近，我就觉得要大病一场。演讲是一件可怕而折磨人的事情，我脑袋充血，面部通红，只好跑到学校的后院，把潮热的脸贴在墙上降温。直到上大学，这种情形也没有好转。有一次，我预先背下了演讲词，可当我面对台下听众时，我的脑海里一片空白，晕晕乎乎地念出了唯一记得的一句话：'亚当斯和杰弗逊已离开人世。'然后木然地走下台去，校长上前说：'嗯，我们听到这个消息真是伤感，不过我们还是节哀吧！'随后爆发的掌声和哄笑声令我恨不能找个地缝钻进去。后来，我真就大病了一回。""我难以想象，在自己活着的时候，能够成为一个优秀的演讲家。"

他大学毕业一年后，正逢1896年的政治风潮，到处都在讨论"自由银币的铸造"。他读到一本讲述"自由银币人士"观点的书，他对于其中空泛无用的论述感到非常气愤，就典当了手表作路费，从丹佛赶回了故乡印第安纳州，并且主动请缨，为健全铸币制度作演讲。当他看到台下有不少昔日同窗时，大学里那尴尬的一幕又浮现在脑海，他不由自主地紧张起来，全然忘记了想要说什么。幸好，听众是宽容的，和他一起坚持下去。他鼓起勇气，继续演讲。他以为自己不过说了15分钟，后来才知道居然说了整整一个半小时。"之后几年，我做了自己当初不可置信的事情，我成为了一名职业演讲家。""我终于深刻体会到威廉·詹姆士所说成功的含义。"

艾伯特·A·威格恩从中体验到，克服面对大众恐惧的最佳方式，就是有一次成功的经历，并且将之牢记在心，作为自我鼓励。

恐惧是自然而然产生的情绪，每个上台演讲的人都可能遇到，你要有充分的思想准备，在适度的恐惧下，你的演讲会发挥得更加精彩。假如你的恐惧蔓延开来，超过了可控制的范围，令你紧张、迟钝、说话含糊不清、甚至嘴角抽搐，严重影响了你说话的效果，那也没什么关系，对于每位初学者而言，这都是难免的。只要你坚持练习，逐步减轻恐惧的程度，就会将其转化为一种动力，不再对你造成困惑和压力。

●预先做好准备

几年前，在一次扶轮社餐会上，主持人是一位官居显要的人物，我们都期待着他的演讲。但很明显，他事先并没有作任何准备，他站起来，打算即兴演讲，可是没说几句，就没了下文，于是他掏出几本笔记，试图找点什么话题，可是笔记也毫无条理，让他不知从何找起。一番慌乱之后，他的情绪更见紧张，言语之间也愈发模糊，他还在继续翻查笔记，并端起一杯水一饮而尽，以舒缓干燥的嘴唇。最后，他颓然坐回椅子上。因为他没有作任何准备，而让突如其来的恐惧完全淹没了，这是我见过最糟糕的演说之一。他所采取的方式就像卢梭形容写情书一样：开始不知所谓，结尾亦不知所谓。

从1912年开始，因为职业的关系，我每年至少要评定5000次演讲。就从这一次次的演讲里，我获取了一个极为有用的经验，远远超越以往获知的：只有做好先期的准备工作，演讲者才能充满信心。好比战士上战场，武器有毛病，也没带一颗子弹，那还打什么仗，更别说取得胜利了。林肯说过："我想，若我一时间无话可说，那种尴尬是无法用经验和年纪来遮掩的。"

不妨在演讲前花些时间做些准备，会令你更加自信，胸有成竹。使徒约翰说："完全的爱，会令你

忘却恐惧。”事先充分的准备也有同样的效果。丹尼尔·韦伯斯特认为：不加任何准备而站到听众面前，就如赤裸身体一般。

（1）无需通篇背诵

事先充分的准备并不意味着背诵演讲稿，许多演讲者一开始为了保证演讲时说得头头是道，就事先写好讲稿，然后通篇背诵下来。这种方式并不可取，不但浪费时间，也容易使演讲变得艰涩无趣。H·V·卡特伯恩是美国著名新闻评论家，他在哈佛上学时，曾经参加了一次演讲比赛。赛前，他选择了一篇名为《绅士们，陛下》的短文章，一字一句地把全文背了下来，还练习演讲了几百次。可到了正式比赛时，他一登上台，只说出：“绅士们，陛下……”就再也想不起来一个字了，脑子里完全空荡荡的。他眼前一黑，幸好还能保持镇定，干脆把那个故事用自己的语言讲述出来。最后，他惊讶地听见，自己居然获得了第一名。从那一天起，他再也没有背诵过一次讲稿，他在成功地从事广播行业时也是如此，只在纸上写一些摘要，然后对着听众娓娓道来。

每个人平时讲话都很自然，不会费心地琢磨，话语随着思想的流动而自然说出。如果在演讲前先写好讲稿，再反复背诵，浪费时间和精力不说，也很容易把演讲搞砸。

温斯顿·丘吉尔就曾为此吃过亏，那时他还年轻，一直是把演讲稿先写再背记。有一天，他在英国国会作演讲，正背着讲稿，突然忘记了下一句词，他重复了上一句，可脑子里还是像断了线的风筝一样。找不到讲稿，大感难为情的他脸色立马涨得通红，沉默地坐回到位置上。从那一天起，丘吉尔再没有背诵过讲稿。

即便是一个字一个字地背诵了很多遍，当你面对听众时，也难免会漏掉一些，就算你通篇一字不拉，那听起来也不会很自然，因为你是在背诵讲稿，未免语气有些僵硬。平日里，我们和人聊天，总是想到什么就说些什么，不会刻意地注意修辞、造句。为什么到了演讲的时候，不能这么做呢？

要是你还执意要写讲稿并背记，那就有可能落得和范斯·布希内一样的境地。

范斯是位列世界最大保险公司之一的衡平人寿的副总裁。在他刚加入衡平公司两个年头时，就因为业绩突出，而受到重视，因此那一年召开的“全美衡平人寿代表大会”，特意安排他作20分钟的演讲。范斯非常激动，认真地做着演讲准备，可惜的是，他采取了写好讲稿背诵的方式，对着镜子他练习了不下40次，就连语气停顿、手势和表情都精心排练好，直到他自己觉得非常满意为止。

终于站到了讲台上，突然之间，他被恐惧牢牢控制住了，只说了一句话：“我是这样计划……”，就想不起来别的了。惊慌的他不自禁地后退了两步，可是脑子里还是一片空白，他又后退了两步，如此三番。讲台有4英尺高，没有围栏，和后面墙距离5英尺，就在他第四次后退时，一脚踩空，便掉到了讲台和墙之间的空当里。这可真是衡平人寿闻所未闻的事情，听众们还以为是公司安排的娱乐节目，一下哄堂大笑，甚至有一个人笑得太厉害，从椅子上摔了下来。至今，衡平公司的老员工们还对此事念念不忘。

这件事的主角范斯·布希内却笑不出来，他曾亲口告诉我，那是他这辈子最丢脸的时刻。他实在没办法再面对公司同仁，就递交了辞职信，后来在上司的安抚和鼓励下，他重新树立了自信，并且变成了公司里最擅言辞的人。他从此再也没有背过演讲稿。

他的经历足以让你庆幸，并且引以为鉴。

有很多人背记讲稿，但是我亲眼看到，当他们一把抛开讲稿之后，演讲反而变得更生动、有趣。这样的演讲，或许会遗漏一两点东西，但是更加人性化，更具吸引力。

林肯喜欢听自由流畅的演讲，他说：“我无法欣赏一板一眼、乏味之极的演讲，我喜欢像在和蜜蜂搏斗一样的演讲者。”在你全心记挂着背诵讲稿的下一句时，你又怎能表现出激昂和动感呢？

（2）先将条理安排好

我所推崇的演讲方式并不复杂，首先根据你的经历和感悟，总结出一些经验，然后汇总由此得来的领悟和思索。确定你的主题，然后加以思想的延伸，条理清晰地罗列出来。很多年前，查尔斯·雷努·

勃朗博士在耶鲁大学做演讲时说过："将主题深思熟虑，直至立意饱满，面面俱到，然后把这些想法以短语记录下来……再依照你的条理，将这些片断写在纸上，这样整体大意明确而不纷杂，演讲时很容易就可以把它们串联起来，而不致遗漏。"只需用一点时间和精力，就可完成这样简单易行的方法。

（3）预讲是个好主意

演讲内容准备好了，这时，你应该预讲一次。最为行之有效的办法，就是在和同事朋友碰面时，把你打算演讲的主题表述出来。可以在进餐时，你装作无意地说起一个话题："乔，你知道吗？有一天我遇到了一件奇妙的事……"乔也许对你的故事很有兴趣，你要注意观察，看他有什么回应和感受，也许能带给你新的启发。虽然他并不知道你在练习演讲，但他可能觉得谈话很有意思。

著名的历史学家爱兰·尼文思曾经给作家们提出相似的建议："把你的构思给感兴趣的朋友详细说一说，能够帮助你拓宽思路，拾遗补漏。还能帮你决定用何种叙事方式最为适宜。"

●深信自己会成功

这一点同样至关重要。我列出了如下 3 种方法：

（1）坚信自己的选题

主题确定了，条理也理顺了，预讲也完成了，你是否认为自己完成了全部的准备工作？实际上，你还有工作要准备，要让自己坚信选题的意义，就像历史上那些大人物一样，用坚定不移的信念来激励自己。同时，为了让听众接受你的观点并对此深信，你还要将主题抽丝剥茧，寓意明确，令听众闻之有益，受教无穷。

（2）转移注意力

如果在演讲前，你就开始想象自己会犯某个错误或者说着说着卡壳了，这是很糟糕的做法，会令你的自信遭受打击。所以，在演讲之前，不要总是想着自己的演讲。转移一下注意力，听听别人在演讲些什么，会得到适度的放松，就不会过于恐惧了。

（3）为自己加油

除了对某事抱有必死决心的人，每一位演讲者都可能会对自己的演讲主题突然失去自信。他会自问：演讲主题并不合宜，听众或许对此毫无兴趣。越想越烦躁，干脆把主题临时更改了。当你被消极的思想紧紧缠绕时，要尽量保持冷静，发自内心地叮嘱自己：这个演讲主题非常适宜，而且它表达了你对生活的感悟和思考，会带给听众启迪。没有人会比你更适合这个主题，也没有人会比你讲得更棒。所以，你要集中精神，出色地完成这次演讲。

这是一个古老的法子，但仍然管用。现代的心理学家也有类似的论证：即便是你假装主动而产生的积极性，也能够有效地促进学习。这样说来，真实的自我鼓励更应该取得强大的动力。

●流露出充分的自信

威廉·詹姆士曾说："好像总是先有感觉，后有行为，事实并非如此，行为和感觉是同时并存的；行为受制于人的意志，而感觉并不受意志的直接控制，在控制人的行为的时候，也间接约束了感觉。当我们感觉不到快乐的时候，最好先在行为上快乐起来，说话，做事，都尽量表现出愉悦，除此之外，没有更好的找回快乐的法子。因此，当你恐惧时，就要表现出勇敢，让你的意志间接牵动你所有的勇气，很快你就会忘却恐惧，倾尽全力达到目标。"

请你这样去做：当面对众人感到恐惧时，尽量表现出你的勇敢和自信，如果你确实已经做好了演讲的前期准备，那么深呼吸，向前迈一步。

每次演讲之前，你都应该先做深呼吸，30 秒钟左右，这样可以增加氧气，令你神清气爽。著名男高音约翰·德·雷斯基曾说，让气充

盈你的肺腑，感觉被气托起，紧张的情绪就会消失无踪。

挺胸抬头，目光炯炯有神，直视你的听众们，充满自信地开始说吧！想象听众们都欠你的钱，他们求你宽限几天，你是神气的债主，不必惧怕他们。这样的假设，准会令你勇气大增。

或许你还对这个方法将信将疑，如果可以和我培训过的任何一位学员交流，几分钟后你就会打消顾虑。或者一位美国人的切身经历会让你对此深信不疑。

他曾经非常胆小，但在不断地自我肯定之后，他变成了勇气的象征。你一定听说过他的大名——西奥多·罗斯福——勇敢无畏、握着手杖的美国总统。

他在自传里写道："因为身体的病痛而显得笨拙，年轻的时候，毫无自信和勇气。因此我努力勤奋地锻炼自己，让自己的体魄、精神都变得更加茁壮。"他提到自己身心产生巨大变化的缘由："马利埃特的一段话对我影响至深，始终牢记在心。大意是说：一位英国军舰的舰长，告诉一个年轻人怎样才能勇敢无畏。在每个人开始行动时，总会有所担心，这时就要努力控制自己的情绪，让自己显得无可畏惧，一直坚持这样做，就真的不再害怕。当你完全掌控了这种精神，就会将自己塑造成真正的勇者。"他说："我就是按照这个方法来训练我自己。开始我惧怕熊、野马、枪手等许多事物，我尽量让自己勇敢面对，不流露出胆怯。没用多久，我就真的一点也不害怕了。任何人都可以像我这样去做。"

克服恐惧，不仅使你勇敢面对众人说话，更重要的是改变了你的思想和个性，也由此改变了你的人生，使之更加美好、幸福。

一位推销员说："经过在培训课上起立发言，我觉得自己不畏惧任何人。一天，我找到一位潜在顾客，他看上去很厉害，我抢在他拒绝我之前，把产品目录放到他面前。最后，我和他愉快地谈成了一笔大额交易。"

有一家庭主妇述说自己的感受："以前，我害怕自己招待不周，就不敢请邻居来家里做客。上了几节课后，我办了一次家庭聚会，结果非常成功。我和每个客人热情地交谈，他们感觉很舒服，就像在自己家里一样。"

一位营业员在毕业典礼上说："看到顾客我就紧张，他们也觉得我有些怪异。参加了培训之后，我变得自信镇定，也知道怎么和顾客打交道了。仅仅一个月的时间，我的销售额便增长了百分之四十五。"

他们都领悟到，自己可以轻松地完成以前认为非常困难的事情，而且恐惧逐步减少，自信逐渐增强。从敢于当众讲话开始，你的自信心会帮助你勇敢地面对任何挑战和困境。每一天都是新的开始，你都要充满自信去迎接。

第3节　高效谈话的要则

重要的是，让自己的话语充满热情和真诚。若是你连自己的话都毫不相信，别人又怎能相信你说的？

有位朋友推荐我看下午的一档电视节目，他说虽然这节目的观众群是家庭妇女，但是其中的谈话部分我一定会很感兴趣。我准时收看了几次，主持人邀请观众参与的方式和他们的对话引起了我的关注。这些观众都是普通人，很明显没有受过任何语言方面的训练，甚至还念错字，可是他们并不畏惧镜头，而且说话很有趣，能够吸引其他观众。

我深知这其中的奥妙，因为在我的培训班里，同样的奥妙之处已经存在了许多年。这些寻常人家的男女老少，之所以能吸引观众们的注意，因为他们谈的是自己的切身经历：最幸福的一刻、最尴尬的事情、何时何地遇到自己的亲密爱人。他们专注地用自己的语言述说着，完全不去顾虑什么文法修辞，也压根没想过什么开始、论据、结论。这么自然的真情流露，观众怎能不被吸引呢？

当你想要学习当众说话的技巧时，请记住以下 3 条要则：

●从切身体会谈起

人们在电视节目中述说自己亲身的经历和体验，完全没有脱离实际，才使得那档节目大受欢迎。

我曾经在芝加哥希尔顿大饭店举办培训聚会，有一位学员站起来就说：“自由、平等、博爱，都是人类最伟大崇高的追求。失去自由，生命便毫无价值，要是你的人生处处受到限制，那样的生存有何意义？”他的指导老师这时示意他停止，并问他这么说的依据是什么？是否曾经有过亲身的经历和所见所闻？这位学员述说了他自己的故事。他来自当时仍被纳粹控制的法国，历经多年地下斗争。他生动地讲述了生活在纳粹阴影下的耻辱，以及他和家人如何历经千难万险，才逃出法国，辗转抵达美国。他最后说道：“今天，我自由地走上大街，走进这家饭店。我和一位警察擦肩而过，但我无需担心，也无需出示身份证。等到聚会结束后，我依然可以自由地前往芝加哥的每个地方。我只想说，一定要为争取自由奋斗到底。”他话音刚落，人们全都站起来为他鼓掌欢呼。

（1）述说生命感悟

人们通常会被述说自己生命感悟的演讲者深深吸引。可是有很多演讲者不愿意这么做，他们觉得个人体会过于狭隘细微。他们更喜欢就天文地理甚至哲学理论来一番探究讲解，可这样的演讲不为大众所喜闻乐见。我们想要听有趣的故事，他们却只说些大道理，当然，我们并不抗拒大道理，只是那些道理完全可以在报纸杂志上读到。请你讲述生命的感悟吧，我很乐于和大家一起倾听。

爱默生就是一位善于倾听的学者，他认为可以从任何人身上学到有用的东西，无论这个人是贫贱还是富贵。很少有人会比我听过的谈话更多，只要谈话者是在述说自己生命的感悟，即便是极为琐碎微小的感受，我都会耐心听完，甘之如饴。

几年前，我的协会曾为纽约市立银行的高层人员开办了培训课。他们个个公务繁忙，很难全身心投入课程，也不能做好充分的准备和练习。他们一直站在自己的角度去观察、考虑问题，凭借自己多年的经验行事。自身的观念已经牢牢扎根。他们已经积累了四十几年的生活阅历可作谈资，可惜的是，很多人并没有意识到这一点。

杰斐逊先生来参加星期五的课程之前，买了一份《富贝杂志》。他坐在车上仔细阅读一篇名为《10年成功秘诀》的文章，他打算在课堂规定的个人演讲时间里，讲讲这篇文章。

当轮到他时，他站起来，开始大谈文章内容。可是，很明显，他还只是停留在阅读的层面，还未来得及思考，说出自己的感受。他的神情和语气有些茫然，更多的是在复述文章的内容，不断地提到作者的观点。这样的演讲毫无内涵，听众满耳都是《富贝杂志》上是如何、如何说的，属于杰斐逊自己的感悟却一点没听到。

指导老师问道："杰斐逊先生，我们对那篇文章的作者毫无兴趣，我们只想听面前的你说出自己的想法。请你下周还用这个主题演讲，希望你在读文章的时候，思考一下，自己是否赞同文章的观点。不论是与否，都请你用自己的观点来告诉我们，我们希望在下次演讲中听到杰斐逊先生你自己。"

杰斐逊先生重新读了这篇文章，发觉自己并不赞同里面的观点，他以自己的行业经历来例证自己的观点，并深入思考提出疑问。他第二次做的演讲，再没了复述的痕迹，每一个论点都出自他的感悟。他给我们展示的是他生命中的宝藏，是他多年经验的精华。这两场截然不同的演讲，学员们更欣赏那一场呢？答案应该非常明了。

（2）从自身找主题

曾有人在我的老师中作过一个小调查，关于教导初学者的首要问题。调查结果说明，老师们认为最重要的是：教导初学者找到切合自己的主题。

切合自己的主题，通常来源于你的生活，对你有所启示，引发你的思考，这应该就是最合适你的。静下心回忆往昔，挑选曾经给你留下深刻记忆的事情。

我们以前就做过能够吸引听众的相关调查，得出结论是听众最喜爱极具个人色彩的主题。

①成长的经历——个人特定的家庭背景、童年回忆、学习生活，这些相关主题，较引人注意。人们都对别人成长中的遭遇和成败故事很感兴趣。

在演讲里，尽可能地加入自己成长中发生的事例。大多经典的电影、电视、戏剧故事，都取材于人们克服艰难困阻的真实事件。同样你可以把受人们欢迎的事例运用在演讲当中。或许你会问，什么样的童年旧事会引起人们的兴致呢？很简单，哪一件事情虽历经多年，还令你印象深刻，就如昨日发生的一样，那这件事也一定会令听众大感兴趣。

②年轻时奋斗的故事——这是最具个人特色的经历。你可以讲述年轻时开创事业的遭遇，听众很喜欢这个。讲述你为何选择了你从事的工作，又是经历了怎样的曲折才取得成功的？如果你用诚挚的语言，告诉听众你的梦想和追求、你为此付出的努力和拼搏，以及一步步的事业之路。这样鲜活的人生主题，丰富内涵的演讲，怎么会有听众不喜欢呢？

③爱好和消遣——个人喜好不同，选择的主题当然各不相同。讲述自己发自内心喜爱的事物，通常会很吸引人呢，因为你对此的热情超越别的事物，这一点也会通过你的演讲传递给听众，令他们感同身受。

④专业技能——当你在某个行业工作多年，应该可以算是专业人士。最容易的演讲莫过于把自己多年的从业经验和专业知识解析给听众，在受到关注的同时，他们也会对你肃然起敬。

⑤与众不同——人的一生，总会经历些特殊事件。和某位伟人见过面，曾参加过哪次大战，精神遭受过重创，类似不寻常的经历都可作为谈资。

⑥所坚持的信念——若你很关注世界形势、社会变化，并且花费一定时间去研究过，在演讲中，你也可以谈论这些重大问题，但是切记，听众不想听那些上纲上线的大道理，也不想听报刊上面的陈词滥调。他们希望听到你从自身角度阐述的信念和观点。要是你的看法和听众们相差无几，就无需多说。如是你对某个问题研究多年，极有心得，那就但说无妨。

前面已经说过，演讲并不是写写讲稿一背了之，也不是从报刊上摘取大意。演讲的精髓就在你的内心和生命体验里，你只需精心发掘，就能信手拈来。正是因为带有鲜明的个人色彩，是独立的个体事例，才更令人感动和震撼，会比很多职业演讲家的演讲更具吸引力。

当你讲述自己最为熟悉的事情时，你的热情和专注才会达到顶点。为了更快掌握高效说话的技巧，下面是第二条要则：

●热衷于自己的主题

我们对很多事物都可以谈一谈，但你并不会对每一件事都充满热忱。我一贯提倡“凡事自己动手”，关于洗盘子，我也有足够的资格谈论一番，实际上，我不但不想谈它，甚至连想都不愿意想。然而，我确实听到有的家庭主妇——也就是她们可以把这件事讲述得精彩极了。也许她们痛恨永远洗不完的盘子，也许她们从中找到了新的方法和乐趣。总之，她们一提到这个话题，就变得精神十足，说起来没完。

请你考虑一个问题，你选定的主题，是否适合现场谈论？要是有

人当场辩驳你的说法，你能充满自信地与之辩论吗？你的回答若是肯定的，那恭喜你，你选对了主题。

1926年，我列席了国际联盟第七次代表大会，并对会议情况作了笔记。前不久，我翻阅这些笔记，看到这样一段话："一连三四位演讲者都是拿着讲稿沉闷地宣读，当加拿大乔治·富斯特爵士上台时，我非常高兴地看到他是空着手的。他用很多手势配合自己的演讲，他热切专注地表达自己内心的想法，极力将自己的感受传递给在场的每一个人。他演讲的主题明确清晰，就好像窗外的日内瓦湖那般清澈透亮。这是一次完美的演讲，涵括了我所有提倡的演讲要则。"乔治爵士的热诚令我久久难以忘怀，只有完全热衷于此的人，才能够达到这样的真诚和全心投入。

美国最有影响力的演说家——弗中·J·辛主教年轻时就对此深有领悟。在《不虚此生》中他写道："我被选中参加学院的辩论队，就在辩论赛的前一晚，带队老师把我叫到办公室单独教训了一番：'你太差劲！你是学院有史以来最糟糕的演讲者。'我愤愤不平地说：'既然我这么糟糕，你为什么选我加入辩论队？'他回答说：'因为你懂得思考，只是不善表达。站到那个角落去，选一段讲稿讲给我听。'我把一段讲稿反复讲说了一个小时，他问我：'找出自己的问题了吗？'我摇头，于是被命令继续讲那段稿子，一个小时，两个小时。两个半小时后，我已累得没有说话的力气了，他又问我：'现在你明白了吗？'幸好，我的脑袋不算迟钝，我突然醒悟过来：'我知道了，是我没有全心全意地演讲。'老师这才笑了：'现在，你可以真正地演讲了。'那是辛主教永远不会忘记的一刻，从此他把热情投入到自己每一次的演讲当中。

常有学员说："我的生活单调无趣，做什么事情都没劲。"指导老师会问他怎样打发业余时间，有的人看电影，有的人做园艺，还有的人去打保龄球。有一位喜欢收集火柴贴画，老师针对他的喜好，又问了一些问题。他的眼神渐渐变得明亮，很骄傲地说世界各地的火柴贴画自己都有。老师提议说："这多有意思，不如你给我们大家具体讲一讲吧。"他很吃惊，没想到别人会对此感兴趣，他并不富裕，也只有这一个狂热的爱好，但他并没意识到这是多么好的话题。

老师告诉他，一个演讲主题是否有趣，最重要的在于演讲者对此有多大的兴趣。他兴高采烈地大谈自己的收藏，后来还在许多午餐会上演讲关于火柴贴画的收藏，渊博的专业知识为他赢得了人们的尊敬。

●引发听众的共鸣

演讲者、演讲内容、听众，三者皆备，才构成一场完整的演讲。前边两条要则，都是针对演讲者和演讲内容而设。现在才真正进入演讲的环节，只有演讲者在听众面前开始演讲，这才是正式而关键的时刻。

你做好了前期准备，也调整了自己的热诚，自信要取得演讲的成功，那么切不可忘记第三条要则，你要让听众感到你的演讲对他们很重要，要让听众热血沸腾。著名的演讲家都很擅长这一招，听众想要得到什么，他就给予什么。他让听众认同自己的感受，一起感受快乐，一起体会忧伤，因为他明白，听众才是决定演讲成败的最后判决者。

我曾经为美国银行学会纽约分会开办过培训班，其中一位学员在沟通方面特别

困难。我首先要做的就是帮助他点燃演讲的激情。我请他在旁边三思自己的演讲主题，一定要激发出热情来。并告诉他，根据“遗嘱公证法庭”的记录，百分之八十五的人死后不曾留下一分钱，只有百分之三点三的人留下了1万元以上的遗产。他应该记住，自己并不是靠别人施舍而活，要时刻提醒自己：“人们需要我的帮助，才能学会更妥当的安排财产收入，为他们自己的晚年和家人提供衣食无忧的保障，我的工作服务于社会，对人们有很大作用。”他经过一番苦苦思量，终于意识到自己的责任，激发了内心深处的热情。他踏上了演讲之路，满载强烈信念和热诚的词语打动了许多人，人们认可并接受了他所信奉的理念。从此，他成为了一名传播经济概念的优秀“传教士”。

在我初期的教学中，曾经奉教科书中的条条框框为至尊，严格执行。但后来，我逐渐突破了那些教条，不再重复那些过时而错误的东西。

我的第一堂演讲课是我至今不能忘记的。老师教我，将手臂垂放在体侧，手心向后，手指微微弯曲，大拇指靠在腿上。手臂举起时，要注意角度，并将手腕轻轻转动，再优雅地将食指、中指、小指依次伸展，之后，再按照刚才举起的弧度将手臂返回到身侧。整个动作扭捏造作，感受不到一点热情和诚意。

老师传授的演讲方式，全然不顾我的个性，也不允许我像个正常人那样和听众自然的交流。你可以将这种方式和我说的3条要则对照。这3条要则是学习高效谈话技巧的基础所在，在第二章里，我将详细地一一解说。

第二章 演讲、演讲者、听众

第1节 怎样做好演讲准备

按照正确的方式做准备工作，每个人都可能做最精彩的演讲。如果准备不当，年龄和经验并不能使人避免失败。

做好演讲准备，并不是把一些华丽的词句堆砌在一起，也不是把一些散乱的思绪串联起来。真正的准备工作是将你的所思所想、你热忱的信念贯穿在一起。这些信念每天都影响着你，甚至在你的梦中翩然而至。你生活的阅历和对生命的感悟，就如同海滩上的石子静静等待你挑选拾起，然后用思想将它们一一打磨修整，塑造成你满意的模样。这绝非什么困难的事情，你只需用点儿心思即可完成。

我要介绍几个方法给你，可以帮助你准备讲演的资料。只要你完全照此办理，那你的演讲一定会大获成功。

●内容切忌空洞

在纽约某届培训班里，有一位现今是大学教授的哲学博士，还有一位年轻时在海军服役，个性鲁直的小商贩。照你看来，哪一位的演讲更能吸引听众呢？是大学教授吗？事实并非如此，在培训期间，人们对那位小商贩的演讲更为感兴趣。

大学教授演讲时，风度翩翩，用词考究，条理清晰。可他却恰恰忽略了基本的东西：内容过于空泛。你找不到他演讲中的任何实例，只有一堆堆的理论。小商贩的演讲却截然不同，他直奔主题，简洁扼要，举出具体的事例来作论证；他举手投足之间无拘无束，配合清新的语言，显得活泼生动，自然就抓住了听众的心。

我讲这个例子，并不是要比较大学教授和小商贩之间的差别，而是想让你明白，不论你的教育程度如何，只要你的演讲自然而充实，这

才是吸引听众的重点所在。希望你能将此铭记在心，永不忘却。下面我举出几个小例子帮你加深记忆。

比如：说到马丁·路德小时候，我们可以说他“调皮而倔强”，但这样的用词并不能引起人们的注意。如果换一种方式，我们说他常被老师打手心，甚至“一上午要打十五六次”，这样具体的数字一下就钻进了人们的耳朵里，效果会更好。

亚里士多德曾明确指出，那些意思含糊的词语是“怯懦者的躲藏之地”，这些词语以往多应用在传统的传记中，现代传记早已摒弃了这种写法。例如，传统写法是：约翰·图伊的父母“贫苦而诚实”；现代写法是：约翰·图伊的父亲没钱买鞋套，每逢下雨下雪，他只能用破麻布包裹鞋子，以确保双脚干燥。虽然他一贫如洗，但他从未在牛奶中兑水，也从没把病马冒充好马糊弄买主。这样的说法，既表明了“贫苦而诚实”，又形象生动。

这种方法不仅适用于现代传记的创作，也对演讲家准备演讲大有帮助。

●限定范围

在你确定了演讲主题后，首先要划出演讲的范围，并且遵照这个范围去做准备，切不可漫无边界。我有一个极端的例子，有位年轻人只有两分钟演讲时间，主题却定为《公元前500年雅典到朝鲜的战争史》，这么庞大的范围毫不实用，两分钟时间还不够他介绍雅典城呢。他妄图在一场演讲中涵盖广泛的领域，毫无疑问必然失败。

有许多演讲，不能吸引听众的注意力，原因都在于此。听众的思想在短时间内，往往比较集中，只能倾注于一点或几点上，不可能对一大堆东西全面关注。要是你的演讲像是世界年鉴的报告，即便再真实，听众也无法保持注意力。举例来说，像《黄石公园》这样看似简单的题目，大多数人都想要面面俱到，不遗漏任何一个景点。听众就像走马灯一样被带着旋转，忽而东，忽而西，最后什么都没记住，反而搞得脑袋昏昏。聪明的演讲者会挑选公园中一处特殊的景物，或是动物或是温泉，详尽地描述和形容，将公园鲜活地展示给听众。

这个法则适用于任何演讲，不论是关于销售、制作糕点、纳税制度还是原子导弹，都必须限定一个范围，以符合自己演讲的时间。

如果是较短的5分钟之内的演讲，大致分成一到两点即可。时间稍长，大约30分钟的演讲中，也不能超过4到5个要点，不然就很容易把演讲弄得散漫无趣。

●多做积累，有备无患

只触及问题表面的演讲要比阐述问题深层意义的演讲容易得多，但同时也只能给听众留下浅显的印象，甚至没有印象。在主题和范围都界定后，你要多问自己一些问题，促进自己的思考，让准备工作更充分完全，让自己在演讲中更有把握。为什么我要这么说？这是我亲眼所见还是从经验得来？我想要说明什么问题？这件事情的来龙去脉究竟是怎样的？

解答这些问题，将使你加深对主题的了解，充满自信。也会使听众无形中受到感染，印象更加深刻。植物学家路德·波潘克被人视为怪异，他为得到一两种高级的品种，居然培育了百万种的新品。演讲就应该这样，你可以依照主题作出百种设想，可最终你只能选用一种。

《内涵》的作者约翰·甘德表示，自己在写书或演讲之前，“搜集的相关资料总是十倍甚至百倍于我所实际需要的。”

1956年，他准备写关于精神病院的系列文章。他拜访了全国各地的精神病院，分别和院长、工作人员及患者谈话。我有位朋友帮助他进行这项研究，这位朋友告诉我，他们一起跑遍了大小医院，从这栋楼到那栋楼，从楼上到楼下，不知走了多少路。甘德先生不知记满了多少本笔记，在他的办公室里，从天花板到地面，堆满了政府、州、县医务报告、医院的文件和各类统计报表。“他后来一共写了4篇文章，

篇幅都不长，简明生动。很适合拿来演讲。虽然完成的只是轻轻薄薄的几页纸，但他为此积累的资料和笔记却不止20磅重。”

甘德先生对此很有心得，他知道自己是在挖掘一座埋着黄金的矿山，他不会放过任何一块矿石，最后将珍贵的金子筛选出来。

我有位朋友是外科大夫，他曾这样说：“我只需10分钟就能让你学会割盲肠，可是想让你明白一旦出了问题要怎样弥补，这至少要用去4年的时间。”

演讲的道理也与此相似，必须要做完整的准备，以备急需。也许你和前一位演讲者侧重点大同小异，你不得不临时改变。或者要在演讲结束后，回答听众的突发提问。

在第一时间，选定主题。这样会有充足的时间为此准备。每天你都可以有一些空闲时间，用来研究演讲内容，不断完善，提取思想的精华部分。在你开车回家、等车或是坐地铁的时候，不妨多想一想自己的演讲，也许随时都有新的灵感迸发。不要拖拖拉拉，直到演讲的前几天才定下主题，那你就失去了最好的准备时机。

知名演讲家诺曼·汤玛士即使遭到和他不同政治阵营的听众的大力反驳，他也能控制好他们的情绪，令他们尊敬自己。他说：“如果你看重一次演讲，你就会无时无刻地揣摩演讲的主题。当你行走时、阅读报刊时、上床睡觉或是睡醒的时候，你都这样做，很快你就会发现有无数有用的例子和妙语都自发地涌上你的心头。不费心思的准备只会带给人们毫无新意的演讲。”

你在思索过程中，总想把演讲顺序罗列出来，一一写下来，请千万不要这样做，因为一定你确定了一个框框，可能就会局

限于此，不再进一步的思考。而且，你也可能无意中开始背诵讲稿。马克·吐温评价这样的演讲稿说："这样的文字僵硬没有生机，它是文学的作品，并不是为真正的演讲而准备。背诵它，就无法让口齿灵活地传达讯息。演讲并不是严肃的说教，应该用流畅自然的语言来吸引听众，如果只是照本宣科，那所有的听众估计都会烦闷不已。"

天才的发明家查尔斯·F·吉特林对通用公司贡献极大，同时他也是一位极负盛名的演讲家。曾经有人问他是否会把演讲内容事先写下来时，他回答说："我要讲的内容非常重要，无法写在纸上。听众会用心记下我的每一句话。我演讲中涵括的情感和思想，是绝非一张纸就可以承载的。"

●用事实证明你的观点

鲁托夫·福列区在《完美的写作艺术》里写道："故事才最具可读性。"他指出在发行量最大的《时代周刊》和《读者文摘》里，几乎每一篇文章都是叙事文体，其余便是短小精悍的奇闻轶事。就如同杂志发篇文章一样，故事在演讲中不可或缺，是吸引听众注意力的法宝之一。

有成千上万的民众从广播或者电视里收听诺曼·W·皮尔的传道。他说自己爱在演讲中用事例来支持自己的观点。他在接受《演讲杂志》的采访时说道："我认为最好的演讲，就是切实地运用真实的故事。它可以鲜明有趣地证实你的观点，我一般会针对一个概念举出好几个事例来证明。这也会让演讲更具感染力。"

多读几本我的书，你也会发觉这也是我写书的特点，用大量有趣的事情来论证我的理念。《人性的弱点》中的要则单列出来，不过能写满一页半纸，大部分都是故事和论证，形象地指导人们应该怎样学习掌握这些要则。

怎样才能巧妙地使用事例来作论证呢？要遵守 5 个要点：充满人性、实名制、明确细节、戏剧效果、具有可视性。

(1) 人性化的演讲

一味地谈论理念问题，必然引不起人们长久的兴趣，但当你把侧重点放到人的身上时，感觉就大不一样了。每一天，在全国各地，餐

桌上、沙发旁或者后院的围墙边，都在进行着几百万次的谈话，绝大多数的话题都围绕着人而产生。某夫人又做了什么事，女邻居又去了某处，他又小赚了一笔钱财。诸如此类，不胜枚举。

我在美国和加拿大都对孩子们作过演讲，我从中收获了一条经验，要想让孩子对你说的话感兴趣，你必须说些小故事。每当我讲到一些理论知识，孩子们的注意力立马溜号了，姜尼在座位上不耐烦地晃来晃去，汤姆冲一旁的伙伴做鬼脸，比利把手里的东西扔向别人。

有一次，我给一些美国商人上课，要求他们以“成功之路”为题作演讲。这些人的演讲方式几乎如出一辙，先是洋洋洒洒地列出一堆道理，然后大谈梦想、勤奋和努力的意义。

我打断了演讲，对他们说：“人们最喜欢听一些真实有趣的故事，没有人喜欢枯燥的传教。我希望你们能做到愉快地演讲，同时也让我听着有趣。请你们用简练生动的语言，对我讲讲你认识的人的真实故事，或许你可以告诉我为什么一个人成功了，另外一个人却一事无成。我对此十分感兴趣，还可能由此事吸取经验教训。”

有一位学员，他一直认为要激发自己或他人的兴趣简直难于上青天。听完我的话，他却突然受到了启发，于是主动讲述了两位大学同学的故事：一位精打细算，在不同的服装店买衣服，然后画出图表，作出衣物磨损的统计，以确定哪里卖的衣物比较禁穿，他把每一分钱的投入都算得清清楚楚。自命不凡的他从大学工科毕业后，不愿意像别的同学那样从基层做起，总是在等待更好的机会向他招手。到了毕业三周年聚会时，他还在制作他的衣物磨损表。现在，已经过了25年，一直身为小职员的他还没等来他所谓的好机遇，因此常怀郁闷愤恨之

心。另外一个同学与之刚好相反，他性格开朗，和所有人都能友好相处。他对自己的事业有着宏伟的目标，却不介意从小事做起，一毕业他就做了绘图员，留意一切适合的机会。当他得知纽约世博会开始筹办时，立即辞去了工作前往纽约，他找到了合作伙伴一起经营建筑工程，并且接下了电话公司的多笔业务，后来他因为表现出色被世博会高薪聘用。如今他的成就已超过了昔日定下的目标。

这位学员绘声绘色地讲述着，不时说到某件小事或细节，他的演讲饱满而生动。当他发现自己从头至尾讲了10分钟时，不禁大吃一惊，要知道他平日里连3分钟都很难说到。而且，听众们热烈鼓掌，希望他能再多说一些。他这才真正体会到演讲的快乐。

从这位学员身上，你可以看出，即使是普通的演讲，只要你配合人性化的小故事，都可以使之变得精彩，甚至回味无穷。吸引听众的最佳演讲方式，就是用翔实的事例来例证你的观点。

你所选择的故事，最好是说主人公如何奋斗，终于达成自己的梦想或目标。人们总是偏爱这一类的题材，不要相信俗话说的“人人爱看有情人”。其实，斗争的场面，尤其为了得到一位女性，男人们你争我斗的故事最受人们欢迎。你随便翻看报纸杂志上大小故事，也可以随时走进电影院看看正在放映的影片，当男主角排除一切障碍，终于抱得美人归时，几乎每位观众都开始收拾自己的东西准备离开了。而清洁大妈5分钟后就会出现，唠唠叨叨地打扫已经空荡荡的电影院。

这样的模式几乎可以套用在任何一篇你能看到的小说，大部分作者笔下的男、女主人公都具有特殊的个性，为了完成一个似乎不可能的梦想，用尽一切办法，最后终于得偿所愿。读者们为他们追求路上的

崎岖艰难而感动，也为他们最后终于获得成功而欣喜鼓舞。

只要是讲述一个人在逆境中苦苦挣扎，最终获得胜利的故事，就总能够扣人心弦，引发人们的兴致。一位杂志编辑告诉过我，人人都曾在生活里经历艰难时刻，这种真实而颇具个人色彩的经历一旦用自然的语言表述出来，无疑都是非常有趣的。

你自己的亲身体会就是你演讲题材的取之不尽的资源，勇敢地谈论自己的人生经验、生活感悟，只要你坦诚、真实地讲述自己，听众就会被你的演讲吸引。这可是牢牢抓住听众注意力的有力工具哦。

（2）实名制

你故事中的人物，要冠以详实的姓名，当然这里所谓的实名制，并不是要求你一定用他们的真名，你完全可以用化名。如果你不是说“那位先生”、“一位先生”，而是说“史密斯先生”或“布朗先生”这样的常用名，那会让听众觉得演讲更真实可信。鲁托夫·福列区曾说：“主要人物若都没有名字，即使故事再真实也只会让人觉得虚假。”给你故事里的人物起个名字吧，那样你的演讲也会更具魅力。

（3）明确演讲细节

你也许会问，怎样才算是明确了演讲细节呢？你可以运用新闻记者采写新闻时的“五问”的方式：时间？地点？人物？事件？缘由？你的故事立刻变得丰满有趣。

《读者文摘》上曾登载过关于我的一件趣事：大学毕业后的两年，我作为铁甲公司的销售员，一直在纳达科他州各地做业务。有一天，我从莱德菲尔转车，火车是两个小时以后的，而且此地不是我负责的区域，我无事可做。我想起自己不久以后就要到“美国戏剧艺术学院”进修，就利用这段空闲时间练习说话。我一边在火车站附近漫步，一边念诵莎翁名剧《麦克白》中的一段台词。我扬起双臂，充满激情地呼喊：“是一把匕首出现在我面前吗？让我握住你的手柄。来吧！虽然我抓不到，但我还是看到了你！”

正当我陶醉其中时，突然被4名警察按倒在地，并质问我为什么恐吓女性。要是他们指控我打劫火车，我想我可能不会如此惊讶。原来，在我对面100码左右的地方，是一户人家的厨房，女主人一直在窗帘后面观察我，觉得我的行为怪异，就报了警。警察来时，恰好听到我在激动地嚷嚷匕首。

他们不相信我在排练莎士比亚，幸亏我随身带着公司的订货单，可以证明我是一个有正当职业的人，警察才放开了我。

这个故事虽小，却对“五问”方式的每一个问题，都作了简明完整的回答。你也要注意，不要让过多的细节充斥你的演讲，那会比没有细节更加糟糕，没有人喜欢琐碎漫长的细节描述，如果出现这样的情形，听众就会漫不经心，你的演讲也就难以成功。

(4）戏剧化的语言效果

当你举例说明自己如何巧妙地化解了一位客户的不满时，你可能会这样讲：“几天前，有个客户气哼哼地来到我的办公室，指责说我们上周送到他家的电器不好用。我安抚说一定会妥善解决这个问题，他对我的态度很满意，逐渐平息了怒火。”你确实讲述了一个完整的小故事，可你却忽略了人物的姓名、细节的发展，最大的缺陷是没有任何鲜活的对话，让你的讲述立体生动起来。

你不妨这样说：“就在上周二，我正在办公室里忙乎，突然砰的一声，门被推开了，一脸怒气的查尔斯·拜列克出现在我面前。他是我的老客户了，我正想请他坐下，只听他大吼道：‘埃德，你马上找辆货车，把那台破洗衣机从我的地下室里拉走。这是你为我做的最后一件事！’我问究竟发生了什么事，他又急又气，几乎语无伦次：‘它把衣服都绞到了一起，我妻子气得直骂我，说这是个没用的玩意。’我请他先坐下，他大叫大嚷道：‘我上班要迟到了，哪有闲工夫坐下。我以后再也不来你这里买东西了，决不！’他激动地握起拳头敲打桌子，甚至还碰倒了桌上我妻子的照片。

“我对他说：‘查尔斯，请相信我，你要我做的事我一定会做的。请你坐下，把事情详细地告诉我。’他终于坐了下来。等他心平气和之后，我了解到了事情的来龙去脉。”

当然，不是每一次演讲都需要加进对话的部分，但通过上面的例

子，你可以感觉到对话令演讲带有戏剧化的效果。如果你擅长模仿，能将不同人物的对话个性化，效果就会更好。源自真实的对话情节，会更贴近听众的生活，容易产生共鸣。就好像你在面对面的拉家常，而不是高高在上的演讲或是在课堂里传授学业。

（5）让演讲内容具有可视性

心理学研究指出，人们至少百分之八十五的知识是来自视觉印象。这正是电视被当做新闻和广告最大载体的主要原因。

演讲，不仅是一种听觉享受，也同样是一种视觉享受。当你在演讲中加入细节时，不要忽略用动作来带动视觉。人们或许无法接受你一连几个小时描述打高尔夫球，但当你挥动手臂示范怎样击球时，人们的眼球被你吸引，自然就会耐心倾听了。若你用身体的晃动来表示飞机颠簸的危机状况，那人们也会急切地想了解你如何在生死关头奋力挣扎。

我曾听过一场工业界人士的演讲，这次演讲的最突出之处就是将内容视觉化。演讲者模仿专家和视察官员在巡视工厂时的表情和举止，连他们无意中的小细节都夸张地表现出来，这些滑稽的动作并不会有损他们的颜面，却令演讲引人入胜、热闹轻松。这场典型的视觉演讲令我终生难忘，听众们一定也会常常想起，再次露出会心的笑容。

英国历史学家麦克莱曾深刻地批判查理一世，在这段话里，他不仅运用了图画，还采取了对比的句式，具有强烈的冲击力，读后颇为震撼：“我们批判他违背了登基时立下的誓言；却有人说他坚守了婚姻的誓约！我们批判他任由国民受到教会的残酷剥削；却有人说他把自己的儿子抱在怀里爱抚！我们批判他对《权力请愿书》出尔反尔；却有人告诉我们说他总是在清晨6点做祷告……”

●让事实变得鲜明立体

开始演讲时，你首先要在第一时间获取听众的关注。为此，你一定要熟练掌握另一项非常实用的方法，大多数的演讲者都不曾想起甚至从未了解这种方法。唯有高明的演讲者最擅此法，那就是利用具体数字和词语让你描述的情形鲜明立体，令听众宛如置身于你塑造的场景之中。

现在，你想说明尼亚加拉大瀑布每天都浪费掉惊人数字的能量，要是这些能量能被充分利用，产生的经济效益可以让许多人不再忍饥挨饿。这样平淡的描述，会有人对此产生兴趣吗？

让我们来读一读，妙笔生花的埃德温·斯罗森写的相关报道：“目前美国有几百万人挣扎在贫困线下，缺吃少穿。尼亚加拉大瀑布却每小时白白扔掉25万条的面包。让我们想象一下，每小时有60万颗鸡蛋随水流落下悬崖，飞扬起金灿灿的蛋花。如果有一台和瀑布同宽，也就是4000英尺的织布机，那你看到的就是布匹在源源不断地织出却全部被浪费掉。假如把卡耐基图书馆放到瀑布下面，只需一个小时，至多两小时，就可以让图书馆装满各种书籍。让我们再想象一家大型仓储超市每天将数以万计的商品从悬崖上倾倒下来，被流水带到160英尺下的石头上撞个粉碎。多么壮观宏大的奇景，可以招揽世界各地的游人到此欣赏，也许会有很多人跳出来反对，指责这是无耻的浪费，这就和现在很多人反对利用瀑布的能量没什么两样。”

许多鲜活的词语令你一目了然，就如同生机勃勃的澳洲野兔，它们从文章里呼之欲出："25万条面包、60万颗鸡蛋、金灿灿的蛋花、4000英尺的织布机、卡耐基图书馆被放到瀑布下面、大型仓储超市、数以万计的商品。"这样一篇立体鲜明的文章，就如同正在放映的精彩电影那样令人欲罢不能。

侯伯特·斯宾塞早在撰写《风格的哲学》时，就曾说过："我们的思考切莫流于形式，要具有鲜明个性。我们不要把文章写成：'假如一个国家的民风、习俗及娱乐方式都是冷酷残忍的，那么这个国家必然执行严酷的刑法。'不妨试着这样写：'如果一个国家的平民百姓喜欢打架，以欣赏野兽或奴隶争斗为乐趣，那这个国家一定施用了拷打、烧烙、绞刑等残酷的刑罚。'"

翻开《圣经》或《莎士比亚全集》的任何一页，你都能随手拈来犹如图画般的文字。同样描写"多此一举"，一位普通人会说是给完美的事物增添不必要的累赘；莎士比亚却诗意的形容道："给纯金再镀一层金，为百合花涂脂抹粉，在紫罗兰上喷洒香氛。"

只要你注意观察，就会发现传统俚语几乎都具有强烈的画面感。"两鸟在侧，不如一鸟在握。""不鸣则已，一鸣惊人。""不能强按笼头，逼马喝水。"世代相传的比喻中，也比比皆是鲜明的形象："像狐狸一样狡猾，硬得像石头、笨得像块木头。"

林肯就很擅长这样说话，当他抗拒办公桌上那些繁杂、程式化的公文报告时，他提出的方式令人印象极深："如果我派人去选购一匹马，我只想听到关于这匹马的种种特点，而不想知道它究竟有多少根鬃毛。"

当你看到一样事物，不要仅仅停留在表面，而是在你心里绘出一幅图画，就像一头公鹿伫立在夕阳中那样影像鲜明。例如，说到"狗"，人们脑海中多少都会有些印象，或许是短腿大耳朵的短毛猎犬，或是圣伯纳，或是金毛寻回犬。当演讲者提到"牛头犬"（短毛、大嘴巴、性格坚毅）时，如果说"一只有花纹的牛头犬"你是不是联想更多一些？只说"一匹马"当然不如说"一匹黑色的薛德兰小马"来得鲜明形象。

小威廉·史崔克曾在《风格要点》中写道："擅长运用写作技巧的作家有一个共同点，那就是用清晰生动文笔吸引读者的注意。诸如荷马、但丁、莎士比亚等顶级作家，他们的精妙地处理细节，描绘情景，使读者犹如置身其中。同样的原则也适用于演讲。

我曾经邀请一些学员参加一项实验：要求必须说真心话。我制定了规则：每个人在说话时，每一句都必须有一个真实的名词、数字或者时间。实验效果出奇的好，所有参加的学员互相监督，渐渐都摒弃了原来那些虚无艰涩的空话，语言变得自然生动。

法国哲学家埃南曾说："别让你的语言充满差劲的抽象之风，而是多一些实在的人、动物、桌椅、岩石等等。"平时我们说话也应该这样。我们这里所谈的所有技巧都适用于平日的交谈，任何人都可以从中领悟到有用的东西。销售员会发现自己的推销变得轻松愉快，管理者们、老师们还有家庭妇女们也会发觉自己提升了交谈能力，改善了人际关系。

下面这篇是几年前在全国房地产协会发表的演说，超越了另外27篇演说，被评定为最佳演说。时至今日，它的完美生动依然值得我们学习揣摩。

主席、各位朋友：

早在140年前，伟大的美利坚合众国诞生在我的家乡费城。这样一个有着骄人历史的城市，拥有强烈的爱国精神，它不仅是全国最大的工业中心，也是全世界最具魅力的城市。

费城的面积约有130平方英里，相当于米尔瓦吉和波士顿，或者巴黎加上柏林的大小，生活着近200万居民，我们为他们提供了近800英亩的公园、广场、林荫大道，这是人们悠闲漫步的场所，也是每一位美国人民应该享受的美好环境。

朋友们，美丽干净的费城还是全球知名的"世界工厂"，因为全城有9200家工厂，有40万人为之服务，在每个工作日，每10分钟就能创造10万美元的价值。曾有一位著名学者作过统计：美国境内，再没有第二个城市，能像费城一样，生产出这么多木制品、皮革制品、针织纺织、鞋帽、五金电器、电池、船舶及其他各种产品，从白昼到黑夜，每隔两小时，我们就出产一

部火车车头。美国一半以上的人口乘坐的是费城制造的电车。每分钟我们生产出1000支雪茄。仅在去年，费城115家袜厂就给全美每一位男女老少都做了两双袜子。英国和爱尔兰生产的地毯加在一起也没有费城出的多。我们银行去年总交易金额共计370亿美元，这个庞大的数字足以抵付美国一战时期发行的全部公债。

我们为自己取得的骄人业绩而感到自豪，也为我们是美国最大的教育、医学、艺术中心而骄傲，但是最令我们高兴的是：世界上没有一个大都市的私人住宅，能够超越我们的家乡费城。在费城，我们有397,000栋私人住宅。如果把这些住宅纵向排成一队，那可以从费城一直排到你我此时所在的堪萨斯市会场，再一直排到丹佛，总长超过1881英里。

欧洲君主制度无法在费城的土地上生存，我们费城的人民所接受的教育以及我们的工商业，全都源于我们祖先的伟大传统，也来自真正的美国精神。费城孕育了伟大的美国，也是美国自由的基石。在我们这里，制作了第一面美国国旗，在这里，召开了第一届美国国会，也是在这里签订了《独立宣言》。同样在这里，伫立着国家的珍宝——自由钟，这是全美国人民都为之尊敬的象征。费城人民担负着神圣的任务，世世代代传播美国精神，让自由之光永远笼罩大地……

这篇讲演稿的完美之处，首先在于它的结构，开头和结尾遥相呼应。这并非易事，最起码不像你想象的那么容易。它从起点出发，向着自己明确的目的地飞去，既不左顾右盼，也决不四处流连。

其次，这篇演讲词先声夺人，一开始就亮出了绝无仅有的一项特质，费城是美国的诞生之地。它用传统的叙事方式说出费城最大、最美之处，但紧接着就用具体的比较来说明城市的大小："相当于米尔瓦吉和波士顿，或者巴黎加上柏林。"这样一来，听众脑海中，有关面积的数字变得立体起来。

当它讲"费城还是全球知名的'世界工厂'时，听众也许觉得有些好笑，可是它很聪明，接下来就列举了"木制品、皮革制品、针织纺织、鞋帽、五金电器、电池、船舶"，详细地举证，立刻让它前面的"大话"变得不再空泛。它又说"每隔两小时，我们就出产一部火车车头。美国一半以上的人口乘坐的是费城制造的电车"。听众马上会想到："这我还是第一次听说，也许我坐的就是费城出产的电车呢。以后可要注意看一看。"接着说到的雪茄和袜子，更让听众不由自主地联想到："我抽的雪茄会不会就来自费城，还有我脚上这双袜子……"

下一步，它并没有像某些演讲者那样，从一个问题跳到另一个问题，然后又回来讲前一个问题遗漏的部分。如果那样做，无疑会令听众变得稀里糊涂。有很多演讲者总是这样，不按照1、2、3、4、5的顺序来讲，而是像橄榄球队长的战术那样变化不定：27、34、19。实际上，有的演讲者更糟糕，他是谈到27，又谈到34，然后急急忙忙地扭头再去说27……

这位演讲者明确自己的方向和节奏，不慌不忙地向前讲下去，就像他提到的火车头一样，不会随便转弯掉头。而且，他清楚自己只有5分钟的演讲时间，一秒也不能超过，因此，他做出了一些牺牲，把费城是"美国最大的教育、医学、艺术中心"，这句话一带而过，没有任何引申例证，直接谈到下一个问题，人们对此印象一定不会深刻。但他接下去列举了私人住宅"39万7千栋"，为了更具体形象，他把它们排列起来"从费城一直排到你我此时所在的堪萨斯市会场，再一直排到丹佛，总长超过1881英里。"听众一转眼，就会忘记这些具体数字，但却无法从脑海中抹去他所形容的景象。

翔实的资料是演讲的基础，但现场发挥尤为重要。这位演讲者就深谙此道，巧妙地带动了听众的热烈情绪。他夸赞说：费城是美国自由的基石。自由——多么美妙神奇的词语，令无数人热血沸腾，不惜为此献出生命。他举出了国旗、国会、《独立宣言》、自由钟，熟知的历史再次打动了听众的心，都为此情绪激昂，这才是演讲的高潮部分。

这篇演讲词条理分明，轻重缓急处理得十分妥当。最可贵的是，演讲者的出色表现，他怀着满腔的诚挚热情完成了这次演讲。两者完美地配合，才获得了“芝加哥大奖”。

第 2 节　极富生命力的演讲

演讲者必须具备“生命力、活力、激情”，才足以影响听众的情绪。

一位优秀的演讲者应该时刻精力旺盛。真诚、热情、活力兼而有之的人才会受到我的聘用。就像大雁喜欢聚集在秋收的麦田里那样，人们喜欢围在生机勃勃的演讲者身边。

在伦敦时，有一天，我来到海德公园，欣赏那里各种主义、各种宗教信仰、各种风格的辩论和演讲。我先听到一位天主教徒大声呼吁教皇无谬论，又听到旁边一群人里有位社会主义者正大谈对马克思的看法，不远处，有一位主张男人应该娶 4 个老婆。我走开时，又回头看了看这 3 位演讲者。

那位极力主张一夫多妻的演讲者身旁，始终只有三五个人，却不断地有人加入前两位演讲者的听众圈里。我确信，这并非是演讲主题的差异造成的。真正的原因，是演讲者的态度问题。那位鼓吹多娶老婆的人，丝毫看不出他自己打算这样实施，而另外两位，却全身心地投入自己的演讲中去，引经据典，激动地挥舞着手臂，热诚不懈地宣传自己的信念。

我始终认为，演讲者必须同时具备“生命力、活力、激情”，三者缺一不可。为了达到这样的目标，请你依照下面列出的方法勤加练习。

●热衷于自己的演讲主题

前文已经说过，你要热衷于自己演讲的主题，如果连你自己都不

喜欢自己的主题，那又怎能指望听众能被你打动呢？你选择的主题要么出自切身体会，比如你的工作经验或者业余爱好；要么就是对某个问题极为关切、思考良久（例如：在所居住的社区开办学校），那样你才会在演讲时充满热情。

在我印象中，完美体现了用热情诚挚征服听众的演讲，是20多年前，纽约训练班里的一次演讲。我一生听过无数出色的演讲，至今没有一次能超越那次被我称之为“胡桃木灰种出兰草”的演讲。

演讲者是一位大公司的优秀销售员，他说自己无需兰草的种子和根须，只要把胡桃木烧成灰撒在地上，转瞬之间，就可以长出兰草。这明显是违背自然规律的理论，但他对此坚信不疑。

我婉转地告诉他，假设他的理论成立，那他会一夜暴富，因为市场上兰草的种子价格昂贵，并且，他还会成为世上最伟大的科学家，因为从古至今，还从未有人可以令有生命的物质从无生命物质中生长出来。在我看来，这是明显的谬论，无需多加解释。班上的学员们也纷纷赞同我的意见，只有他对此不以为然，毫不迟疑地开始辩驳。他神情诚挚，急切而热烈地举出了更多的例子证明自己的观点。

当他说完之后，我还是说，他的观点非但不正确，而且距离正确至少1000英里。他激动地对我表示，不妨和他打5美元的赌，请美国农业部来判定这件事情。

这时有几位学员居然附和他的观点，还有部分人变得迷惑。我很好奇究竟是什么令他们怀疑起自己的常识？他们的说法惊人的一致：是演讲者强烈的自信和热诚影响了他们。

于是，我给农业部写了一封信，请他们原谅我问这么一个无知的问题。不出我所料，他们肯定的回复说只有胡桃木灰是不可能长出兰草或者别的什么东西来的。还说收到了另一封来自纽约问相同问题的信件。原来那位演讲者为了证实自己的观点，也积极地写了一封信去询问。

这是一次用真诚战胜了常识的演讲，也让我深刻体会到，如果出自坚定不移的信念，并且热诚地将此灌输给听众，即便他说自己可以从木灰中种出兰草，也能够获得听众的支持和信任。那么，当我们所持信念完全正确时，再配以热诚完美的演讲，那样的影响力是不可预估的。

每一位演讲者几乎都怀疑过，自己的主题能否收到听众的欢迎，而当你对自己的主题充满热情时，这个顾虑将不复存在。

我曾经在巴尔的摩的一个训练班里，听到一个人热诚地演讲，主张控制对奇沙比克湾石鱼的捕捞，不然几年之后，石鱼将会灭绝。在他开讲之前，我和大部分学员一样，连石鱼究竟是什么东西都一无所知，但是看得出，他认为这件事情非常重要，而且满怀热切。这样真挚诚恳的演讲打动了每一个人，不等他讲完，我们已经群情激昂，恨不能马上联名写信，请求政府颁布法令保护石鱼。

理查·华西本·乔尔特是前美国驻意大利大使，也是一位著名的作家。当被人问起怎样才能成为一名成功作家时，他回答说："我只是想告诉人们，我对生命的热爱，及由此产生的经历和感动。"这是作家成功的诀窍，同样也适用于一名演讲者。

我曾和几位朋友一起在伦敦听演讲，其中一位是著名英国作家E·F·潘，他认为演讲的最后部分最能打动人。我问其原因时，他解释说："我喜欢循着演讲者的感觉走，而大部分演讲者自己都是对演讲的最后部分最有热情和兴趣。"

关于选择主题的重要性，我再给你举一个有趣的例子。

那是在华盛顿的培训班上，有一位被称作富林先生的学员。上课初期，他的演讲主题是首都华盛顿。虽然他在此地生活了半辈子，却说不出一件与自己切身相关的事例来，他只是枯燥地重复从当地报刊、旅行手册上读来的信息，他的演讲单调无趣，听众们也提不起精神来。

不过，两个星期后的一件意外改变了他，富林先生的新车停放在街边，被人开车撞得乱七八糟，肇事者却一溜烟逃走了。这件事倒霉透顶，简直是富林先生的切肤之痛，所以当他提起报废的新车时，不由得真情流露，懊恼愤怒之情随着平实的语言倾泻而出。两个星期前对他的演讲深感无聊的学员们，此时却一致为他热烈鼓掌。

无需漫无边际的寻找演讲素材，只需从自己的意识中挖掘你最强烈的信仰，这就是你最好的主题，主题选择正确，就意味着你离成功又进了一大步。

前段时间，电视里播出了就死刑立法问题举办的听证会，有许多人出现在会场，提出了截然相反的两种建议。其中有一位洛杉矶警员，他曾有11位同事，死于和罪犯的搏斗中。显然他对死刑问题思考了很久，坚定地阐述执行死刑的必要性。他恳切的言辞表明了他内心强烈的情感和信念。信念源自于诚心，而冷静的思考为他的信念奠定了论证的基础。我常常在训练班里，回想起巴斯卡睿智的名言："道理总在心中，只是不为人自知。"有一位波士顿的律师，他仪表堂堂、气度不俗，讲起话来也头头是道，遣词造句流畅优美，可惜浮夸之气过于浓重。每当他演讲完毕，学员们总是众口一词："他可真是精明！"和他一起上课的，还有一位保险推销员，他长相普通、个头矮小，演讲时，常停顿几秒，想想下面要说什么。可听众对于他说的每句话，却没有一丝一毫的怀疑。

距林肯总统在华盛顿福特戏院被刺已有百年之久，可他不平凡的事迹和诚挚的演说却令今人难以忘怀。他的法律知识，比不上同时期

的许多专业人士；他的言谈举止，也不够尊贵、优雅。但他在盖茨堡、联盟会议、华盛顿国会台阶上发表的演讲，却是前无古人，后无来者。

你或许会像我班上某个人那样，认为自己没有任何兴趣和爱好。我对此颇感惊讶，但我对他说，尝试着对什么事情产生兴趣，让生活充实一些。他迷茫地问："什么事情呢？""鸽子！"他更加疑惑了："鸽子？"我接着对他说："对，就是鸽子！你去广场上喂喂鸽子，仔细观察它们，再去图书馆读有关鸽子的书籍，下次上课时，讲给我们听。"他果然照着做了，等到下次上课时，他俨然一副专业人士的模样，热切主动地要对我们谈一谈鸽子。当我示意他停止时，他正说到自己读过的第40本写鸽子的书。这也是我听过的非常有趣的一次演讲。

在此我要提醒你，如果你喜欢自己选择的主题，那不妨多了解一些，你的热情会随着你的深入了解而增长。帕西·H·淮汀在《销售五大要则》中告诉推销者，一定要把自己推销的物品烂熟于心。他说："你对一件产品的优点了解越多，就越会充满热情。"这个建议同样适用于演讲，你对主题了解得越深入，就会对演讲越发有激情。

●情景重现

如果你想告诉听众，你曾因为行驶超速一公里而被警察拦停在路边。你当然可以用第三人称平静地叙述，但听众更愿意听到你用第一人称说出你的亲身感受，当你被警察拦住、接过罚单时，你内心的感觉是怎样的。你要做的就是，尽量用自己真实的语言再现当时的情景，让听众明了你那一刻的心情。

我们一般不习惯在别人面前袒露心胸，所以我们喜欢欣赏电影、话剧，就是想要直观地体会情感的流露。

请你把自己对主题的热情体现在言语中，不要故意控制自己的情感，将其全部释放出来，让听众充分感受到你的热切和真诚。这样，你才可以左右听众的注意力。

●尽量轻松、热烈

你要怀着热烈的心情走上台去，即使你的内心有些恐惧和焦虑，也要尽量表现得轻松。听众对你的第一印象，就是你对自己要演讲的主题充满信心和热情。开始演讲之前，做一次深呼吸，挺胸抬头，站直你的身体，不要靠在讲台或别的东西上。你要让听众体会到你将会告诉他们很多有价值的事，他们的注意力将任由你安排。记住威廉·詹姆士的话：你要表现的和真的一样。演讲时，尽量让声音传达到会场的每个角落，这会让你渐渐平稳下来，当你开始挥动手臂配合演讲时，你的情绪会更激昂。

杜纳德和艾琳诺·雷尔德将这种方式称之为“从内心温暖行为”，适用于所有需要心灵指引的时刻。他们在合著的《记忆诀窍》中提到：“罗斯福的特征之一，就是积极愉快地面对生活，时时充满希望、活力与热情。他对一切事物都显示出无比的兴趣和热诚，哪怕这只是他故意装出来的表现。威廉·詹姆士所说：‘鼓励自己表现得热烈一些，你就会真的对事情热烈起来。’罗斯福无疑是此观点的最佳诠释者。”

第3节　让听众对演讲感同身受

将听众当做朋友，诚恳地倾谈，这是和听众沟通的最好方式。因为演讲的成功与否，完全取决于听众的评判。

罗素·康威尔曾经做过6000场相同主题——“怎样找到自我”的演讲。重复了几千次的演讲，在你看来，每一场的语气和用词大概是千篇一律，没什么新意的。可是罗素·康威尔在用相同的主题面对不同背景和文化程度的听众时，他所侧重的要点和题材是完全新鲜的，他令每一场的听众都感到这是一场独一无二的演讲。谈起如何达到这样效果的诀窍时，他说：“当某个地区邀请我去作演讲时，我总是尽量提前到达，然后到处走走看看，和邮局局长、理发师、旅店老板、校长、传教士等不同职业的人交谈，了解当地的历史和人文风俗，这样我在演讲时，才能有针对性地谈论当地听众真正感兴趣的话题。”

正因为他成功地让演讲和听众的生活融合在一起，相互沟通，“怎样找到自我”的演讲才场场不衰，广受欢迎。也正因为每一场演讲都大不一样，你无法总结出一份完整的演讲词。

罗素·康威尔早已掌握了演讲的精髓所在，因此他可以用同样的主题做6000场不一样的演讲。你也由此学到：要针对你的听众，准备特别的演讲。为了更好地洞察听众的需求，让沟通变得更自然，请你掌握下述简单的要则。

●了解听众的兴趣所在

罗素·康威尔总在演讲中加入当地人的奇闻轶事，令听众感到熟悉和亲切，从而对演讲产生浓厚的兴趣。这就是了解听众兴趣所在的重要作用，它能拉近你和听众的距离，既吸引了他们的注意，也令你和他们有一种无形的默契。

前美国商会会长、现任电影协会会长埃里克·仲思敦对此颇为擅长，尤其是他在俄克拉荷马大学毕业典礼上的演讲将此特点发挥得淋漓尽致：

> 俄克拉荷马的朋友们，那些投机取巧的商人一向对你们避而远之，在他们前进的地图里，永远没有俄克拉荷马州这个地名，因为在这里他们永远与成功无缘。
>
> 那些彻底绝望的乌鸦们，早在1930年就已经告诉了其他的同类，如果没有带足粮食，千万不要前往俄克拉荷马。他们预言，俄克拉荷马没有什么可以开花，永远沦为新美洲的荒漠之地。可是1940年的俄克拉荷马城里，花团锦簇，百老汇也为你们欢唱庆祝，只见那“小雨初降，微风带动田野间一波一波麦浪，淡淡的清香飘扬”。
>
> 仅仅10年光阴，原本干旱贫瘠的土地，放眼望去，高低起伏的地方满是摇曳的棵棵玉米。坚定的信仰与有计划的开拓造就了伟大的成果……
>
> 我们不能拘泥于往日的环境和现状，而是展望未来，看得更高更远。
>
> 来到这里之前，我特意去翻查1910年的《俄克拉荷马日报》，想感受一下这里50年前的春天。你们想不到我发现了什么，我看到报道中洋溢着对俄克拉荷马美好未来的憧憬，字里行间充满了热情和希望。

埃里克·仲思敦从听众参与的本地的开拓谈起，一下就牢牢抓住了听众的心：这场演讲在活生生地讲述自己身边的故事，是和自己即时的情感交流，而并非来自一份早就打印好的讲稿。

你在开始演讲前，不妨问问自己：我的演讲能够带给听众什么？能够解决他们的问题吗？假如你是位财务专家，可以这样开始："我今天要教你们怎样省下50甚至100元的税金。"如果你是一位律师，那你可以给听众讲解如何立遗嘱。在你的人生经验里，总有一些是对听众大有帮助的，如果你由此立题，作出饶有趣味的说明，听众怎能不被你吸引呢？

曾有人请教英国报业大亨努斯克里夫爵士，人们对什么最感兴趣？他的回答很简洁："是人们自己。"

在思想方式里，人们最为喜爱的莫过于想象力，人们可以在想象中克服任何恐惧和挫折，完成任何一件事。人们运用想象，就可以沉浸在各种喜、怒、哀、乐的情绪之中，再没有什么是比我们自己更让我们觉得有趣的了。

也正因为此，有很多人把注意力都倾注在自己感兴趣的话题上，但其他人或许对此毫无兴趣甚至厌恶之极。不如尝试站到对方的立场，和别人谈谈他感兴趣的，或是工作、爱好，或是打高尔夫球的成绩；如果对方已为人父母，那就谈谈他的孩子。引导他说话，自己做一位认真的倾听者，这样一来，对方一定会兴致勃勃，虽然你说得不多，但他会认为和你谈话非常愉快。

有一次，费城的哈罗德·杜怀特先生，在培训班的餐会上作了一次很棒的演讲。他提到了在座的每一个人。他回忆起刚开课时自己的讲话方式，和现在比较，有了多大的不同，他对每个人做的演讲和每次一起讨论的话题都有很深的印象，他还模仿几位同学的特色之处。他的演讲温馨感人，大家从头到尾都在微笑，时不时还大笑起来。杜怀特先生真的是位天才，他完全掌握了人们的心理，全世界再没有什么话题能比他所说的更让这些人喜欢的了。

《美国杂志》在出版界中异军突起，发展迅猛。究其原因，就在于它拥有希达德，而希达德拥有卓越不凡的思想。《美国杂志》刚开始发行时，销量很低，不受读者的欢迎。那时希达德负责"名人趣事"栏

目，他曾邀请我写几篇文章，我们因此相识并做过长谈。他告诉我说："人们只对自己感兴趣。他们一点也不在意铁路会不会被政府部门接手管理，他们只关心怎样才能升职加薪，只关注自己的身体健康。如果我是总编，我会从读者的需求出发，告诉他们怎样正确刷牙、沐浴，夏天怎么做能保持凉爽。怎么创业当老板，怎么对付手下的员工，怎么购置房产，怎么写信函、文件，怎样让记性变得更好。人们最喜欢听一个人是怎样努力，最后发家致富的故事。那我每期都请著名的房地产商、银行家、大老板们来谈谈他们从一个普通人如何奋斗到如今的显赫地位，他们的第一桶金又是怎样挖到的。"

后来，他真的当上了总编，立刻就按照他的想法开始改造《美国杂志》。因为满足了普通百姓的阅读需求，一下就大获成功，销售量直线上升，20万份，30万份，40万份，50万份……很快，每个月的销售量达到了100万份，接着是150份，直至200万份，其后几年，还在连连攀升。

你在准备演讲时，要多想一想听众是否会对你的演讲充满好奇和热切，如果你没有考虑到人们那天生的自我心理时，你很快就会发现他们心不在焉、左顾右盼、频频看表甚至一直盯着大门口。

●发自内心的赞美

听众就是由诸多个体的人组成的群体，你要适度地夸赞他们，赢得他们对你的好感，但是要注意掌握尺度，不可过于夸张，类似："诸位是我所见过的最聪明的听众。"这样过度的讨好之辞也会适得其反，让听众感到厌烦。当然，你也不可以走极端，用激烈的言辞来抨击听众。

这就像著名演讲家强希·M·德布所说："你要说些和他们有关系

的，最好是他们不清楚你却很了解的事情。”

有位先生受邀在巴尔的摩基万尼俱乐部发表演讲，只找到俱乐部一些简单的情况介绍，也是会员们人所共知的资料：一名会员曾经是国际会长，还有一位会员是国际的董事。这位先生怎样进行演讲呢？他用了一个惊人的开场白：“巴尔的摩基万尼俱乐部是101,898个俱乐部之一。”听众们不禁皱起了眉头，每个会员都知道全世界只有2897个基万尼俱乐部，这位演讲者未免错得太离谱了。

他不慌不忙地接着说：“诸位一定不相信我所说的，可这在数学里是千真万确的。你们的俱乐部并不是100,000到200,000之中的一个，而是101,898之中的一个。你们要说了，全世界目前只有2897家基万尼俱乐部。让我来算给你们听，你们这家俱乐部的会员有一位是前国际会长，一位是国际董事。从概率来分析，任何一个俱乐部同时出现国际会长和董事的几率是1比101,898。而且，我可以用我的数学博士学位来保证，这个数字是绝对正确的。”

赞美要发自你的内心，越真诚越好，诸如：“像你们这样最具智慧的听众……”，“很高兴和来自……的美女和绅士们会面。”“我很荣幸今天来到这里，我爱你们每个人。”这样虚伪空泛的话还不如不说的好，要是被听众嗤之以鼻，那也纯属咎由自取。

●和听众“站”在一起

尽量在演讲一开始就拉近和听众的距离，要是你觉得受到邀请确实非常荣幸，那不妨照直说出来。哈罗德·麦克尼兰受邀在印第安纳州德堡大学毕业典礼上演讲，他头一句就表明了自己和听众之间的直接关系：

“我非常感谢诸位对我的欢迎。虽然我身为英国首相，但我感觉，我的身份并不是贵校邀请我的主要原因。”他马上说道，他的母亲是美国人，就出生于印第安纳州，他的父亲是德堡大学的第一届毕业生。“可以这么说，我为自己和德堡大学的渊源而自豪，也为此次有机会感受悠久的传统而高兴。”

他的这番表白，瞬间就为他赢得了在场听众的好感和友情。

你还可以预先了解听众中一些人的姓名，来帮助你更好的和听众沟通。在一次宴会中，我正好坐在演讲者的旁边，让我惊讶的是，他似乎对每一位来参加宴会的人都很感兴趣，一直在问主人，坐在那一张桌子旁的身穿宝蓝色西服的是什么人？另外一侧戴着满是鲜花的大帽子的女士怎样称呼？等到晚宴结束，他开始演讲时，我才明白他的好奇心是为了什么。原来，他把刚才问到的姓名巧妙地糅合进了自己的演讲中，我注意到每一位被提到的宾客都流露出愉悦之色。这样一个平易近人的小技巧也使得听众用更友善、热情的心态来倾听他的演讲。

小法兰克·琼斯是通用动力公司的总裁，当他在纽约“美国宗教与生活公司”年度晚宴上演讲时，也是用几个名字就获得了极佳的效果：“无论从哪一方面来讲，今晚都会给我留下愉快的回忆。因为在餐桌旁，就坐着我的牧师罗伯?爱珀亚，他的言谈举止和教导，使我和家人及许多人不断得到激励和启示……而且，我坐在路易·斯特劳斯和鲍伯·斯蒂文思之间，众人皆知，这两位对宗教和公益事业做出了极大的贡献，因此，坐在他们身边，也是我的荣耀和愉快之因……”

我要提醒你注意，当你在演讲中加入一些特殊的名字，最好先核实它们是否正确无误，同时也确知自己为何要引用这些名字，在说起名字时语气要温和，还要注意不要过多地引用名字。

为了让听众的注意力始终专注于你的演讲，你还可以采用一个非常有效的方法，把“他们”统统改成“你”。这样可以让听众产生与己有关的意识，会不由自主地集中精神。我很久

以前就曾经说过，演讲者若想让听众跟着自己的思路走，那就不要遗忘这个行之有效的方法。下面一段，是纽约培训班的一位学员关于《硫酸》的演讲："当我们提到液体时，大多用品脱、夸脱、加仑、桶为计量单位，比如我们常说：几夸脱酒，几加仑牛奶，或是几桶蜂蜜。当我们说起一处油井的产油量时，也是说日产多少桶。但你是否知道，有一种液体因为日常消耗量太大，生产的也较多，只能用吨为单位来计算，这种液体就是我们通常所说的——硫酸。

"我们每个人的日常生活都离不开硫酸，听起来有些可怕，但这确是不折不扣的事实。要是没有硫酸，你就要回到古代骑马或者赶马车，

因为你得无法开汽车，也无客车可做。因为在煤油和汽油的生产过程中，必须用到大量的硫酸。要是没有硫酸，不论是你办公室的明亮的灯管，还是你餐桌上方温馨的吊灯，或是黑暗中帮你找到床的小夜灯，这一切光亮都将不复存在。

"每天一起床，你去洗漱，先拧开水龙头放水，那或许是镍制的水龙头，也需要硫酸才能制造的出来。你的搪瓷水池和浴缸在制作时也离不开硫酸，就连你拿在手里准备用的肥皂或许也是用油脂混合硫酸加工而成的……你还没有接触你的毛巾之前，你已经和硫酸接触过多次了。你这把动物毛制成的毛刷，上面的毛也是用硫酸处理过的。还有，要是没有硫酸的帮助，你那把赛璐珞质地的发梳，现在还没生产出来呢。对了，别忘了你的刮胡刀，在经过锻造工序后，也曾经在硫酸中呆过。

"你穿上衬衣和外套，上面一般都会有几粒纽扣。漂白布匹时、制

造染料时、染布时需要用到硫酸。就连那一颗小纽扣，制造它的人也离不开硫酸。皮革工业也要用硫酸来处理给你做出皮鞋的皮子，当我们想把皮鞋擦亮一点时，硫酸又来间接为你服务了。

“现在你该去吃早餐了，要是你的餐具都不是纯白的，那你又需要硫酸的帮助，才能得到镀金或者别的染料装饰出的盘子、碗等等。要是你使用的刀、叉、调羹都是镀银的，那就必须经过一道硫酸浸泡的工序。”

“你通常会吃全麦面包或者薄饼，麦地里施用了磷酸盐肥料，在制造这种肥料时，硫酸是必不可少的。要是你吃的是荞麦饼和糖浆，糖浆的制作也多少和硫酸有关……

“还要我继续说下去么？硫酸在你一天的生活中无处不在，不管你做什么，都会间接或直接的和它发生关联，你根本没法躲开它。要是没有硫酸，我们不仅不能打仗，也无法正常地过日子。所以说，硫酸是对我们人类至关重要的基础物资，人们应该重视它……可惜的是，在现实中，没有几个人会关注它。”

这位学员对听众使用了“你”，这是个巧妙的做法，在无形中就令听众的自我意识融入到演讲中去，并且始终保持着高度的热情和注意力。但在某些时候，“你”字使用不当，会导致与初衷背道而驰，非但没有为演讲者和听众增加亲近感，反而让他们变得更加疏远。这多发生在演讲者以专业高傲的口吻教导听众的时候，遇到这种情形，演讲者最好说“我们”，而杜绝说“你”。

W · W · 鲍尔博士，是美国医药协会健康教育部的负责人，当他在电台或电视上发表健康主题的演讲，就常常使用这个巧妙的方法。他在演讲中会这样说道：“我们每个人都想知道如何找个好大夫……既然我们都想从我们的大夫那里得到最好的服务，那我们或许应该知道如何做个好病人！”

●邀请听众参与演讲

演讲中，你不妨试着邀请听众加入你的演讲，也就是辅以一些表演的部分，这样可以提升听众对你演讲的关注程度。当你将某一位听

众请上前来协助表演时，因为同为听众的身份，当他在表演中有所感受时，其他听众也能敏感地接收到来自他的讯息。有很多演讲者表示，在台上的演讲者和台下的听众之间有一堵无形的墙，那么利用这个方法，就可以轻松地把这堵墙拆得无影无踪。

有一位演讲者说到以不同速度行驶的汽车在刹车时，分别需要多远的距离才能完全停止。这时，他掏出了一个钢卷尺，邀请前排的一位听众帮他用尺子显示出不同速度下的不同刹车距离。这位听众接过卷尺，顺着过道边拉卷尺边走，差不多走出了45英尺远。我注视着他的行动，同时也注意到全场听众无不一心一意地倾注于演讲。我想，这个钢卷尺不仅让演讲者形象地展示了他的观点，还无疑是一条沟通了演讲者和听众的大道。要不是他利用了这个表演的方法，估计听众们早已私下讨论起晚餐的菜式或者电视节目了。

我自己比较偏爱的让听众参与的一个方式，就是请他们站起来跟我重复某个句子，或者回答我提出的问题。帕西·H·淮汀在《怎样将幽默融入演讲或写作》一书中，针对听众参与提出了一些很不错的建议。他说要给予听众一定的表决权利，或是让他们帮着想方法来解决某个问题。“从正确的角度去考虑，就会让演讲不同于简单的背诵，从而获得听众的共鸣，把听众变为你同行业的工作伙伴。”我很欣赏他用“工作伙伴”来形容，这也明确指出了，观众参与是很重要的一个环节，如果你做到了，那听众无疑是已经认同你，欣然和你携手一起干了。

●放低你的姿态

演讲者在面对听众时，至关重要的是发自内心的真诚。有一位牧

师因为不能让听众专心听自己布道，特意向同行努曼·温森·皮尔请教。他请这位牧师静心想一想：自己是否喜欢每周日早晨都要面对的听众，是否真心想要帮助他们，有没有一丝对他们的轻视。他还说自己每一次站到讲坛上，都对面前的民众充满关心和爱护之情。若你对听众居高临下，他们决不会欢迎你。若想赢得听众的心，放低你的姿态是个绝好的主意。

埃德蒙·S·牧斯吉在担任缅因州参议员时，被派去美国辩论协会发表演讲。那一次，他充分发挥了放低姿态的作用："我对自己今天的演讲任务，犹豫不决。因为，我知道，诸位都是专业人士，在你们敏锐的洞察力前发表演讲，未免自暴缺点，贻笑大方。尤其，这是早餐会时间，也是一个人的感觉相对迟钝的时刻，作为一名政界人士，如果在这个时间落败，无疑会引出很多负面的舆论。再者，我的主题是：关于政治对我人生的影响。也可能会造成我的选民对影响好坏的争执。"

"顾虑重重的我，就好像一只蚊子，不知怎么就飞进了天体营，却一片茫然，不知应该从何处开始。"

他由此作为开头，一直讲了下去，最后演讲获得了热烈的掌声。

雅德莱·E·斯蒂文森在密歇根州立大学发表毕业典礼的演说时，也是以低姿态开场："每当身处这样的场合，我总是感到力不从心。这让我想起有人问萨穆尔·巴特雷怎样充分利用生命的时间，他是这样回答的：'我尚不知如何好好利用接下来的15分钟呢。'现在我也有同样的感觉，不知如何好好利用下面的20分钟。"

在你演讲时，就如同被陈列在橱窗中，你的一颦一笑，你的个性风格都被听众看得真真切切，一旦你流露出高高在上的气势，听众立即对你避而远之。当然你也无需表现得紧张无措，只要充分表现出你的谦逊诚恳，听众也会以温暖的友情回馈于你。

美国电视行业竞争激烈，尤其每一季电视剧中的知名演员们，每年都恨不能争个头破血流。而这其中，有一位年年都安然无恙，稳坐电视节目的演员埃德·苏力维。他不但是新闻行业的名人，也是电视剧集的明星面孔。不过，他总是把自己定位在业余的水准上，认为自己还不够好。他在电视上常有一些木呆呆的举止，如果放在别人身上，估计早就从屏幕里消失了，可是那些挠下巴、缩肩弓背、拽领带、有些口吃的毛病由他做出来，倒也不那么讨厌了。每一季结束时，他都会邀请愿意模仿他的人上电视节目，不但把他的缺点尽情表现出来，甚至还夸张了许多。埃德·苏力维不但打心眼里不生气，还比别人笑得更开心。他的谦逊自然，受到了观众们的真心爱戴，观众最讨厌的就是那种自以为是的所谓名人。

亨利和当纳·李·托马斯合著了《当代宗教伟人传记》，在书中他们这样评价孔子："虽拥有渊博的知识，却从不轻视他人，总是用宽广的包容之心，引导激励人们。"要是你也能够拥有包容之心，那就能轻而易举地与听众的心灵相通。

第三章　演讲的目的和即席演讲

第1节　激励行动的简洁演讲

要想用短短的两三分钟激励听众，让他们立刻行动起来，就一定要修炼本章的“魔法要则”。

那是在第一次世界大战的时候，驻扎在厄普顿的军队将要奔赴前线，但很多人都不清楚真实原因。这时，一位著名的英国主教来到了营地，他对上战场的事情毫不关心，却对士兵们谈起了“国际亲善”，说什么“塞尔维亚的人民也享有光明的权利”。据我所知，对于大部分士兵来说，塞尔维亚是地名还是病名都弄不清楚。反正也没有人感兴趣，这位主教倒不如发表一番关于“天文星象”的演讲，更显得博大精深。士兵们硬着头皮听完了他的演讲，没有一个人溜掉，并不是他们不想，只是宪兵把住了各个出口，想溜也溜不掉的。

我只能说这位主教是一位思想局限的演讲者，我相信他在面对教众时，一定极具魅力，能够吸引全体听众的注意力。可惜，他不懂得士兵这些特殊听众的需求，也不清楚自己的演讲的目的是什么。

演讲究竟是为了什么呢？一般来说，是为了达成以下四种目的之一：

一、说服或者激励人们做某事。

二、对某种情况或事件的解释、说明。

三、加深人们的印象，增强信念。

四、调整人们的情绪，娱乐大众。

林肯一生中做过无数次讲演，我们就从中选择例子来作说明吧。

你或许不知道林肯曾经获得一项发明专利，他设计了一种装置，用于将搁浅的船或陷入困境的船升吊起来。他还专门定制了一个装置模型，放在自己律师行的办公室里。每当有人对模型产生兴趣时，他每次都耐心详细地讲解一番。这就是以解释、说明为目的的小演讲。

另外一些特殊场合的演讲，例如：他在盖兹堡的演讲，第一次和第二次就任总统时的演讲，以及他追忆亨利·克雷生平时的演讲。这一类的目的就在于加深人们的印象，增强信念。

在他当律师时，为了取得陪审团的认可，常对他们晓之以情，动之以理；当他参加选举时，为了赢得更多民众的支持，他常常进行政治演讲。以上演讲的目的就是说服、激励。

在林肯赢得总统大选的前两年，他也曾经尝试过以娱乐大众为目的的演讲，主题与发明有关。可是，他显然不适合做这一类型的演讲家，他以此为目的的演讲都不受好评，最糟糕的一次，居然没有一位听众来听他的演讲。

抛开这一目的类型不谈，林肯的其他演讲都大受欢迎，好评如潮，直到今日，仍有不少经典之处可供人们学习参考，受益无穷。这应该归功于他明确自己的演讲目的，并且有把握出色的完成。

还有一些失败的演讲，原因在于演讲者完全漠视听众的需求和目的，而自顾自地完成自己的演讲主题。

曾经有一位国会议员在纽约马戏表演场被听众们哄下了台。因为他在一个不适宜的时刻发表了不适宜的讲话，他对听众们大谈美国正在准备加入战争，并且详细解释说明政治局势等严肃枯燥的问题。原本打算好好放松一下的听众们，一直耐着性子忍受了15分钟，但他丝毫没有结束的意思，还在没完没了地讲着。听众们渐渐躁动起来，有人开始喝倒彩，其他听众也跟着，转眼之间，全场的人又是吹口哨，又

是说话。这位议员先生竟然丝毫不能领会听众的用意，还是按照自己的思路讲解下去。听众这下真的发怒了，他们决定逼他停止演讲，于是口哨声变成了激烈的抗议声，上千人发出的愤怒声音，顷刻之间就淹没了他的演讲声，在他周围20英尺的人也听不到他在说些什么。愚钝的议员终于醒悟过来，尴尬地闭上嘴，灰溜溜地离开了。

请务必以此为借鉴，尽量对演讲场所和听众需求预先了解，再找出四种目的中的哪一种更适合。思量之后，你就可以准备针对性的演讲了。

本章分为四个部分，第一部分内容主要讨论用简洁的演讲来说服或者激励人们，也就是重点讲解你应该怎样组织“演讲架构”。

我早在1930年就和培训班的老师们一起探讨过：有没有什么方法，可以安排好演讲题材，使听众与我们达成共识，并且受到激励而行动起来？

那个时候，我的培训班受到大众的广泛欢迎，因此在全美国各地遍地开花。因为每个班上都挤满了学员，我们限定了每人两分钟的演讲时间。如果主题目的是解释说明或娱乐性的，那么这个时间完全够用。可若是以说服激励为目的，并且延续自亚里士多德以后演讲家们固守的基本模式——开场、正文、结论，那等于还没有开始讲就要被迫结束了。因此，我们必须使用新的方式，用简洁明了的两分钟来达到相同的效果。

我们为博采众议，分别在芝加哥、洛杉矶和纽约召开讨论大会，培训班的老师很多是名牌大学的教授，有些是成功商业人士，还有一些是迅猛发展的广告界的精英。我们试图凭借众人的智慧和不同的环

境背景，共同找出一种新的演讲模式，以适应当今时代的需求。

经过全面的探讨，众人的智慧终于结出了精华，就是用“魔法要则”来组织新的“演讲架构”。我们将此成果运用在培训中，并且延续至今。

何谓“魔法要则”？三步而已。第一步，先详细讲出你引用的事例，以此让听众明了你的意图，第二步，明确说出你的观点。第三步，解释你所持观点的理由，就是告诉听众，他们如果同意你的观点并照此行动，会获得什么益处。

对于如今快节奏的生活状态，这个“魔法要则”非常符合现代人的需求。忙忙碌碌的人们，再也拿不出多少时间用来听演讲者漫长的理论分析。他们需要的就是短平快的演讲，令他们直截了当了解事实。从铺天盖地的电视、报刊、招牌广告里，你可以迅速地明白这一点，那些简洁的广告词将讯息鲜明地传达给你，连一个多余的字都没有。这也就是“魔法要则”的精髓所在，即时引起听众注意，而且洞察重点。把那些无聊虚伪的开场白统统忘掉吧，什么：“我对演讲准备得不够充分”，“当我收到演讲邀请时，非常高兴，同时也在想，为什么邀请我。”听众对这些毫无兴趣，他们喜欢直奔目标。而“魔法要则”正好满足了这一需求。

这是非常适合于短时间演讲的模式，而且你先讲事例，也在听众心里造成了某种悬念，当你两三分钟后接近尾声时，才会全部揭晓你演讲的要点。这一点非常重要，尤其在你希望听众能够马上按照你的愿望去行动时。比如一位演讲者希望听众们募捐来筹集资金，不管他的理由多么充分，可要是他一张嘴就说：“女士们，先生们，请你们每个人给我5美元。”话音未落，估计大部分听众已经夺门而去了。如果他以自己去探访“儿童医院”的事情作为开始，讲述一个具体而动人的事例：因为支付不起昂贵的手术费，一个病重的孩子无助地躺在简陋的病房里……当他最后说出自己的目的时，又有几位听众会坚决不理他呢？这就是故事的力量，令你达成演讲的期望。

列兰·施托为了扩大联合国儿童救援行动的影响，用这样的事实打动了所有的听众：“我向上帝祈求，永远不要让我再面对那样悲惨的情形。一个幼小的生命和死亡只有一个花生的距离。我也祝愿诸位永远不要有这样难受的回忆。如果一月的那一天，你也来到雅典被轰炸的破烂不堪的贫民区，你也看到他们的眼神，你也听过那些声音……而我唯一能给他们的，只是一罐不足半磅重的花生。无数衣衫褴褛的孩子向我涌来，渴望地伸出他们的小手，还有许多抱着婴儿的母亲也围过来……尽力将瘦得皮包骨头的婴儿举到我面前。我努力让每个人都能得到花生，哪怕只有一颗。饥饿的人们源源不断地涌上前，几乎将我挤倒在地，我看到上百只瘦小不堪的手在我面前晃动、乞求，想要抓住任何一点东西。我在这只手里放一颗，在那只手心放一颗，每只手都会立即紧紧地合拢，生怕那颗珍贵的花生滚落。面对那无数双闪动着渴盼的眼睛，我抱着空空的罐子，却无能无力……我真心地希望各位永远不用感受这样的滋味。”

“魔法要则”的使用范围远不止演讲，也同样适用于商业信函，和下属员工的交谈，甚至妈妈们可以用这法子来激励孩子；反过来，聪明的孩子也会运用此法让父母满足自己的要求。它就如同一把心灵钥匙，为你开启各种生活之门。

下面，就让我们按照“魔法要则”来构建演讲吧。

●事例——你生活中的一件事

应该把你演讲的大部分时间用于叙述事例。根据心理学家的说法，我们一般有两种学习方式：一种是习惯性的学习方式，许多相近的事件会塑造我们的行为模式；第二种方式是突发的方式。每一件特别发生的事件都会对我们造成影响，改变我们的行为模式。我们每个人都曾有过特殊的经历，不用苦思冥想，就可以从记忆中找到。这些亲身得来的经验会影响我们的行为举止，如果你把这些经历真实地再现，也可能会影响到其他人的行为举止。之所以会达到这样的效果，是因为人们对真实的述说和亲历真实的事件的感受方式是几乎一样的。当你叙述时，要尽力让事例凸现真实可信，令听众感同身受，更要加入你的经验感悟增加趣味。下面这些建议，可以帮助你挑选更适宜的事例：

(1) 从自己特殊的经历得出经验

如果是你的特殊经历而造成某种结果的事件，这样的事例最具感染力。有些事情就发生在一瞬间，你却对那短短的几秒钟终生难忘。

曾经有一位学员讲述了自己一次可怕的经历：船翻了他想游回岸边的事情。当他讲完之后，我相信每一位听众都决定，万一自己的遭遇与此相似，一定要谨记他的经验留在船旁等待救援。还有一次，演讲者讲述了有关一个孩子和一台翻倒的电动割草机的悲惨事件，那个印象在我脑海中如此鲜明，以至于一有孩子出现在我的电动割草机旁边，我都会立即警觉起来。很多培训班的老师，就是对学员们所讲的事件印象极深，因此纷纷采取了相应的措施，以避免遇到相同的不幸。有一位老师听到演讲中再现的煮饭造成的一次火灾意外，回家就将灭火器放到了厨房里。另一位老师把家中所有有毒性的药物都贴上醒目的标签，并将它们放置到孩童够不到的地方，因为她曾听过一位学员的演讲，详细叙说了一位母亲发现自己的孩子握着一瓶有毒药物，昏倒在浴室地板上。

发生在你身上并且令你永世难忘的特殊经验，是构成以说服为目的演讲的首要组成部分。这样的事例，可以促使听众们思考并付诸行动——在他们想来，你遇到的事情，他们也可能遭遇，那就有必要记住你的经验和忠告，施以相应的行动。

(2) 第一句话就直奔事例细节

把事例放在演讲的开端，很重要的一个原因就是为了在第一时间抓住听众的注意力。一些演讲者不能在开场就赢得听众的关注，大多是先致歉意或者用一些泛泛之词，这是最让听众倒胃口的做法。“我还不习惯在这么多人面前演讲。”听起来更遭人讨厌。还有一些老套的演讲方式，例如详细说明自己如何精心地准备演讲，或者解释自己准备工作不够完美，又或者像个传道的牧师那样说出自己的主题。这些早应被摒弃的方式都引不起听众的丝毫兴趣。

记住一句出自优秀作家之口的箴言：从你的事例细节开始，即可抓住听众的心。

下面这些是能像吸铁石一样深深吸引我的开场话语：“1942 年的一天，我醒来后，发觉自己躺在医院的病床上面”；“昨天吃早餐时，我的妻子正在煮咖啡……”；“去年 7 月份，我正高速驶入 42 号公路的路口时……”；“办公室的门突然被推开了，我的主管查理 · 冯冲了进来”；“我正在湖心岛上钓鱼，突然抬头望见，一艘快艇正冲着我飞速驶来。”

要是你所说的话满足了下述问题其中之一：什么人？什么时间？什么地点？什么事件？如何发生的？因为什么而发生的？那你已经掌握了世界上一种最古老但最有效的赢取注意力的方法。“从前”就像打开魔法大门的咒语，它开启了人们幼年时的幻想之门，运用充满人情味的方法，你将轻松地引导听众对演讲的倾听之心。

（3）事例细节与主题紧密相贴

事例的细节部分不具有天生的趣味性。堆满古董和旧家具的房间毫无美感，一幅布局散乱的静物画也不能留住欣赏的目光。如果，在演讲或谈话时与主题无关的细节频频出现，也会令听众失去耐性。你要选用最适合演讲要点的细节突出描述，要是你告诉听众的要点，是在长途旅行之前，必须认真检修驾车，那你事例中的细节都要关乎你

在驾车上路前不曾检修所发生的问题。要是你谈谈旅途风光，还谈谈住宿用餐，这样就失去了重点，也令听众们无所适从。

最好的方法是把符合主题的细节用写实的言语表述出来，使得听众仿佛置身于当时的场景之中。如果你只是简单地告诉听众自己曾发生过意外事故，而劝说他们一定要注意驾驶，这并不能引起他们的重视。如果，你用言语将惊险的时刻如画面般再现，充分地形容强烈的感受，这必然会在听众的脑海中留下深深的印记。下面这个例子，是一位学员关于冬天在结冰的路面上驾车要特别谨慎的事例："那是1949年，圣诞节前一天的早晨，我开着车，带着妻子和两个孩子，从印第安纳州41号公路向北行驶。我们已经在结满冰的道路上慢慢地开了好几个小时，路面像镜子一样滑溜，只要轻轻一碰方向盘，我的福特车就会左摇右摆，在冰面上留下几道乱糟糟的车辙。时间晃晃悠悠，和车速一样慢慢地流逝着。"

"我的车开到一片开阔地，阳光已将此路段的冰融化了，我赶紧加速，想把刚才耽误的时间追回来。路上其他的车子也都开得飞快，似乎都想第一个抵达芝加哥。孩子们也不再像刚才提心吊胆，这时在后座轻松地唱起歌来。"

"顺着突然出现的上坡路，我们开进了森林地区。当车子飞速开到坡顶时，我猛然看见——已经来不及了。北侧下坡的路面上明晃晃的冰层，开在我前方的两辆汽车一转眼就剧烈地打起滑来。紧接着，我们的车也飞了出去，一直飞过大路，落到了雪地里，车子直直地插在一堵厚厚地雪墙上。可没想到，在我们后面的那辆车也飞了过来，猛烈地撞在我们车的侧面，车门被撞坏了，我们全身都洒满了碎玻璃。"

听众通过上面细致的情节描述，仿佛与演讲者同时置身于汽车之中。这就是你的目标，令听众听到你当时所听到的，看到你那时所看到的，就连感觉也和你那时一模一样。为了达到这样的效果，唯一的方式就是细致的细节描述。就像前文所提到的，准备演讲时就是令自己清楚所要的答案，什么人？什么时间？什么地点？什么事件？如何发生的？因为什么而发生的？这些是刺激听众充分发挥想象力的有力工具。

（4）说出你的经验

真实再现事情的细节之后，你还应该将你的经验或感悟如实表达出来。这也是演讲与表演具有亲密关联之处。成功的演讲家都具有戏剧家的素质，当然，这并不是一种只能在大演说家身上才能发现的罕有的、特殊气质，大多数的小孩子们天生带有戏剧感。我们也知道一些人天生反应快，或是面部表情丰富，擅长模仿或肢体语言，可以说，他们已经具备了成为戏剧家的一些先决条件。有很多人都或多或少有一些戏剧能力，但还要通过后天的联系和引导，才能充分发挥效用。

讲述事例的时候，要让听众印象更为深刻，就要注意加入动作、手势，并且让情感燃烧得再热烈一些。无论演讲中具备了多么完美的细节描述，但演讲者不付以激情，还是一潭死水，没有任何涟漪。要是你想叙述一场火灾，那要让我们切身体验到消防队员和大火搏斗时，围观群众紧张焦虑还有激动的感觉。或者你想告诉我们你和邻里之间发生的一起不愉快的事情，那就带我们回到那一刻，目睹你们的争吵吧！要是你想描述自己几乎在水里淹死，奋力挣扎而绝望的心态，那就带着我们重回水底，感受一样的惊恐无助吧！这样戏剧化的情景再现，足以让听众牢牢印记在心里，只有这样，听众才会常常想起你的演讲，想起你希望他们做出的行动。就像是每个人都知道华盛顿是诚实的象征，这要归功于威姆斯的传记中著名的樱桃树的故事。

你的演讲因为拥有充分的事例而令听众难忘，同时也在无形中被你说服，准备参照你的建议付诸行动。接下来，我们一起迈出“魔法要则”的第二步：

●明确指出要点，希望听众付诸行动

现在叙述事例已经用去了你四分之三以上的时间，如果你的演讲时间是2分钟，那你只剩下20秒钟的时间，直接明确地说出你的要点，以及听众付诸行动会获得何种益处。这恰好与报刊新闻的方法相反，你事先说故事，再把要点和行动的好处作为主题明确指出来。这一步可以遵循三大原则：

（1）要点明确简洁

通常，人们只会去做已经了解的事情。所以你自己首先要清楚，自己要听众为什么而行动？做什么样的行动？像拍电报那样把要点简明扼要地写下来，字数不多，但相当明了，这是一个很不错的方法。不要泛泛地说："请帮助我们地方孤儿院里生病的孩子吧！"而是说："今晚请大家签名，下周日我们聚集起来，以期待25名孤儿院的孩子去野餐。"不要对听众请求心灵的活动，而是明确行动方向。如果你说："这个周末就去探望你的祖父母吧！"要比笼统地说："常常想念你的祖父母！"效果好了百倍。比如："要爱国家"，应该明确地说："请你下周二投下你神圣的一票。"

（2）要点易于理解

既然你演讲的目的是要听众付诸行动，那不论是复杂或有争议的问题，你都有责任把要点和达至行动的要求表达的易于理解。关键你要做到表述明确，例如想要听众增强对姓名的记忆能力，你不要空洞地要求说："从现在开始，请你增强对姓名的记忆能力。"而是这样说："请你遇到下一位陌生人的5分钟以内，至少默念他的姓名5次。"

与模糊的行动要求相比，给予听众明确的指示会让他们更乐于开始行动。你对听众说，应该给住院的朋友寄慰问卡片或者写慰问信，远比不上"请在祝福健康的卡片上面签上你的名字"更有效果。

依据听众的感觉，你可以选择肯定或否定的表述要点的方式。否定的方式可以明确表明不要去做的态度，有时更具说服力。就像许多年前的一则电灯泡广告："不要做个换灯泡的人。"这里的否定效果便极为有力。

(3) 自信而坚定宣讲要点

对演讲的要点应该自信而坚定的宣讲出来，也要加重强调希望听众付诸的行动。让听众感觉到你发自内心的真诚。请你带着这般饱满的情绪进入“魔法要则”的第三步。

●讲出理由和听众付诸行动的益处

简洁和明确依然是重点，你讲出要求听众行动的理由以及他们将由此获得的益处。

(1) 理由和事例紧密关联

在以说服为目标的演讲中，在你叙述完事例后，最好用一到两句话讲行动的益处，如画龙点睛般明确指出，然后你就可以坐下了。比如你在说自己买二手车比较省钱的体会，之后劝说听众也买二手汽车。那你就应该重点强调买二手车对个人理财的益处，千万不要跑到二手车和新车的样式比较上去。

(2) 强调唯一的理由

推销员为了让你买他们的产品，可以一口气说出十几个理由来，同样，你也能为自己的观点举出好几个理由，而且还全都与你的事例相关。不过，最明智的做法，还是选择一个比较特殊的理由或是益处，用简短明确的语言表述出来。如果你能潜心研究各大报刊上刊登的广告词，会帮助你提高这一技巧。每则广告都专一地推荐一种产品，而对这个产品则通常只点出一个推销重点。产品公司可能会把广告从报纸推进到电视，但不论是口头还是视觉推介方式，都极为鲜见在同一种广告里做出多种的推销重点。经过对广告的深入研究，你会惊奇地发觉，原来运用了“魔法要则”的广告比比皆是，意在引动人们的购买欲望。

在第五章里，我们还将探讨其他的事例叙述方式，诸如：统计数字、展示、专家言论、类比等等。这里所说的“魔法要则”更适宜于个人化的事例。在以说服、激励行动为目标的演讲中，这是最行之有效、富有戏剧性的构建演讲的方式。

第2节　以解释、说明为目标的演讲

顾名思义，这种类型的演讲就是把事情说清楚，令听众明白。很多演讲者都未能领悟要诀。实际上，做起来没什么难的……

有一次，美国参议院调查委员会被一位官员搞得稀里糊涂，不知所云。可能有许多演讲者就像这位官员，语焉不详，却说得很起劲，谁也听不出他想要说明什么事，重点在哪里。当其中一位委员——北卡罗莱纳州的参议员小萨穆尔·詹姆斯·欧文，得到发言的机会时，他意味深长地说了一小段故事：这位官员令他想起家乡有一位男子，他找到律师说想和妻子离婚，然而却夸赞妻子美丽、精于厨艺，而且是位好母亲。他的律师很疑惑：“那你为什么要和她离婚？”男子说：“我受不了她总是没完没了地说话。”“她都说些什么事呢？”男子回答说：“这就是我受不了的原因，因为她从来也没说明白过。”

有不少演讲者——无论男、女，都会犯下这样的错误，听众压根听不出来他们到底想说些什么，他们好像从来就没把事情说清楚过。

我曾经听过一位爱尔兰诗人在聚会中朗诵他的诗，百分之九十的听众对他大部分的言语都一头雾水，不知他想表达什么。许多人在公开场合或私下谈话时，都会显露这样

的毛病。所以，请不要对“表达清楚”不以为然，这是极重要的基本要素。

在普法战争期间，普鲁士军队的统帅——茂奇将军就一直对下属强调：“请诸位务必牢记：任何‘可能’被错误领会的命令，都‘可能’错误的执行。”

拿破仑也极为重视这一点，他再三对秘书下达的指令就是：“一定要清楚！再清楚！”

你已经通过前一章节的学习，掌握了说服和激励行动的“魔法要则”，现在，我们会针对以解释、说明为目标的演讲提出一些简便实用的建议。

我们每一天都可能要花不少时间来进行这一类谈话，可能是解释某件事，或者作报告。在每周对公众的演讲中，解释、说明的演讲场次只比说服性演讲少一些。事实上，你要先掌握说清楚的能力，才能去说服听众，让他们付诸行动。

下面所列出的建议，将会帮助你提高语言清晰的能力，令听众轻松地明白你的用意。罗德维·威根斯坦曾说过：“只要能想到的事，就都能理出头绪，而只要是能说的事，也都能清楚的表达。”

根据时间限定主题

威廉·詹姆士在对培训班老师们发表演讲时，特别指出，一个人在演讲时，一次只能谈论一个要点。他指的一次也就是1个小时内。在一次规定3分钟时限的演讲会上，我亲耳听到一位演讲者上来就宣布：自己将要阐述11个要点。请你算一算，他阐述一个要点所费时长，平均下来仅仅是16秒半的时间。真是不可思议，这完全不是一个理智的演讲者所应该做的。当然，这个例子过于极端，但足以让你想象到这种错误的方式十分不可取。这样做的结果，就好像一位导游，带着旅游者一天之内就将巴黎逛完了，不是说这样做不可能，你也可以花上30分钟就在美国国家博物馆里走一圈，可那又有什么意思呢？许多演讲者不明白这个道理，总想把一次规定时间的演讲，说得像一部世界纪录那样内容广泛。为此，他只好像一只羚羊那样，从这一处飞速地跳向另一处。

最明智的做法，无疑是只抓住一个要点，详细加以解说，方便听众记忆，以留下深刻而清晰的印象。

如果你觉得演讲一定要有几个侧重点，那我还有一个建议：在你结尾时记得做出简短扼要的总结。

有一次，我拜访一位总经理，却看到办公室的名牌换成了别人的名字，我从一位朋友——人事部部长那里得知了缘由。老朋友告诉我说："他是因为名字的问题。"我不解地问："他的名字有什么问题？他是这家公司主要控股人——琼斯家族的成员啊。"

朋友说："我指的是他的外号'他这会儿在哪里'，公司里的人都称他为，'他这会儿在哪里？琼斯'。他不愿意用心学习和管理公司的运营状况，他打发工作时间的方式，就是到处走来走去，一会儿出现在这里，一会又出现在那里。他更愿意去看船运部门的员工熄灭一盏灯，或是记录员捡起遗落的纸张，就是不愿意去研究一笔大业务。他的身影几乎不出现在办公室里，因此我们管他叫'他这会儿在哪里'。他没能当很久的总经理，就被琼斯家族的另一个人取而代之了。"

这使我想到了很多演讲者，他们完全可以表现得更为出色，可他们就像"他这会儿在哪里？琼斯"那样，不自我约束，想法很多很多，却漫无目的。当你听到这样的演讲时，你是不是也曾经问过："他这会儿在哪里？"

就连一些演讲老手，有时也在演讲中安排多个要点，他们或许对自己平衡操控的能力相当自信，认为不会将演讲搞砸。不过，请你不要冒险尝试，还是给自己限定一个要点，并且明确清晰地阐述。这样，听众一定会说："他说的意思我都明白，我知道他这会儿在哪里。"

●次序井然

演讲内容的进行要做到次序井然，你可以依照时间、空间或者特殊顺序来做出安排。例如以时间为序，可以按照过去、现在、将来的顺序来发展，也可以选定一天作为开始，向过去追溯或者向前发展。正式演讲时的主题和内容，是经过准备期对大量备用资料的筛选，以及各种方式的组合，最后得以完成。你要依据时间的限制，来确定内容的多少。

如果是以空间为序，你可以先定下一个中心点，然后从内而外的发挥，或是以方向来做指引，最常见的就是东、西、南、北。比如说，你想要描述首府华盛顿，可以带着听众登上国会山的最高点，按照不同的方向来讲解华盛顿具有特色的地方。要是你想要谈谈一部汽车或者喷气飞机，最好把其分解开来，分门别类的进行描述和评论。

有时，你所要演讲的主题，已经有了完整确定的顺序，就像美国政府的结构，你只需遵照原来的构成，从立法部门、行政部门、司法部门三方面来谈论即可。

●把重点列出来

想让听众感觉你的演讲条理清晰、次序井然，最简便的方法，就是在演讲中明确地列出重点。坦诚地说："我要谈的第一点是……"。在谈完之后，仍不妨直白地说，现在要说第二点的内容，一直如此，持续到演讲完毕。

洛弗·J·庞区博士任职联合国助理秘书长时，曾受邀在纽约州罗切斯特城市俱乐部作演讲，他采用的就是这种明确列出重点的方式：

"我今晚之所以选择'挑战人与人的关系'作为主题，归纳起来，有两个原因。"他接着说，"第一个原因是……"，谈论了一会，他又接着说："第二个原因是……"。他在整个演讲过程中，用一个接一个的重点引导着听众，让他们感觉清楚明了，最后随他走向结束语："我们要对人类的向善之心永远充满信心。"

●用听众熟悉的事物来对比

或许你对一件事情非常清楚，想通过演讲来让大家都明白，可是费了好大的工夫，也没能让听众弄明白你说的究竟是什么意思。怎样才能解释清楚呢？不妨在叙述时，将这件事和听众所熟悉的事物相联系，使听众对陌生的事物产生熟悉的感觉。

曾有一位门徒问耶稣，为什么给人民传道时，他多用比喻的方式？耶稣回答说："他们虽然用眼睛在看，却不能看到许多事物；他们虽然也在听，却并没有听到，也无从了解。"

你的听众对你所研究事物的陌生程度，恐怕要远远大于人们对耶稣的认识吧？那你应该怎么做呢？让我们看看耶稣是怎样做的，把人们不了解的事物和他们早已熟悉的事物联系起来，这就是他所用的最简单直接的方法。当耶稣要告诉那些没有读过书的巴勒斯坦农民何为天堂时，他使用的都是他们最熟悉的词汇："天堂就如同酵母，妇女把它放进玉米粉里，等它慢慢发挥作用，直到玉米粉全部发酵。"

"天堂，就如同寻觅完美珍珠的珠宝商人……"

"同时，天堂就如同你抛向海洋的捕捞网……"

听众里的家庭主妇，差不多隔几天都会用到酵母粉；打鱼的渔民对渔网了如指掌；珠宝商经常采买珍珠……这样的比喻，简单明了，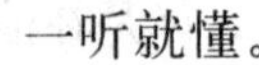一听就懂。

有一个极为有意思的例子，特殊地运用了这种方式，当传教士来到非洲位于赤道附近的一个部落时，他们尝试着用部落土话来翻译《圣经》。当他们翻译到"虽然你的罪恶如鲜血般暗红，但终究会像白雪那般洁白"。如果按照原文的意思照翻，对于这里的土著而言，没有任何意义，因为他们从没有冬天上街扫除积雪的经历，甚至在他们的土语中，找不到"雪"这个字。他们对雪和煤是否不同毫无概念。在

他们的生活里，到时会经常爬到椰子树上，摘下几颗椰子作为食物。最后，传教士由此受到启发，将这段话翻译成："虽然你的罪恶如鲜血般暗红，但终究将会像椰子肉那般洁白。"这无疑是最适合当时环境的翻译，将熟悉的事物和不了解的事物形象地联系在一起。

掌握下面两种方式，也会使你的表述更加清晰明了。

（1）图解数字

太阳距离我们有多远？月亮有多远？最近的星星是哪一颗？关于太空的这些问题，科学家们可以用一大堆具体数字告诉给我们听，可是他们也很清楚，人们对数字没什么兴趣。所以，他们就明智地采用了图画来解说数字。

占姆·金恩斯是世界知名的科学家，他深晓人们对神秘未知的宇宙充满好奇和渴望。同时，作为一名数学家，他也深知，在写文章或者演讲时，用上几个具体数字，也会增强说服力。他在《我们外界的宇宙》中指出："离我们最近的一颗星，也在25,000,000,000,000之外的距离。"他佐以这样鲜明的说明，如果一个人从地球上用光速——以每一秒186,000英里的速度起飞，他要在4年零3个月后才能抵达普罗西马·森多利星。

这种说明宇宙浩瀚宽广的方式，如同一幅图画给人留下长久的印象。要是密苏里州州立华伦斯堡师范学校培训班的那位学员也是用这种方式，那该多好。他只是告诉大家说阿拉斯加的面积是590,804平方英里，总人口为64,356人，然后就去说别的了，丝毫没想到给听众具体形容一下。

对于大部分人来说，脑海里没有平方英里的概念，也无从想象50多万平方英里究竟和缅因州一样大，还是和得克萨斯州一样大。要是这位学员做个说明：阿拉斯加及其附属岛屿的海岸线加在一起，环绕地球一周还有余；至于它的面积，要比下面80个州相加还要大上一丁点，这80个州分别是：佛蒙特、缅因、新罕布什尔、马萨诸塞、罗德岛、康涅狄格、纽约、新泽西、宾夕法尼亚、特拉华、马里兰、西弗吉尼亚、北卡罗莱纳、南卡罗莱纳、佐治亚、佛罗里达、密西西比以及田纳西。这样一来，所有听众对拉斯维加斯面积的大小有了一个多么明确的印象啊！

至于64,356的总人口数，我相信，就将这个数字在记忆里保存5分钟的，10个人里也挑不出1个，大多数人连1分钟都很难记住。因为这个数字被一带而过，就像在沙滩上写字，一阵浪卷过，字迹就消失不见了。不妨把这个数字与听众熟知的事物联系起来。比如用演讲时所在城镇的人口来比较，要是他能这么说："阿拉斯加的面积足有密苏里州的8倍，但是总人口只有我们所在的华伦斯堡人口的13倍。"这样的效果岂不鲜明生动，令听众过耳难忘。

请你看下列两组例句，感觉哪一种叙述更容易记忆，选出①或是②。

①离我们最近的星球，距离为24万英里。

②假设一列火车从地球开出，速度为每分钟一英里，总共要跑4800万年才能抵达距离我们最近的星球；要是在那里唱歌，声音传回我们这里，也要等上380万年；如果我们用一根蜘蛛丝连接地球和那个星球，则一共要用掉500吨的蜘蛛丝。

①世界上最大的教堂——圣波多鲁教堂，长为232英尺，宽度为364英尺。

②圣波多鲁教堂的大小，相当于把两座华盛顿国会大厦叠放在一起。

许多年前，有一位培训班学员将死于公路车祸的人数，用令人毛骨悚然的情景描绘给我们听："此时，你正开车从纽约前往洛杉矶。试想一下，沿途所见都不是普通路标，而是一具具棺材立在路边，每具棺材里装着一位去年因公路车祸而去世的死者。你的车子飞速行驶着，每过5秒你就会看到这样一个骇人的路标；在全美国的公路边，每一英里地都竖立着12个棺木！"

从那以后，我每次驶上公路，就仿佛看到路边直立着那种阴森恐怖的路标。

你也可将这种方式巧妙运用在演讲之中。要是你打算讲述大金字

塔，可以先告诉听众，大金字塔有451英尺高，然后用他们熟悉的建筑物来比较，让他们的感知更清晰，还可以告诉他们大金字塔的底座可以遮盖住多少条他们所在地区的街道。

要是你提到多少千加仑的液体或者是几万桶，那你接着要说，如果将液体倒出来，可以装满多少间我们此时所在的大房间。或者你形容某物的高度是20英尺，那不妨说："是我们现在这个房间从地面到天花板的一倍半。"或者你说距离多少公里，可以说，就和从我们这里到火车站，或者到某条街道的距离一样。这些形容都能够让听众感觉更鲜明，清晰。

(2) 尽量少用或不用专业术语

或许你是一位某种行业的技术专家，像律师、医生、工程师等，或是从事专业化程度较高的工作。当你和行业外人士谈话或者演讲时，就尤其要避免使用过于专业的词语，如果用了，也要尽量用平常的语言来解释清楚。

这一点要特别注意，因为我已经听过的不成功演讲中，有上百场的失败原因就在于此。演讲者似乎不知道面对的是普通大众，而大众对于特殊行业一般都没什么了解。他们按照自己的想法，大谈特谈，专业词汇比比皆是。对于他们来说，这些不过是很平常的知识，可是对于行业外的听众们来说，却是丈二和尚摸不着头脑，糊里糊涂。这就好像大雨过后，爱荷华州和堪萨斯州垦田的泥土被冲入密西西比河，河水不复清澈。

这样的演讲者应该怎样做才正确呢？前印第安纳州参议员彼福利奇提出的建议，是非常实用的："你最好从听众里挑选一位看上去反应比较慢的人，把他当做你重要的演讲对象，尽力让那个人对你的演讲产生兴趣。为了达到这个目标，你要尽量用易理解的语言，清楚地说明才行。要是大人带着孩子在现场，那你就把那个孩子当做你的重要研究对象。你可以在心里告诉自己——当然，也可以向听众宣布出来——你将会努力把演讲说得通俗易懂，就连那个小孩子也明白你在说什么，并且回去后还可以向别人复述你说的话。”

培训班里曾经有一位学员是医生，他在一次演讲中说道：“用横膈膜进行呼吸，会对肠子的蠕动产生明显的促进作用，同时也对人们的健康状况大有好处。”他说完这一句，就急忙转向了别的问题。这时，老师示意他停下来，并问其他学员，是否明白横膈膜呼吸和别的方式呼吸有哪些不同之处，为什么会对健康有益，还有肠子的蠕动是指什么，知道的人请举手示意。可想而知，医生对于举手的情况吃了一惊，于是重新回到前一句，开始认真详细地讲解：“横膈膜实际上是一层很薄的肌肉，位于肺叶下端，既形成了胸腔的底部，同时是腹腔的顶部。当你用胸腔呼吸的时候，它会像一只倒置的水盆那样向上拱起。当你在做腹式呼吸时，每一次吸气都会将横膈膜拱起的部位向下推压，几乎变成平平的样子。这时，胃部肌肉就会向腰椎产生挤压的力量，横膈膜向下推压的力量可以刺激到上腹腔的器官——胃、肝、胰、脾以及太阳丛，就像按摩一样的感觉。当你呼气时，胃和肠子向上提升挤压横膈膜，等于又享受了一次按摩，这样的反复按摩，对排泄功能非常有帮助。”

“很多疾病和不舒适的症状都是因为肠胃不适所造成的，如果我们多用横膈膜做呼吸，那么肠、胃就可以获得有益的刺激，大多数不

消化、便秘或者体内中毒的现象都会自动消失。”

亚里士多德曾经指出：“思想要如同一位智者，说话要和平常人无二。”要是你必须用到专业术语，那最好先向听众解释清楚，尤其是其中的基础词语。这样，当你继续演讲时，听众才能真正听得懂。

有一次，一群家庭主妇找一位证券经纪人了解一些银行及投资的具体细则，这位经纪人就像是在轻松拉家常一样对她们说了起来。他说事情说得很明白简单，但是使用的金融词汇却一个也没解释，这些诸如“票据交换所”、“课税和偿付”、“抵押退款”还有“短期和长期买卖”的陌生用词，令这些家庭妇女一头雾水，原本很不错的交谈就此变得无趣起来。这位经纪人最大的失误就在于忽略了听众是门外汉的事实。

当然，你也不必完全避免使用专业词汇，只需在使用时，向听众简洁明了的解释清楚就可以了。这件事情做起来并不难，毕竟你有的是专业词典可以查看定义和解释。

不论你演讲的主题是什么，广告歌曲？控制购买欲？成本会计或社会科学教程？或是政府的津贴？或是逆向行驶的车辆？或许是谈谈对孩子的宽容心理？或许是存货评估法？你都要告诉听众你所提专业词语的基本含义，才能让他们理解并进行思考。

●视觉效果的运用

大脑和眼睛相关联的神经要远远多于和耳朵相关联的，因此科学家说：我们通过视觉得到的注意是听觉的 25 倍。

中国有一句俗语，也是这个意思，叫做：“百闻不如一见。”

你要让演讲或谈话生动形象，就要让你的观点具有立体感，令听众对此有一种视觉感受。美国收银机公司前总裁派特森对使用此法颇有体会，还专门为《系统杂志》写过一篇文章，用以介绍自己对生产工人和销售人员所做演讲的方法：“想要让别人了解你，或是引起别人的注意，仅仅只凭借语言是不够的，你要借用一些戏剧化的方式，以达到效果。在我看来，最好的方式莫过于借用图画的形式，来表现对和错两种截然不同的观点，图表比文字有力度，而比图表更具说服力的就是图画了。你想要阐述某个主题吗？那就配以相应的图画来表现吧，语言或文字可作为图画的辅佐。很久以前我就已经明白，一个画面的作用远胜过我所说的任何言语。”

“效果最好的是有趣好玩的图画，我个人就收集了一整套图表格式和幽默画。在一个圆里画上美元的符号，那就代表了一张美钞，要是画一个袋子，上面再画一个美元符号，那就代表了大笔金钱。像满月一样的圆脸蛋很受欢迎，先画个圆圈，再简单用线条表示眼睛、鼻子、嘴巴、耳朵，只需稍微改变线条的起伏，就可以让这张圆脸展示出丰富的表情，思想陈腐的老古董嘴角总是严肃地向下，风流时尚的年轻人嘴角总是愉快地上扬。这些图画并不复杂，我最喜欢的不是那些画出美丽风景的画家，而是漫画家。这些图画最终之处就在于可以直观地对比、示范。”

“你并排画一个装美元的大袋子和一个小袋子，就能很清楚地表示出对的和错的方式，大袋子表明钱赚得很多，小袋子无疑是在说进项少少。你可以在演讲时用极短的时间随手画出简单的图画，不用担心听众不再关注你，他们反而会更好奇，想知道你究竟在画些什么，也想听你说明画出图画的目的，而且幽默的画面还会让他们感到愉快。”

“我常常会聘请画家到我的工厂和专卖店里去观察一番，请他用素描画的形式将一些不适当的行为或应避免的事情记录下来，然后再将这些素描画成正式的图画。我将有关人员召集来，把图画展示给他们看，让他们立即领悟到自己是什么地方做错了。投影仪一投放市场，我就马上买了一台，可以将画面打在墙壁上立体起来，自然要比平面的效果好了很多。后来，我又第一时间买了一架电影放映机，在我公司的一个部门，专门存放了6万多张立体幻灯片，还有许多部影片。”

值得注意的是，图画并非适用于每次演讲或者谈话，不过，我们要在适用的场合尽量地发挥它的功效，这是引起听众注意，提高他们兴趣，还能充分表现我们想法的好方式。

在使用图表时，要特别注意能让听众看得清清楚楚。而且，也要注意使用图表不宜过多过于频繁，没完没了的图表也是会令人心生厌

烦的。如果你在演讲中边讲边画，画的速度一定要快，画面越简单抽象越好，要知道，听众可不是来欣赏绘画作品的。一边画，一边继续对听众讲话，而且要尽量转身面对听众。

以下是对使用展示物品的几点小建议，相信会对你有所帮助。

一、不要让听众提前看到展示物品，在真正需要时才展示出来。

二、展示物品必须足够大，以保证最后一排的听众也可以清楚地看到，如若不然，又怎能从展示物品得到启迪呢？

三、继续演讲时，不要让展示物品在听众手里传阅，这不是给自己找了个分散听众注意力的对手吗？

四、将展示物品举起，令所有人目光可及。

五、若是条件允许，可以在现场利用展示物作示范，那样会比举出10样物品的效果好上百倍。

六、不要盯着展示物讲话，你的沟通对象是听众，而不是它。

七、展示物品使用过后，立即收起来，放在听众看不到的地方。

八、要是想赋予展示物神秘色彩，那不妨在讲演时，将它用东西蒙上，放在身旁的桌子上。故意找机会多次提到它，但不说出究竟是什么，让听众既好奇又期待，一直关注等着你揭开谜底。

在听众面前，说出自己的想法，同时展示给他们看，这种视觉刺激将会带给听众记忆犹新的感受。

林肯认为，我们一定要对清晰的表达充满狂热的信念。新萨勒姆学校的校长嘎拉汉曾回忆说："据我所知，林肯常常会为了一件事，花上好几个钟头来研究怎样用3种最好的方法来表达它。"

另一位美国总统伍卓·威尔逊曾经写下一段回忆，就让我们将此作为本节最后的总结吧："我的语言训练来自父亲的教诲，他是一位智者，不能容忍晦涩含糊的表达。从我开始学写字，一直到他81岁高龄去世前，我习惯于把给他写的东西带在身边。每次见面，他都会要求我大声朗读，这对我而言，可真不是什么愉快的事情。他时不时地打断我：'这话什么意思？'我便解释给他听，当然要比写下来的更简洁明了，他就会教训我说：'刚才你为什么不这样说？不要用鸟枪来点醒自己的想法，结果只能乱糟糟一片，记住，要用来复枪瞄准你说的每句话。'"

第3节　以说服为目标的演讲

林肯曾说："我在一场论战中得胜的方法，首要是找到一个令对方赞同的观点。"这正是达到说服目的的诀窍之一。

有一群人曾经在瞬间被卷入一场飓风的中心，虽然，这并不是真正自然界的飓风，但气势上也相差无几，牟利斯·高波莱就是制造这场飓风的人。有人回忆说："当时是在芝加哥的一个餐会上，我们对他迅猛的演讲风格早有耳闻，当他站起身时，人们都安静下来，等待着他开口。

"他看上去文质彬彬，开场也是温文尔雅，他感谢主办方的邀请，并说将要谈的是一件非常严肃的事情，如果让我们感到不愉快，还请多多原谅。

"紧接着，他就开始制造强烈的飓风，他猛地向前倾身，炯炯的目光盯住我们每个人，他的声音还是和刚才一样低沉，但是我却感觉到平地一声惊雷。

"他说：'看看坐在你身边的人，请你们互相望一望。你们可知道，现在坐在这里的人，将会有多少死于癌症？55岁以上的人中，每4个人就会有1个！4个人就会有1个！'

"他的脸上闪动着光辉，略作停顿后又说道：'这虽然难以置信，却是残酷的事实。但我们可以改变这种现状，只要我们努力研究，查出病因，并寻求先进的治疗癌症方法。'

“他的眼神更加热诚，巡视了在座所有人之后又说道：‘你们愿意一起协助这项研究吧？’

“这时在我的脑子里，除了‘愿意’二字，找不到别的答案。演讲结束后，我了解到别人的感受和我一模一样。

“牟利斯·高波莱在不到60秒的时间里，就赢得了我们的心。他使我们每个人都心甘情愿地和他站到了一起，加入了他为之努力的行动中。

“牟利斯·高波莱和兄弟纳森白手起家，经过多年辛苦奋斗，终于拥有了自己的连锁百货公司，年收入在一亿美元之上，可就在此时，纳森却查出患了癌症，没多久就离开了人世。之后，高波莱基金会捐出了第一笔100万美元，作为芝加哥大学癌症研究计划的经费。牟利斯·高波莱——他已经退休，也将全部时间用于警示人们提防、对抗癌症的工作。他信念坚定，像火般热情，他将自己奉献给为人类造福的目标。这一切，都令我们无法不同意他的观点，无法不投身于他所要我们做的行动。”

●真心换信心

坤迪兰是古代罗马演讲家，他认为演讲家就是“一个擅长讲话的真诚的人”。本书也一再强调，真诚是演讲中不可或缺的基本要素。皮埃庞·莫根曾说，获取信任的最好方法是真实的性格，这也是获得听众信心的好方法。

亚历山大·伍科德说：“一个人说话时流露的真诚会令他的声音有着不同凡响的感染力，这一点是虚伪的人所做不到的。”

发自内心的真诚和热情才会让我们的演讲能够更具说服力，我们

首先要令自己坚信不疑，才可能尽力说服他人。

●获得赞同

华特·迪尔·史科特曾任西北大学校长，他曾指出：“无论概念、建议或者结论，都认可其真实，才进入脑海，要是受到阻碍，那思想中必然已存有相反的理念。”也就是说，就是要让听众赞同你，和你的想法达成一致。

哈利·奥弗斯崔教授是我的好朋友，他曾在演讲中对此作了深刻的心理剖析：“出色的演讲家，会从一开始就获得听众的赞同。他巧妙地通过心理方法让听众一步一步跟着他前进，就像撞球游戏里的弹子，当你将它推往一个方向，如果要让它变换一点角度，就需付出较大的力量，要是想把它打到完全相反的方向，那需要的力度更要加倍。”

当一个人发自内心说“不”的时候，他不仅仅是发出一个单调的音节，而是将整个身体——神经、肌肉、器官全部收紧密闭，呈现拒绝接受的状态。此时他身体外在也会有细微变化，有时比较明显，表明了他的抗拒之心。反过来说，要是一个人发自内心说“是”，那他的身体就会呈现积极、开放、接纳的状态。因此，我们要设法在一开始就获得更多的“是”，这样听众的注意力就会更多地投放在演讲上，并

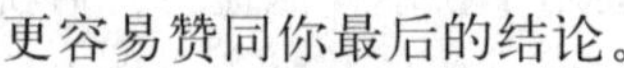

更容易赞同你最后的结论。

得到“是”的肯定，并不是一个复杂的技巧，但大多数人对此不以为然，在他们看来，为了显示自己的重要性，就应该从一开始采取对抗的态度。所以，当激进党和保守党人士一起开会时，要不了多一会，会场的气氛就变得紧张火暴了。真搞不懂他们这样做的理由，难道只是觉得好玩？真是这样倒也罢了。如果他是想达成什么目标，那这么做就只能铩羽而归了。

如果在一开始就令对方说了“不”字，再想把这斩钉截铁的否定给扭转过来，那恐怕就要借助魔法的力量了。

要从一开始就赢得听众的赞同态度，请记住林肯所言：“我在一场论战中得胜的方法，首要是找到一个令对方赞同的观点。”《明镜》报曾经这样报道林肯的一场演讲：“在演讲一开始的半个小时里，他说的每个词都是反对者赞同的。他以此为基础，一点点引导他们，不知不觉中，反对者们已全数进入了他的围栏里。”

演讲者一上来就表明自己的态度，只会让听众产生逆反心理，他们决不会按照你希望的去改变观点。当你自负地说：“我要证明……是正确的！”的时候，听众的抗拒之心都在发出无声的呼喊：“别得意得太早！”

先从听众都认可的事情谈起，然后再提出问题，引起他们的思考和兴趣。这难道不是对你最有利的方法吗？在与他们一起探寻的过程中，把你真实明确的事例和感受讲述给他们听，当他们赞同你所说的这一切时，你的观点自然也就成为他们的观点。

无论观念分歧有多大，在争论时，总能找到对立双方都表示赞同的一点。1960 年 2 月，当时的南非政府还在奉行种族隔离政策，英国首相哈罗德·麦克米兰来到南非国会两院发表演讲，主题是关于英国不存在种族歧视。他没有一开始就指出背道而驰的观点，而是赞扬南非的经济成就以及对全世界的重要贡献。然后，低调地提出有分歧的观点，但他清晰地表明，相信无论何种观点都是出自内心真诚的信念。他的言辞坚定，态度始终温和：“作为一位英国公民，我想说我们始终对南非予以关注和支持。请诸位对我所言过于介：我们正努力让所有自由人在我们国家的土地上，都享有平等的权利，这是我们坚持的信念。在支持和帮助诸位的同时，我们也不能违背自己的信念。我想，抛开信念的分歧不谈，我们应该永远是朋友，我们共同承认一个事实，那就是，如今我们之间仍有分歧。”

面对这样诚挚的演讲，即使分歧再大的对立者，也会相信演说者所持公正之心。

你可以试想一下，麦克米兰一开场就直指双方信念的分歧，而不找出彼此承认的共同点，将会造成什么样的局面？

詹姆士·哈维·罗宾逊教授在其《思想的酝酿》一书中，解析了人的这种心理："我们会发现，自己常常在不知不觉中改变了想法。但要是别人直接否定我们的想法，我们就会感到愤怒，立马抱定自己的想法决不撒手。我们对信仰形成的过程并无察觉，但一旦遇到有人怀疑或否定我们的信仰，我们反而会狂热地坚持自己的信仰。与其说我们在乎信仰本身，倒不如说我们在乎的是自己宝贵的自尊……'我'字虽小，却构筑了人类的万是万非，看清这一点并以之为思考前提，才是智者所为。不论是我的晚饭、我的爱犬、我的家庭、我的信仰，还是我的祖国、我信奉的神灵，都是一样的。我们反感别人指责我们手表时间不准，或是开的车太破，也讨厌别人指责我们的火星论，或者说我们念'Epicteus'时怪怪的……我们习惯于自己已经接受的事实或者理念。一旦被直截了当的指出我们是错误的，那我们内心激起的愤恨会让我们坚定地找出一切理由抗拒。这样一来，'讲道理'就是用一大堆话来巩固自己原来的信念。"

●用热情感染听众

当演讲者投入的热情极具感染力时，听众一般都不会觉得很抵触。你的目的是说服听众，那就应该始终坚持晓之以情，动之以理的原则。想要感染听众，首先要让自己心中充满燃情。如果不能做到真诚对待听众，那他的语调再温和动听，讲述的事例再翔实，一举一动再得体，也不过是些虚浮的东西而已。

你在演讲时流露出的态度，在很大程度上会影响听众对你的态度，你表现的漠然，他们也提不起热情对你。就像亨利·华特·比说的："要是听众听得昏昏然，几乎要睡着了，那唯一可做的，就是给服务生一根尖头的棍子去扎演讲的那个人。"

我曾受邀在哥伦比亚大学的毕业生演讲会上，担当3位颁发"候迪斯奖章"的评委之一。参加演讲的是6位毕业生，他们都做了精心准备，想要一展身手。他们——有一位另当别论——都只一心想着赢

得奖章，却忘记了演讲的用意。

他们选择的主题都是易于阐述，比较讨巧的，他们对于自己叙述的事情并没什么兴趣，好像他们只是上台来演示演讲的一些技巧而已。

那位另当别论的是一位祖鲁族的王子，他的演讲题目是“非洲对现代文明发展所起的作用”。他倾注了自己的情感在每一个字里行间，丝毫没有玩弄演讲技巧。他所讲述的内容真实而充满活力，他热情地叙述着，就像他是那片非洲大陆和人民的代言人。他深情而坦诚，将那里人民的感受传递给我们，也真诚地表示出希望我们多了解那里的期望。

如果只评论演讲技巧，他比不上其中两三位，但是我们3位评判一致决定把奖章颁发给他，因为我们都真切看到了他演讲中发自真诚的火花。而其余几位的演讲，也就是火光闪烁不定的煤炉而已。

祖鲁王子最后在离家万里的学校又学到了一课：想要让听众赞同你的观点，仅用冷静的述说是不够的，必须显现出对自己所持信念的诚挚坚定。

●尊敬和爱护听众

努曼·文森·比尔这样说道：“人类天生需要关心，也需要尊敬。每个人内心都对自身的价值、重要性、自尊非常在意，你对一个人的伤害，会使你永远失去他。当你尊敬他并关心他时，你也得到了他，他也会用同样的爱和尊敬回报于你。

“我曾经和一位演艺界人士一起参加演出。我和他并不熟悉，但在那次节目以后，我从媒体得知他遇到的一些问题，我认为自己很清楚原因在哪里。

“在我上台前，我和他坐在一起，他对我说：‘你看上去一点也不紧张。’我回答说：‘我还是紧张的。在我即将面对观众的那一刻，我心里总会有点紧张，这完全出于对他们的尊敬和责任感。你就一点不紧张吗？’

“‘干吗要紧张？’他说，‘不管你说什么，观众都会很高兴。他们就像是吸了毒的瘾君子！’

“‘恕我不能同意。我对观众一向怀着尊敬之心，他们是你最重要的评判者。’”

后来在报纸上看到这位艺人的知名度每况愈下的消息，比尔博士知道，此人败在不以尊敬之心待人，而是坚持站在观众的对立面上。

若你尚未清楚应该持何种态度，那前人的教训一定会让你立即领悟。

●友好的开始

一位无神论者质问威廉·巴里，他怎么能证明无神论是错的。巴里掏出自己的怀表，打开后盖回答说：“要是我说，这些齿轮、横杆还有弹簧是自己制造出来，然后组合在一起，自己开始转动的。你必然认为我的智力有问题。可是，请你抬头看看星空，它们每一颗都有自己的运行轨道，地球和行星围绕着太阳每天飞速地转动，而每颗星又形成一个中心，在宇宙里不停歇地运动着，却平静、有条理，毫无杂乱之感。你认为这是它们自己安排的呢？还是经由某人安排的？”

要是他一开口就激烈地对抗：“怎么会没有神灵？你知不知道自己在说什么？愚蠢的家伙！”一定会是场火暴的局面，那位无神论者一定会怒不可遏，极力为自己的信念辩解，就如同一头被惹火了的豹子。因为他的自尊受到了伤害，这是他所不能容忍的。

巴里用温和的展示方式，令对方比较容易接受建议，不会在脑海中产生强烈的对立情绪。自尊是人们心底重要的本质，明智的做法，自然是巧妙地利用这一点，达到我们想要的效果。许多人都做不到像巴里那样尊敬对手，在他们看来，想要夺取城堡领地，必须全力猛攻。那样造成的后果就是，对手大门紧闭，吊桥也被高高升起，战士们身披

盔甲，手持弓箭——言语的争斗和打斗就此开场。这样有勇无谋的战争，最后是两败俱伤，谁也占不到半点便宜。

友好的开始——并不是今世新鲜的方法，而是一种很古老的方式，早在圣土传教时期就已经运用。

若你在以说服为目标的演讲中，只想着把自己的理念传达给听众，并且让他们照单全收，反而会加深听众的反感与拒绝的决心。擅长运用演讲之术的人，他们却知道怎样让自己的演讲充满力度和影响力。你可以读一读我的《人性的弱点》，学习书里的方法，会对你大有帮助。

在你每天的生活之中，都可能遇到和你持相反意见者，可能是在家里，或是工作的地方，或是不同的社交场所，你都想影响他人，改变对方的思想，和你站到一起来。那你就要好好思考自己的方法，你是否和林肯和麦克米兰一样懂得怎样开始？要是你确实如此，那你的确拥有非凡的说服能力，是一位智慧型的人际关系学家。

请记住伍卓·威欧生所言："假如你告诉我：'让我们坐下来，好好谈一谈，如果确实看法不同，那就让我们搞清楚问题在哪里？是什么让我们不一样呢？'我们将会发现我们的观点差别并不如看上去那么大，存在着许多共同之处，而且我们都意识到，只要我们彼此真诚、宽容，并向着融合的目标努力，那我们一定可以达到目标。"

第4节　即席演讲

演讲者和听众之间融洽的气氛，是成功演讲的基础。面对许多人即席演讲，和在自家客厅里和朋友谈天说地唯一的不同：就是人比较多。

在你看来："事先有所准备的演讲对我轻而易举，可要是突然请我起来对着大家说点什么，这可真让我为难了。"

临时受命发表演讲，必须在极短的时间里理清思绪开始说起，这要比有准备的演讲还要重要。随着现代社会的发展，随时的言语沟通变得愈加频繁，这也是现代人必须拥有的能力。影响当今社会或商业发展的政策，并不是由一个人所制定，而是许多人在会议桌旁讨论决

定的。在百家争鸣的会议上，每个人都必须把大脑运转得飞快，流畅有力地表达自己的思想，才会对最后的决定具有一定影响力，这也正是即席演讲所起的重要作用。

●做即席演讲练习

只要是一个智力正常、情绪可以自控的普通人，就具备完成即席演讲甚至发挥出色的基本能力——也就是未作任何准备的谈话的能力。运用下述方法练习，可以令你在突然被请起说几句话时，语言表述清楚流利。

第一种方法，曾经最受演艺明星的欢迎。很久以前，道格拉斯·菲班克在写给《美国杂志》的文章里介绍了一种益智游戏。在差不多两年的时间里，他和查理·卓别林、玛莉·彼克弗几乎每晚都一起玩这个游戏。实则这个游戏就是——站立思考——是演说练习中最具挑战性的部分。菲班克写道："我们每人在纸条上写下一个题目，然后将折好的纸条混在一起，每人依次抽出一张，打开后，要马上站起身来，围绕这个题目讲满60秒钟。我们从不反复使用题目。有一天晚上，我抽到的题目竟然是'灯罩'。要是你觉得一点都不难，那就请你现在站起来试一试。幸好，我还是顺利完成了。"

"自打我们玩这个游戏之后，我们的反应变得更加灵敏，还了解了各种鬼灵精怪的题目。不过，最大的收获，是我们都学会了在眨眼之间对任一题目组合知识点并且伸展思维，也就是掌握了怎样站立思考。"

我培训班上的学员，会被随时请起来发表演讲。多年的培训令我悟出了两点经验：(一)学员可以此证明自己可以站立思考；(二)具备站立思考的经验后，他们

对于可做准备的演讲更加有信心。因为他们确信，即便自己在演讲时突然卡壳，忘记了原本要说的内容，他们却可以运用即席演讲的经验，继续不慌不忙地谈下去，直到找回原来的思绪，回到最初的演讲轨道。

每个培训班上的学员都会有几次听到老师说："今晚每人都会有一个题目发表演讲，不过只能在站起来的那一刻才会得知自己的演讲题目。祝大家运气好！"

一个会计师站起来发现自己要谈和广告有关的事情，而广告人士要谈的题目是幼儿园，或许当老师的要谈银行贷款的问题，银行主管却要谈谈学校的教育，卡车司机被要求说一说产品生产，而生产线主任不得不说说运输问题。

他们深知自己不是专业人士，却没有一个人为难的放弃。他们尽力在极短的时间搜索自己脑中现有的知识以完成题目。一开始，没有几个人能讲得流畅，可不论他们觉得吃力还是轻松，毕竟都没有逃避，而是站起身，勇敢地演讲，而且表现的比他们想象中要好，自己居然拥有以前从不知道的能力，这让他们不禁兴奋而鼓舞。

他们能够做到的，任何人都可以做到——只要有信心和毅力——越多练习，就越觉得并非难事。

我们还经常用到另一种站立思考的方法，也就是即席演讲接龙。这是培训班的特色教学方式。说先请一位学员站起来，让他自由发挥说出一个很棒的故事开头。他或许会说："有一天，我正驾驶着直升机在天空翱翔，突然发现有一大群飞碟向我逼近。我正准备紧急降落，离我最近的飞碟里，一个奇怪的家伙向我发射了炮弹。这下我……"这时，铃被按响，他的演讲时间结束了，换上来的学员必须把故事接着讲下去。以此类推，等到全班学员都讲了一遍后，这个故事或许在星河边结束，结局也可能发生在国会大厦里。

这是最适宜用来练习即席演讲的方法了，你练习的越多，越能在真正需要的时刻发挥自如。

●心中应对即席演讲有所准备

当你突然之间被人们请起来说些什么时，人们是对你的专业或专

家身份寄予期望，希望你能提些建议。要怎样面对听众，并且及时决定自己要说些什么，这里有一个不错的心理准备法，可以让你预先有所思量。

在聚会或者会议期间，你可以在心里问问自己，假如自己会被请起来发言，那自己应该说些什么？符合此时环境的主题是什么？对于会议内容或别人的发言，是同意还是有不同意见？

对此，我首先要告诉你的是：要在心里做好随时发表演讲的准备。你要时刻处在思考的状态下，要知道，没有哪位以即席演讲著称的大人物是不需要时时思考和心理准备的，就像是一位飞机员，他要不断问自己出现这样那样的问题时应该怎样解决，这样他才能在出现紧急状况时冷静镇定地做出正确的反应。也是要经过平日里无数次的练习，大演讲家们的即席发言才那么从容淡定、引人入胜。这也不能称作是“即席演讲”，因为它的准备工作就完成在生活的每时每刻里。

确定自己说些什么，现在就要组织演讲结构，道歉的话完全不必说，因为人人都知道你是临时发言。直接切入你的主题，按照快速拟定的思路说下去。要是你无法这样进行，那就请你一定牢记下述建议。

●马上举出事例

这样做有 3 个原因：(一）你可以不必为下面一句要说什么费劲去想了，自己的经验体会可以随时说出来，即席演讲时也不例外。(二）你可以借此进入演讲的状态，帮助你驱散紧张感，叙述事例会让你更明确自己的主题。(三）你会在第一时间引起听众的关注。再没有比用事例作开场更能吸引听众注意力的方法了。

如果听众对你叙述的事例饶有兴趣，你会受到鼓励而在极短时间

内恢复自信。当你注意到听众对你的认可，仿佛看到听众对你的期望像强气流一般盘旋在他们上空，你想要继续与他们沟通，释放出最大能量来满足听众。演讲者和听众之间融洽的气氛，是成功演讲的基础，没有这个基础，沟通从何而来。用事例展开演讲无疑是最合适的方法，即便你只说几句话，举个简短的例子效果也非常不错。

●充满活力和生机

你是否注意过，如果有个人说得兴起之时，手舞足蹈，很快就会说得越来越精彩，还会吸引一大堆的听众呢。心理活动和身体的一举一动都有着密切的关联，比如我们会把手的活动和心理活动结合在一起，我们会说“我们抓住了一个念头”。或者是“我们已经掌握了这个思想”。当身体的运动变得积极，也带动了心理的生机、活力。就像威廉·詹姆士说的：我们的心因此飞速地运转起来。所以，请你不要吝惜自己的蓬勃的情感，将其全部投入演讲当中，你必然会成为出色的即席演讲者。

●适宜的原则

不知道何时，你就会面对突然的请求：“请你说几句吧！”要么就是，在你正对主持人的话会心微笑时，突然听到他提到你的名字，全场的人都转过头来望着你，你还没弄明白发生了什么事情，这时主持人已经宣布，你就是下一位上台演讲的人。

这时候，你的心想不紧张都很难，思想更如同狂奔的野马辨别不清方向，再没有比此时更需要冷静的时刻了。为了安抚情绪，你可以先向主持人表示谢意，接下来，就要说些听众们感兴趣的事了。鉴于听众最感兴趣的莫过于他们自己和他们在做的事情，那么你可以从下面三方面来选择：

第一就是听众自身。想让演讲轻松愉快，那就不妨谈谈这方面。说说听众是什么人，正在做什么事，如果他们对社会做出了什么突出贡献，那就一定要重点说说，同时，别忘了举个鲜明的事例来证明这一点。

第二点就是所在的场合。你可以谈一谈这次聚会的起因是什么，是纪念性的？还是颁奖会？或是年度总结会？又或者是政治集会？

还有一方面，如果你仔细听了前面的演讲，你可以说自己对某位演讲者提到的那一点很有兴趣，然后就此阐述一番。

一次成功即席演讲，是真正与现场相关联的演讲，是演讲者对于听众或者现场的感受，就如同订做的手套那样贴合，它们是为了此时此地而诞生的。这也正是即席演讲的魅力所在：它们就像昙花，只在特定的时间绽放、辉煌短暂的一刹那，但是留给听众的却是回味无穷的欢乐时光。在他们眼中，你俨然就是一位杰出的演讲家！

●即席演讲不等于即席乱讲

漫无目的闲扯，毫无关联的东一件事、西一件事，可称不上是即席演讲。你要设立一个主题，围绕着这个主题进行阐述，你所举的事例要切合主题。并且不要忘记，拿出你全部的热诚，你自然会发现自己充满活力，有没有准备已经不重要了。在参加聚会时，提前做好被人请起来发言的准备。如果确信会被邀请即席演讲的，尽量把自己的要点用几句短语概括。当开始演讲时，将要点逐条间接地叙述出来。

建筑设计师诺曼·贝赫特表示自己必须站着说话，不然就不知道怎样将意思表达清楚。当他对同事讲解某个建筑计划时，只能在办公室里走来走去，才能保证说话清楚明确。怎样坐着才是他所要学习的，最后他当然学会了。

我们大部分人都和他不同，我们要学会站着说话，我们当然也能够学会。先尝试第一次简短的演讲，然后再来第二次，这样坚持下去。我们的感觉会一次比一次好，总有一天，我们终于领悟到，原来在大众面前即席演讲，不过就是在自己客厅里和朋友们谈话，唯一的区别：就是人比较多些。

第四章　挑战高效能的谈话

第1节　介绍辞、颁奖辞及答谢辞

这三种是比较特别的演讲形式。请你依照本章节提出的要则去做，就可以达到满意的效果。

你或许是某次民间会议的主持者，或许是某个俱乐部的成员，也或许将要参加一个同学聚会或者家长聚会，或者要在工作小组、商业聚会、政治集会中发表讲话，并且介绍给大家另一位演讲者。这一章的重点是帮助你准备完美的介绍辞，也会提供一些颁奖辞和答谢辞方面的小技巧。

著名作家约翰·马森·布朗，也是一位出色的演讲家，他的演讲生动明快，颇受民众的欢迎。在一次演讲前，他和主持人聊天，那人自信地说："你不必紧张。演讲根本不用准备。那样反而受拘束，没什么意思。我就相信灵感，每次我一上台，灵感就会飞到我的脑子里，从没失约过！"

布朗听到这话，不禁非常期待听到主持人对自己的一番妙语介绍。后来，他在《积习难改》一书里写道，主持人的介绍果然让他精神为之一振，因为主持人是这样说的："诸位朋友，请你们安静！我要告诉你们一件糟糕的事情，原来我们计划邀请艾瑟克·F·麦克松来演讲，可没想到他病了。(掌声)我们又打算邀请勃莱维基议员，可他没有时间。(掌声)最后我们邀请洛伊德·戈洛根博士来演讲，但是他也不能来。(掌声)没办法，我们只能把约翰·马森·布朗请来了。(全场一片寂静)”

布朗提及此事，只能无奈地说：“幸好，那位信奉灵感的家伙，没把我的名字说错。”毫无疑问，那个主持人的介绍实在糟透了，他愧对了自己的主持身份，不仅对演讲者是一种失职，也是对全场听众的不负责。主持人是非常重要的职责所在，却有很多人对此不以为然。

介绍人和介绍辞为演讲者和听众之间搭建沟通桥梁，好的介绍辞会让听众对演讲者产生友好的感觉，并有进一步倾听演讲的兴趣。如果有人邀请你当介绍人，却说：“你不用说什么话，只要介绍演讲者的名字就可以。”那此人的理解就过于简单了。正因为许多主持人轻视介绍辞的重要性，所以介绍辞才成为所有演讲形态中最不正规最混乱的一种。

介绍辞——由两个拉丁文词素构成，即intro——引进，和ducere——带领。意指引导我们认识演讲者，使听众对演讲主题产生兴趣，也更想深入了解演讲者是否有能力将主题阐述明了。也就是说，介绍辞的作用是推介演讲者和演讲主题，并且力争在较短的时间内达到最好的推介效果。

可是又有多少介绍辞达到了这样的效果呢？绝大多数都未能做到。通常情况下，介绍辞都是空洞无趣的，令人难以接受。如果一个主持人或介绍者意识到这是重大的责任，而端正态度，认真对待的话，那用不了多久，他就会赢得人们的喜爱，被争着抢着邀请去做主持人了。

下面几项要点，可协助你完成一份完美的介绍辞。

●精心准备每一句话

介绍辞通常都很短，大约在一分钟以内，但你也要精心地准备每一句话。最先要做的，是了解情况。主要是三个方面：演讲人的姓名和个人资料，以及演讲主题。也可以加上第四个方面，那就是怎样介绍主题，能让听众特别感兴趣。

事前必须对演讲主题核对无误，并且对演讲者怎样进行阐述有个大致了解。这样才能避免在介绍中出差错，甚至被演讲者提出：介绍的内容有违演讲者的本意。介绍人的职责就是正确的介绍演讲者和演讲主题，并向听众介绍主题的价值所在。你可以直接找演讲者取得相关材料，或者从其他人那里得知，但必须在正式介绍前向演讲者本人求证。

介绍辞准备的重点在于演讲者的相关资料。如果演讲者是世界知名人士，你可以查阅《名人录》之类的书籍；如果是地方上的官员或名人，你可以问询有关部门；如果方便，也可以去拜访他的家人或朋友，一般来说，和演讲者关系较近的人都会乐于提供准确的信息给你。

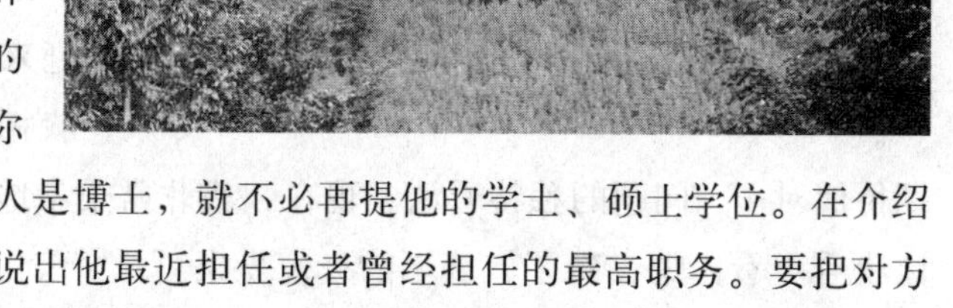

准备介绍辞时，要注意语言的简洁流畅。比如你已经介绍说到此人是博士，就不必再提他的学士、硕士学位。在介绍对方时，也只需说出他最近担任或者曾经担任的最高职务。要把对方最突出的成就作为重点来介绍，其他成就可略为带过或不必提及。

有一次，我听到一位著名演讲家介绍爱尔兰诗人W·B·叶芝，当时叶芝准备朗诵自己的作品，而且三年前，叶芝获得了文学界的最高奖——诺贝尔文学奖。在场的听众大概有十分之九的人都不清楚诺贝尔奖的重要意义，那么，这应该是介绍辞中的重点才对。可是这位演讲家一个字也没提，直接就去谈希腊神话和传统诗歌了，全然不顾自己介绍的主角是——诗人叶芝。

还有一点尤为重要，那就是演讲者的姓名，你要反复确认，并且练习正确的发音。约翰·马森·布朗回忆说，自己曾被介绍为约翰·布朗·马森，以及约翰·史密斯·马瑟。加拿大的幽默文学家史蒂芬·理科克，写过一篇幽默短文《我们今晚在此相会》，里面提到了一次主持人对他的介绍："我们所有人都热切地期盼着李罗特先生的到来，我们早已拜读过他的大作，对他已像老朋友那般熟悉。我想告诉李罗特先生，毫不夸张地说，本城的民众对他早已耳熟能详。现在，我非常荣幸地为大家介绍——尊敬的李罗特先生。”

介绍辞必须准确无误，在此基础上，还要尽量明确生动，以使得听众集中注意力并对演讲者充满兴趣。大多数主持人没有事前准备，在介绍时往往使用模糊而套路化的语句：

“这位演讲者闻名天下，是公认的……他从遥远的……赶来，是……方面的专家，我相信大家一定非常期待他对……问题的独特看法。现在，我非常荣幸地向诸位介绍——让我看一看，嗯，对了，著名的……先生。”

实际上，你只需花上一点点时间去准备，就不会发生这样难堪的情形。

“题目——重点——讲者”三部曲

按照“题目——重点——讲者”去做准备，可以帮助你成功地完成大部分介绍辞。

（一）“题目”指的是说出演讲的正确主题，然后有针对性地稍加介绍。

（二）“重点”顾名思义，就是介绍辞中的重要部分，这里要注重引起听众对演讲的兴致。

（三）“讲者”就是指演讲者。介绍演讲者的杰出成就，特别是和他要演讲的主题有密切关系的资历。之后，准确无误地告诉听众演讲者的姓名。

以这三步为基础，再充分发挥你出色的口才。纽约市有位编辑荷姆·森，他曾将纽约电话公司主管乔治·维博姆介绍给许多新闻记者，这就是一次完美地将三部曲融会贯通的介绍：

“演讲者的题目是‘电话为你服务’。在我看来，世界上有无数奇妙的事情，比如爱情，比如赌徒难以割舍的赌瘾，再比如，在打电话时遇到的意想不到的事情——为什么给你转错了号码？为什么你从纽约给芝加哥打电话，却比从家里打到隔了一座山的地方还要快捷？这位演讲者可以告诉你为什么，他还能告诉你所有和电话相关的事情。他这二十年的工作内容，就是将关乎电话的所有问题整理总结，让更多的人了解电话行业。他因为工作勤勉，而获升为电话公司主管。他今天想要对我们说的是，他的电话公司对我们提供的服务。要是各位对电话服务非常满意，那就把他看做是提供我们便利的人，要是你对电话服务有些不满，那就请他对此解释和辩护。

“各位女士、先生们，这位就是纽约电话公司的主管——乔治·维博姆先生。”

荷姆·森巧妙地让听众联想到电话，他所提出的问题，引发了听众的好奇心，接着他表明了演讲的主要内容以及听众可以提出问题的范围。

我相信，荷姆·森并没有将介绍辞预先写好并背诵下来，因为整体一如讲话那般流畅自然。介绍辞也是一种演讲，自然也要遵循前面章节所谈的准则：不要通篇背诵。

一位会议主持人在介绍柯妮莉雅·奥蒂斯·史金纳的时候，突然忘记了预先备好的介绍辞，在深深吸气之后，他灵光一闪，介绍说：“由于博德将军演讲要价太高，因此我们今晚请的是柯妮莉雅·奥蒂斯·史金纳。”

介绍辞不要呆板生硬，最好显得自然随意，也不要用程式化的言语。最简单的方式莫过于直接说出演讲者的名字，或者说：“我介绍——”后面是他的姓名。

对于太长的介绍辞，听众难免有些不耐烦，有的介绍人把自己当做重要主角，拼命表现自己的想法和口才。有的主持人随便扯出不入流的小笑话，还自以为是幽默感，还有一些介绍人过于吹捧或者贬低演讲者的身份或职业。在你发表介绍辞时，应该提醒自己注意不要也犯这些错误。

埃格·L·施纳蒂在介绍著名科普学者杰罗德·温特时，既运用了三部曲的原则，又显露出自己的个性风格："演讲者的题目听起来很严肃，叫做《今日世界的科学》。这使我想起一个故事，有一位心理有疾患的人坚持说自己肚子里面有一只猫，医生一直不能扭转他的想法，就想了一个主意，说为他做手术把猫取出来。给他打了麻药后，医生并没有做手术，而是找来了一只黑猫，在他醒来后，告诉他这就是他肚子里的猫，没想到他却反对说：'医生，你一定弄错了，我肚子里的那只猫是灰色的。'

"现在的科学研究与此有些相似，你本来打算找到一只叫做U—235的猫，可是，却找到了一群叫做铀233或者别的名字的猫。我们逐一战胜了它们，就好像对付芝加哥的寒冬那样成功。古代那位精通炼金术被称为第一位核能科学家的先生，曾经向上帝祈祷再给他一天的时间，让他探知宇宙的奥秘。可是，我们今日的科学家，却完成了宇宙间不可完成的奥秘。'

"今天我们请到的演讲者，对现代科学的发展和前景有深刻的认识。他曾做过芝加哥大学的化学教授，宾夕法尼亚州立大学的校长，先后在俄亥俄州和哥伦比亚的巴德尔工业研究院担任院长。他还是政府特聘的科学家，同时还是一位著名编辑、作家。他出生于爱荷华州的戴温勃地区，毕业于哈佛大学，曾在军需制造工厂工作过，还走遍了欧洲各地。

"这位演讲者编写了许多专业学科的教科书，在他担任纽约'世界博览会'科技部负责人时，他出版发行了他最有名的一本著作——《未来世界的科学》。他还是《时代》、《生活》、《财富》和《局势》等著名杂志的特邀科学顾问。也正因为此，人们常常会读到他所撰写的科技文章。他在1945年，广岛被投放原子弹的10天之后，就写出了《原子时代》一书。在此我借用演讲者本人经常说的一句话：‘最好的终究会来到。’自豪地向大家介绍这位极受欢迎的学者——《科学画报》的编辑主任：杰罗德·温特博士。”

对演讲者适当的夸赞，会引发听众的关注和尊敬之情。但你要谨记过犹不及的道理，过分的赞誉和炫耀之词不但令听众萌生反感，更会令演讲者本人陷入尴尬之中。

汤姆·克林斯以演讲幽默而著称，他曾对一位作家说起自己的感触：“在演讲者想达到幽默有趣的效果时，千万不要一开始就对听众们信誓旦旦地保证，一定会让他们笑破肚皮，到处打滚，那这次演讲一定彻底玩完。要是主持人在介绍时大肆吹嘘你是什么威尔·罗杰斯第二时，那你干脆不要上台，直接回家自杀得了。”

过度的赞誉不可取，但也不可随意贬低演讲者的身份。史蒂芬·理科克就有过这样别扭的经历，一位主持人这样介绍他：“这场演讲是本年度冬季系列的第一场。诸位大概都知道，之前的几场演讲反响都不太好。我们实际上非常困难，几乎负债才勉强完成上一系列演讲安排。因此，今年我们重新排定了计划，尝试邀请价格较为便宜的演讲家。现在，我给大家介绍今晚的演讲者理科克先生。”

理科克无奈地说：“如果是你，在站到台上面对听众时，身上贴着‘价格便宜’的售卖标签，不知你会作何感想？”

●要有热情

介绍辞固然要精心准备，但你介绍时的态度也要不容忽视。不一定非要嘴上说多么荣幸、多么高兴，而是尽量流露出热情。当你的热情随着介绍辞一点点升高时，听众的热切和企盼也会随之上扬，当你情绪饱满地念出演讲者的姓名时，听众也必定会致以热烈的掌声以示欢迎，而演讲者的情绪也会更加热诚。

你在介绍演讲者的姓名时，应该运用到“停顿”、“分隔”、“力度”这几个词。“停顿”就是指在说到名字时，稍微静止一两秒，令听众集中全部注意力期待着你说下文。“分隔”就是指在介绍名字时，姓和名之间一定有简短的空隙，以便让听众听清楚。“力度”就是指在说出演讲者名字时，你的声音要沉稳有力度。

●保持真诚

你还要注意保持真诚的态度，既不能过于谄媚，也不要施展自以为是的幽默。听众常常会受到不负责任的介绍人的误导。你或许对演讲者很熟悉，可你要记住，他对听众来说，不过是位陌生人，你过于随意的言辞会令他们感到莫名其妙甚至产生误会。

●完美的颁奖辞

作家玛雪莉·威尔森曾说：“人类发自心底的渴望是获得肯定，即获得荣誉。这一点早已被证实无误。”这确实表达出了人们的心灵感受。每个人都想与他人相处甚欢，受到世人的肯定和推崇，如果是获得公开领奖的机会，那会更加心花怒放、情绪振奋。

网球明星埃尔蒂·吉卜森用她自传的书名鲜明地表达了这个观点——《我要做重要的人》。

颁奖辞，就是对领奖者的再次肯定，对他的“重要性”再一次重申。并且向世人宣布，他的努力和成就理所应当获得无上的荣誉，我们聚集一堂，就是为了见证和分享这一美好的时刻。颁奖辞要简短有力，颇具深意。那些经常领奖的幸运儿不会对此太在意，但那些第一次或者次数不多的领奖者，却会对颁奖辞特别关注，甚至一生都难以忘怀。

当你在准备颁奖辞时，一定要重视词语的选用，下面这组历经证明、卓而有效的提示，可作为你的基本准则：

一、为何颁奖给他？或是长期勤奋地工作，或是赢得比赛，或者取得了某项成就，只要简单说明就可以。

二、谈一谈领奖人生活中的特别之处，这是听众最喜欢的部分。

三、讲述领奖人具备充足的获奖资格，大家对他的支持并为他深表高兴。

四、恭喜领奖人，并代表大家对他致以真诚的美好祝愿。

颁奖辞是一场短小的演讲，人们自然也都懂得，最重要的还是“真诚”二字。在你接受发表颁奖辞的任务时，也同样被授予了荣誉和信任。推选你的人都相信，你拥有睿智的头脑和出色的演讲能力，决不会像某些颁奖者言过其实地夸大领奖者的成就，那些溢美之词脱离了现实，不仅会让领奖者无所适从，也会招致听众的非议和抵触。

同样，也不要对奖品或奖杯的重要价值过度的夸耀，应该侧重表现奖品提供者的友好和鼓励之意。

●诚挚的答谢

与颁奖辞相比，答谢辞更为简短。如果事先得知自己获奖，可以在心里有一定的思想准备，以防临场听到颁奖时，一时紧张，不知说些什么。不过，倒也不必预先写好背诵下来。

“感谢大家”，“这是我此生最特别的时刻”，“令我感觉最幸福的事情。”这样千篇一律的答谢辞，只能算作普通罢了，而且用词含糊，“最特别”、“最美好”也有夸张的嫌疑。最好你能用平和温婉的词语来表达自己内心激荡的情感。你可以记住下面这组模式：

一、对观众发自内心地道谢：“感谢诸位。”

二、提到所有帮助过你的人，你的家人、朋友、同事还有老板。

三、说一说奖杯或奖品对你有什么意义。还可以当场打开奖品，展示给大家看，并真心赞美奖品，告诉大家你会用奖品做些什么。

四、再次诚挚地感谢，就此结束。

在你的工作中，或是参加某个团体或俱乐部时，都有可能用到，我们这里所谈的三种特殊演讲形式。

希望你在进行其中任一种演讲时，都能谨记上文的提议并且正确地运用，那会使你的演讲完美生动，也会令听众与你一起分享愉悦。

第2节　准备长篇演讲

“看一个演员是否出色，只需注意他上场和下台时的表现。”与此相仿，演讲的开场和结尾尤为重要，这是演讲者要特别重视的问题。

当一个人对演讲毫无准备甚至不清楚自己要谈什么主题的时候，就不要随意地发表演讲，这就和一个头脑清醒的人，不会毫无计划地建造房屋是一个道理。

就像已经确定了目的地的旅行，演讲也要按照路线安排，朝着目的地前进。没有规划，散漫开始的演讲，也就没有目标，最终结束于散漫之中。

如果可以，我真想在全世界所有教授学生说话的课室前，刻上大大而鲜红醒目的1英尺高的一句话，那是拿破仑的经典名言：“战争是一门科学的艺术，不经过深思和规划，就别想取得胜利。”

不知有多少演讲者明白这句名言同样适用于演讲，也不知有几人明白后能够照此去做。毕竟，大部分演讲者用于准备演讲的时间，比烹制一碗爱尔兰炖菜的时间还要少。尤其一些初涉演讲领域的新人，尚未意识到应该预先考虑周全，而一心信奉灵感，经过挫折才会明白：“一条错误的小路，前面满是泥泞和深坑。”

爱迪生在办公室墙上钉了一段话：“用心思考才可获得成功，没有任何捷径可走。”英国报业大亨努斯克里夫爵士，年轻时不过是一个薪水少得可怜的小职员，他回忆说，对自己成功影响最大的是法国哲学家巴斯格的一句话：“想要超越他人，必须超前计划。”

你可以把这句话当做你的座右铭。这会提醒你预先准备你的演讲——怎样让听众在脑海里记住你的每一句话；如何让听众对你的观点坚信不疑。

这对每位演讲者而言，都是一个要反复面对的问题。我们也不能为你制定出一套具体的操作规范，我们可以提供的协助，就是为你指出，准备长篇演讲时要特别重视三个方面：吸引注意力的开场、论述部分、结论。

●开场白的吸引力

曾担任西北大学校长的演讲家林·哈洛德·胡，认为在演讲中最重要的是："开场白应该引人注意，一下能抓住听众的心。"他总是精心准备开场白和结尾。只要是有丰富经验的演讲者几乎都那么做，不论是韦伯斯特、格雷斯东，就连林肯也不例外。

当美国与德国的潜艇战出现新问题时，威尔逊总统在国会发表演讲。他的开场白不过20多个字，却立即引起了全场人的注意："鉴于目前外交关系出现的新变化，我想我有义务向诸位说出实情。"

斯兹维博在纽约费城协会作演讲时，他的第二句话就表明了演讲重点："如今，最受美国人关注的是：现在社会经济为何持续低迷？未来会怎样……"

演讲成功的重要因素之一，就是一开始就能引起人们注意力的开场白。只要你掌握下述方法，就不愁达不到这样的效果。

（1）以小故事开场

听众喜欢听故事，在例证某个观点时，长篇的理论叙述令他们心生厌倦，一个有趣的故事却能令他们对此论点记忆深刻。那不妨在开场就说个小故事。我曾经这样做过，可是很多演讲者对这个法子不以为然。在他们心目中，必须先发表一些议论，再举出事件作为例证。

著名的社论家、演说家、电影制片人罗维尔·汤玛斯做过一次名为“阿拉伯的劳伦斯”的演讲，他的开场白是这样的：“有一天，我正走在耶路撒冷的大街上，突然看到一位穿着东方君王的服饰的男子，他所佩带的那把黄金打造的弯刀，是只传给先知穆罕默德的后人的……”他从自己经历的故事开始了演讲。这样的开场白通常会引发听众的好奇心，他们想知道后来发生了什么事情，因此会一直专注地听下去。在我看来，再没有比这个法子更能让听众对演讲充满渴望了。

有一次我是这样开始演讲的：“我大学刚毕业的时候，来到了南达科他州。一天晚上，我走在街上，看到一群人围着一个站在木箱上说话的人。我觉得很好奇，就挤进人群中。这个人正在说：‘你从来也没见过秃顶的印第安人吧？也没有见过秃顶的女人？你不觉得奇怪吗？让我告诉你这究竟是怎么回事……’”

无需前期铺垫，一开始你就把听众带到事件中去。最好是自己亲身体验的故事，不必想来想去，而是自然地从嘴里讲述出来。听众也会被你平和的神态感染，也会变得友善、温和。

（2）设个悬念

鲍威尔·西里在宾州运动俱乐部的演讲，是这样开始的：“就在82年前的这个季节，有一本只讲了一个故事的书在伦敦出版了，人们把它叫做‘世界上最伟大的小薄书’。那时候，朋友彼此见面打招呼就会问：‘你看过了吗？’得到的总是千篇一律的回答：‘上帝保佑！我已经看过了。’

“出版的那天，它就被卖出了1000本，两周以后，这个数字变成了15000本。以后，不但无数次再版重印，还被翻译成了各国文字出版发行。就在几年前，J·P·摩根以惊人的高价买到此书的原稿，现在被存放在他的艺术馆中，和那些稀世珍品比邻而居。这本传世之书到底是什么书呢？”

这段开场白是不是已经牢牢抓住了你的注意力？你的好奇心蠢蠢

欲动，你是否着急知道这本书的名字？你的兴致一下被提升得很高很高？此刻，你完全体会到了——悬念的力量。

好了，让我满足你的好奇心吧，这本书是查尔斯·狄更斯所写，名叫《圣诞欢歌》。

当我走进树林，小鸟会在我不远处飞来飞去，因为它们对我感到好奇。我听说，在阿尔卑斯山有一位猎人，他用一卷布将自己裹起来，然后在山里爬来爬去。羚羊看到了，觉得很好奇，全都跑上前来看，他就可以轻易获取猎物。猫、狗也都有强烈的好奇心，所有的动物包括和人类最接近的灵长类也是如此。

只要你能在开场白引发听众的好奇心，他们就会对你的演讲一直关注下去。

一位学员的开场白非常另类：“诸位，你们是否了解，现今这个时代，还有 17 个国家实行奴隶制度？”

听闻此言，听众不光好奇心大作，还吓了一跳。“奴隶制度？现今？还有 17 个国家？天啊，这都是真的吗？究竟是哪些国家？”

你也可以先说出事实，让听众急切地想知道是什么造成了这样的事实。有一位学员是这样开头的：“前不久，有位议员要求议会制定一项法规，严禁学校周围两英里以内的蝌蚪变成青蛙。”

听了这句话，你一定会忍不住笑出声来，并且认为他纯属说笑，怎么会有这样的事情呢？接着，演讲者不慌不忙继续讲了起来。

我曾经做过名为《人性的优点——怎样不再忧虑地生活》的演讲：“那是 1981 年，有一位名叫威廉·奥斯勒的年轻人，他在一个美丽的春日，拣到了一本书，读到了 21 个字，影响了他的一生，后来他成为了举世闻名的医生。”

说到这里，所有的听众都迫切地想知道：这21个字说的是什么？为什么影响了他的一生呢？

（3）举出惊人的事例

一位知名杂志的创办者迈克鲁说过：“一篇好文章，应该令人不断感到惊奇。”当你惊奇的时候，你的注意力也全部集中于此。演讲也是如此，来自巴尔的摩的帕兰汀在名为《奇妙的广播》演讲中，一开始就这样说：“诸位是否知道，纽约一只小苍蝇在玻璃上漫步的细微声音，可以通过无线电广播传递到非洲，并且转变为尼亚加拉大瀑布那样惊人的巨响？”

保罗·基蓬斯是费城乐观者俱乐部的前任会长，他曾经做过一次名为《罪恶》的演讲，他的开场白令所有听众震惊不已：“美国人是犯罪最严重的民族，这么说，实在让人感到痛心，可这却是不争的事实。发生在俄亥俄州克利夫兰的谋杀案是伦敦的6倍，如果考虑到人口比例的话，那里抢劫犯的人数足足是伦敦的170倍。苏格兰和英格兰以及威尔士三地曾被抢劫或抢劫未遂的人全加在一起还没有克利夫兰被抢的人数多。在圣路易市每年被杀的人也远超过英格兰和威尔士相同案件的总和。发生在纽约市的谋杀案也比法国、德国、意大利还有英国要多。但更令人震惊的是，大部分的罪犯仍然逍遥法外。打个比方说吧，你杀了一个人，但你因此被判死罪的几率，还不到百分之一。我相信，诸位都是遵纪守法的好公民，但你们是否想过，你死于癌症的几率竟然是杀人被判死刑的10倍之多。”

基蓬斯言辞恳切，态度真诚

热烈，这无疑是一次成功的演讲。虽然我也听过别人用相似的关于犯罪的开场白，但他们只注重了语言的技巧，却丝毫没有倾注自己的热诚，大大破坏和降低了开场白的“魔力”。

还有许多用惊人的话语作为开场白的演讲，这种技巧所追求的效果就是让听众在一瞬间被震撼，从而对演讲产生强烈求索的欲望。

有一位学员名叫梅格·希尔，她一开口，就令人大感好奇：“我曾经当了足足10年的囚犯，不是在人们平常所说的监狱里，而是用自己的自卑、怯懦、忧虑铸成的囚笼。”

当你使用这种技巧时，要注意尺度，切不可玩过头。我就见过一位先生竟然对天空开了一枪作为开场，这么夸张的做法的确让听众把注意力都放到了他身上，不过，估计听众的耳朵也都被震得嗡嗡叫了。

开场白固然要引人注意，但仍需保持亲切谈话的风格。这里提供一个简便易行的方法，你可以在和好友进餐时，对他试讲一次，如果他觉得你和平时说话大不一样，那你就要重新考虑你的语气和态度了。

可是在大多数演讲中，开场白都是平淡无奇，毫无新意。我曾经听过一次演讲：“永远相信上帝，并且不要怀疑自己的能力……”清水一样平淡，还带着浓浓的说教意味。再听下去，演讲的生命力逐渐跃现出来：“1918年，我母亲成了寡妇，她空袋里没有一毛钱，却要拉扯3个年幼的孩子……”这么吸引人的故事，演讲者为何不一开始就这么说呢？

不要将时间浪费在啰嗦的开场上，直接将听众带入你的事例中去。

《我是怎样在销售业取得巨大成功》的作者法兰克·比耶，就是一位擅长用开场白制造悬疑的演讲家。我和他曾经一起在全国各地作关于销售的巡回演讲，因此对他的演讲风格非常了解。

他以“热诚”为主题的演讲尤为令我钦佩，他从不说教，也从不喊口号，更不大谈理论。他总是一张嘴，就直接键入主题：“我刚刚当上职业棒球手不久，就遇到了一件影响我终生的事件。”

同在现场的我登时就注意到听众们的反应——人人都露出好奇的神情，都想知道究竟发生了什么事情？他是怎么做的？

人们最喜欢听到演讲者讲述自己亲身体验的经历。罗素·坎维尔著名的6000场演讲——《怎样寻找机遇》，令他将百万美元收入囊中。他又是怎样开场的呢："1870年，我们前往格里斯河流域游览。抵达巴格达时，我们雇用了一位导游，请他带我们参观波斯波利、尼尼微、巴比伦等名胜古迹。"

一段故事，这就是他的开场白，这是确保能吸引听众注意力的最佳方式。听众们跟着故事的进展前进，想知道后面还发生了什么事。

只要掌握了开场切入故事的要则，即便你是一位演讲新手，也一定会为你的演讲开个好头。

（4）请听众举手回答问题

还有一个极好的法子可以提升听众的兴趣，那就是请他们举手回答问题。当我演讲《怎样防止疲倦》时，开场就提出了一个问题："请诸位举手示意一下，你们之中有多少人，在还不该疲倦的时候就已经感到疲倦了？"

在请听众举手之前，一定要记住给他们一些提示，让他们心里有所准备。不要上来就说："有多少人认为所得税有降低的必要？请举手让我看看。"而是说："我想请诸位举手回答一个对我们都很重要的问题，那就是：'诸位之中有多少人相信消费者可以从商场赠券中获益？'"

这就是"观众参与"的重要方式，可以让听众融入你的演讲之中，使他们加入自己的联想。当他们听到"在还不该疲倦的时候就已经感到疲倦了"时，不知不觉忘记了这是演讲，而开始思索：自己是不是容易感到疲倦，是不是因此受到影响？当他举起手时，他还会左顾右盼，看看其他人举手的情况。他看到和自己一样举手的邻座，不由露出了友好的微笑，邻座也回以微笑，会场严肃的气氛顿时扭转了，作为演讲者也受到了影响，演讲轻松愉快地进行下去。

（5）让听众明白：能从你这儿得到他们想要的

另外一种能令你牢牢吸引听众注意的方法，就是明确告诉听众：只要他们照着你的建议去做，就可以得到他们想要的。

这儿有一些很好的例子："我是来告诉诸位怎样防止疲倦——怎样让自己每一天都能多保持一个小时的清醒。"

"我想告诉你们，怎样增加你们的实际收入。"

"只要给我10分钟，我就会让诸位掌握一种让你自己大受欢迎的有效方法。"

因为这怎样的提问直接关切到听众的自我意识，因此必定会集中他们的注意力。许多演讲者常常忽视听众的意图，一味按照自己的想法，唠唠叨叨开场，自顾自地往下讲，将听众的关注之心拒之于演讲门外。

几年前我曾经听过一次演讲——定期作健康检查的重要性。这个主题对听众是很有吸引力的，演讲者只需将开场白讲得特别一点，就能轻易地抓住听众的注意力。可是，很遗憾，他将健康研究所的历史一五一十的背诵给听众，一下就倒了听众原本良好的胃口。让我们来看看，假如他运用了问答的技巧，那开场白就会大不相同："你想知道自己还能活多少岁吗？根据保险公司的统计，大致上，你现在的岁数与80岁之间的三分之二，就是你还能活多少个年头。比如说：你现在35岁，和80岁之间相差45年，45的三分之二就是30，这意味着你至少还能活30年……你对这个数字感到满足吗？我想不会，有谁不想好好多活几年呢？可是，这个统计是依据几百万份调查记录得出的。你或许会问，难道我们没有办法改变这个数字吗？当然可以，只要我们注重健康，以预防为主，那我们每个人都可能突破这个寿命的限制。那我们首先要做什么呢？就是进行一次完整的健康检查……"

接着，就可以自然地谈到定期健康检查的重要性，以及提供此项服务的研究所的情况，听众自然也会对此大感兴趣。

有一位学员作关于“保护森林，刻不容缓”的演讲。他一开口就说道：“我们每个人，都应该为自己国家的丰富资源而自豪……”他接着指出，目前我国的木材资源正遭到极度浪费。这样的开场白过于空泛，引不起听众直接的思考。换一种说法会更好，学员中有一位是商人，可以说一说森林遭到严重破坏，对他的事业会造成什么样的负面影响。还有一位学员是银行董事，可以谈到资源浪费对经济的副作用，也就会影响到银行业务……他可以这么说：“现在我要谈的话题，会对博比先生，还有德尔先生的事业造成很大的负面影响。不仅如此，也会影响到在座每一位的生活，无论是吃饭还是付房钱都与此有关。”

你或许认为这样的说法过于严重，实际上，并非如此。胡帕德早就指出：“要引起人们的注意，不妨把事情说得夸张一些。”

（6）借用道具

最能吸引人注意的方式，莫过于将一件物品举起，展示给人们看。不论是正常人还是白痴、襁褓中的婴儿、围栏里的猴子，还是街上流浪的小狗，都会情不自禁地望着你的动作。这个方法，常常可以获得意想不到的好效果。

来自费城的埃利斯发表演讲时，用拇指和食指捏住一枚硬币，等到一上台他就把这只手举得高高的，听众们都很好奇地望着他。他开口问道：“你们中间，有没有人曾经在路上捡到与此类似的硬币？上面刻着：这是一枚幸运硬币，只要捡到的人将它交给主办幸运活动的公

司，可能是房地产公司或者别的公司，他就能获得购房或者购物大优惠……”接下来，他用锐利的言语批判这种欺诈的商业手段。

他的开场白同时还兼顾了另一种有效方式，那就是提出问题，引导听众思考，进而关注下面的演讲。这种疑问方式是让听众对你的观点思考并接受的最佳途径，尤其在别的方法都不起作用时，你可以随时找个机会运用此法。

（7）用名人的问题作为开始

人们通常都很关注知名人士的言论，因此你可以选用一位名人提出的问题，来当做开场白，这是一个很讨巧的方法。下面是一篇关于“商业成就”的演讲稿，你对这样的开场白感觉如何：“‘世界上只有一件事能令你同时获得财富和荣誉’埃波特·胡帕德说，‘那就是锲而不舍的精神。何为锲而不舍的精神？就是不受他人影响和阻碍，一心向着自己的目标努力。’”

这段开场白简明有力，很有特点，上来第一句话就让听众产生了好奇心，想要继续听下去。如果是演讲，演讲者可以在说到“埃波特·胡帕德”时故意停顿几秒钟，更加深悬念感，听众会急切地想：“究竟是什么能同时获得财富和荣誉呢？”不论我们是否会同意你所说的，也请你赶紧说出来吧……接下来的那句直接点到了核心问题。再下来，就是一个疑问句式，让听众的大脑也运转起来，思考一番，进而采取行动。这可是听众最喜欢的部分呢！下面是第四个句子，对“锲而不舍的精神”作了简要说明……之后，演讲者用一个饶有趣味的小故事继续诠释“锲而不舍的精神”。即使从整体结构来看，这篇演讲稿也堪称佳作。

（8）看似随意的开场

看看下面一段开场白，你是不是很喜欢呢？这是玛丽·林基蒙在纽约妇女联盟年会上发表的演讲，那时候，美国的法律还没有禁止早婚这一条。

“我昨天坐火车时，经过离此不远的一座城市，突然想起了几年前那里曾经发生过一起早婚事件。想到现在有很多草率的婚姻也是那样的不幸。我想先给诸位讲讲那个故事。

“那一年的12月12日，在那个城市，一位15岁的高中女孩认识了一位大学三年级的男生，两人的学校相距不远，在交往3天后，他们就决定结婚。男孩也不过刚到法定年龄，当他们去市政府领结婚证时，欺瞒说女孩已经18岁了，这样就不必征得父母的首肯。他们顺利地领到了结婚证，然后他们去找神父证婚（女孩是天主教徒）。知道真实情况的神父自然不愿意为他们证婚，或许还将此事透露给了女孩的母亲。母亲四处寻找女孩，但不幸的是，在女孩被找到之前，已经由一位保安官做了证婚人，和那男生完婚了。新郎带着新娘在一家旅馆住了两天两夜，第三天，新郎就消失了，从此抛弃了新娘，再也没有露过面。”

这是我非常喜欢的一段开场白。开头就表明有一个令人感慨的真实故事，引起了听众们对故事内容的好奇。而且最令我欣赏的是，话语十分自然，既不像是一篇严肃的报道也不会让人有精心准备的感觉。就像是坐在你身边的朋友平和地讲述一个小故事。“我昨天坐火车时，经过离此不远的一座城市，突然想起了几年前那里曾经发生过一起……”听众喜欢充满人情味的演讲。此时，演讲者要避免走向另一个极端，那就是叙述过于详细、冷静，反而会让听众觉察到你事先花费了心思。没有一丝准备的痕迹，这样达到的效果才是最好的。

刚才所谈的这些方法，你可同时运用，也可以只用其中一种。只是，你一定要重视演讲的开场白，因为这对听众是否接受你的演讲起着至关重要的作用。

●避免引起听众的不悦

吸引听众的注意力对于演讲非常关键。可是，我必须郑重地提醒你：一定不要引起听众的不悦，虽然这会让听众对你有足够的注意，但这是对你最不利的情形。

当然，没有哪位演讲者愚蠢到直接侮辱听众，或故意说些令听众极度反感的的话，好让自己成为听众的眼中钉。不过，有些演讲者为了引起注意，却会不明智地采用下述两种方式之一。

（1）幽默故事不适用于开场白

许多演讲新手不知出于何种心理，错误地认为演讲应该显得好笑。或许他的性格就像一本百科全书那样严谨，不苟言笑，可他却期望在演讲时化身为马克·吐温。因此他选择了一个好笑的故事来做开场白，恰好还是晚餐后的演讲，你能想象到他的遭遇吗？他暂时改变了个性，讲着一个所谓的幽默故事，但听起来还是像在念百科全书。他演讲成功的几率不会超过20比1。他的幽默故事正适合用阿姆雷特的名言来形容："老得掉牙，毫无新意，一点用处也没有。"

要是花钱买票的观众遇到这么一位失败的表演艺人，早就敲着饮料瓶，大声起哄："下台去吧！"幸好，来听演讲的听众不会那么做，还会出于同情，捧场地笑几声。可他们心里并不觉得愉快，也不免觉得演讲者失败又可怜。相信你也曾看到过这样糟糕的场面。

演讲有时候真的很难，但更难的是具有让观众会心一笑的能力。幽默是一种潜在的特质，和人的个性紧密关联。

一个故事有趣与否，通常是由叙述故事的人用自己的方式表现出来的。马克·吐温曾经讲过一个令他大为出名的故事，可要是让100个人也来讲这个故事，估计会有99位讲得一塌糊涂。林肯曾经在伊利诺伊州第八地区的酒店长期讲故事，吸引了许多人去听，甚至不少人从好几英里外跑过来，人们整个夜晚都听得如痴如醉，全然忘了时间。据说，听到兴起时，常有人忘形的"大叫大嚷，跳到椅子上去"。你可以找到这些故事，大声读给家人听，看看他们是不是会笑出来。下面这个故事是当年林肯最常说的，听众每次都会被他逗得乐不可支。你可以试着讲一讲，不过，请你最好在一个人独处时尝试。

“在伊利诺草原的小路上，有一个匆忙赶着回家的行人。可惜运气不佳，碰上了大暴雨。夜色黑沉沉的，雨水就好像天堂的防洪堤被炸开了一样倾泻而来，天空闪电阵阵，击倒了好几棵高大的树木，轰隆隆的雷声连绵不绝，就像是炸弹爆炸。突然，传来一声惊天动地的巨响，这是可怜的赶路人此生听到的最可怕的雷声。他扑通跪在泥泞的路上，喘着粗气，紧张地祷告着：‘上帝啊！要是您觉得不算太为难的话，就请少来点雷声，多给我一些闪电照亮吧！’”

要是你很幸运，天生具有良好的幽默感，那你一定要充分发挥这个长处，你的演讲必定会充满趣味，深受听众欢迎。要是你的特长在其他方面，就请你不要勉强自己装幽默。

即使是林肯等著名的演讲大师，也很少在演讲中用到幽默故事，更不会用作开场白，只要你用心研究一下，就会发现这个让你有些吃惊的事实。著名演讲家卡特尔曾说，他从未因为想体现幽默而故意讲滑稽的小故事。他们偶尔也会说起一个小笑话，不过是为了让听众在一笑过后有所感悟。幽默应该如同蛋糕夹层里的巧克力，或上面点缀用的糖霜，而绝非整块蛋糕。

被誉为美国最伟大的幽默大师的谷力莱，给自己立了个规矩：“在演讲的前三分钟里绝对不能说笑话。”既然是由大师经验得来的规矩，倒不如我们也依此办理。

当然，这并不意味着你的开场白就要严肃正式，要是你能把握得恰到好处，倒也不妨随机地找些笑料和听众们分享一番。或者讲些与当时当地有关联的事情，也可以稍作夸张地说说之前演讲者的某个小细节，既不伤和气，又让听众觉得可乐。临场发挥的小笑话，效果要远比那些老掉牙的笑话好上几十倍。

最好的幽默题材莫过于你自己，把你曾经遭遇的荒唐或尴尬的事情讲出来，这是一种真正的幽默。

广播主持人杰克·班尼是此中高手，他把自己作为幽默“调料”已经多年，深受听众喜欢，收听率一直名列前位。他总是诙谐地嘲笑自己糟糕的小提琴水平、自己多么抠门、自己已经一大把年纪等等。

如果演讲者一副高高在上的专家形象，或是冷冰冰的模样，那只能徒增听众的反感和厌恶；但如果演讲者平易近人，妙语连篇，对自己的尴尬和缺点毫不隐讳，则一定会大受听众欢迎。

谁都能够把毫无关联的事物联系在一起，产生逗乐的效果。有一位报纸专栏作家曾说令自己望而生厌的莫过于：“孩童、牛肚子和民主党人士。”

著名作家吉普林曾在一次政治团体的演讲中，用一个笑话作为开场白，全场听众无不开怀大笑。他并没有引用什么趣闻笑话，而是谈起自己的一些经历作为调侃：“尊敬的主席，诸位女士、先生们：在我还年轻的时候，曾经作过一份很有趣的工作，那就是在印度一家报社负责报道犯罪新闻。我因此结交了一些骗子、贪污者、杀人犯，还有一些执著顽强的老实人。（听众的笑声）每次报道完他们的案件后，我还会去探望这些住在监狱里的老朋友。（听众大笑）有一位朋友，聪慧而理智，他因为谋杀罪被判了无期徒刑。一次他对我谈起了‘生活给自己的教训’：‘我就是个活生生的例子，自从做了第一件不诚实的事情，就不断地要做下去，直到难以回头。而且，最糟糕的是，这时你只能把某个人消灭掉，才能让自己做回诚实的人。’（大笑的声音）现在，我们的内阁恰好就是这样的处境。（全场哄堂大笑还有欢呼声）”

（2）开场白不是用来表达歉意的

演讲新手还常会犯下另一种错误，那就是向听众表示歉意："我不善于演讲，我没有演讲的打算，我没什么要讲的……"

这样的开场白怎么能行呢？吉普林有一首诗，第一句就是："毫无必要，再继续下去。"这就是听众对于一上来就抱歉的演讲者的心态。

要是你真的毫无准备，无需你声明，很快就会有一部分听众会察觉到，可是大部分听众并不一定能看出来，可你为什么要特意提醒他们呢？这无疑是在表明你对这些听众的蔑视，难道你认为这些听众不值得你去演讲、去提前准备，你只不过在用随便听来的东西来搪塞他们？这绝非你应该持有的态度，你要知道，听众们聚集在这里，是为了听你讲些有意思的事或新观点，并且对此产生强烈的兴趣。

当你站到听众面前，就已经引起了我们对你的关注，之后的 5 秒钟我们还可以继续这种关注，但是你想在之后的 5 分钟里让我们继续关注你，那可是相当不易的。要是你让我们对你失去了兴趣，想要再次引起我们注意那就是难上加难。所以，请你务必一开口就引起我们的兴趣，记住，不是第二句话，也不是第三句话，必须是第一句！第一句话！

●论据证明要点

以说服、激励为目的的长篇演讲，重点要尽量少而精，并且都准备翔实的事例来作论据。在前面，我们已经讨论过阐述演讲要点的方式，那就是借由小故事或者你的亲身经历以作说明，让听众形象地感知你想要他们做什么。因为人们心里都有一种偏爱，就是"人人喜欢听故事"。这也是演讲爱好者最常用的论据形式，但这并非唯一的形式。为了取得更佳效果，你还可以运用统计数字、科学图表、专家的言论，或类比、展示及证明等方式。

（1）统计数字的应用

统计数字能令听众印象深刻，有很强的说服力，因为它是统计计算得出的结果，所以能起到真实证据的作用，这是故事所不能达到的效果。例如：经过全国精确的统计数字表明，沙克预防小儿麻痹疫苗

是非常有效的，偶尔会例外出现无效者。但是家长们并不能因为这一起例外而认为沙克疫苗不能达到预防的作用。

不过，你要留神，因为数字本身很枯燥，在应用时要谨慎，并且佐以生动的言语，令数字变得鲜活起来。

下面这个例子，就是我们日常发生的事情用统计数字来对比，一下就加深了听众的印象。演讲者意在讲述纽约人不愿意及时接听电话，这种懒惰造成了时间的大量浪费。他用如下数字来论证自己的观点：“每 100 次电话里，至少有 7 次，在有人接听时已经超过了一分钟的时间。累积起来，被耽搁的时间每天就多达 280,000 分钟。如果我们按 6 个月来计算，整个纽约为此浪费的时间，已经能够等同于哥伦布发现新大陆后一直到今天人们工作时间的总和。”

人们不会对数字本身有深刻印象，所以你必须用事例与数字结合，最好是出自亲身体会的事例。我曾经在导游的带领下参观过一个大水库的发电房，他完全可以将房间的大小数字背给我们听，但是他的说法却令人难以忘怀，他告诉我们，这个房间之大，足以容纳 1 万人在标准的球场上看足球比赛。周边还有空地可同时划分为若干个网球场地。

在布鲁克林中区青年基督协会的一次培训班上，有位学员在演讲中提到一年前一场火灾中烧毁了多少房屋。他接着指出，要是把这些房屋排列在一条线上，那足以让纽约到芝加哥一路都是惨不忍睹的建筑物；如果再将葬身火海的人每半英里地安置一位，就可以从芝加哥排回到布鲁克林的门前。

我早已忘记了他当时举出的数字，但是这么多年过去了，我还是能够心有戚戚地想起那一排一直从曼哈坦岛燃烧到伊利诺伊州库克县的建筑物。

（2）引用专家言论

专家的言论也对听众具有一定的说服力，但是在你借用之前，请先确保下述问题：

①这段言论是否确实出自专家之口？

②是否确实属于这位专家的专业范畴？如果你将乔·路易的言论用于阐述经济学理论，很明显，你不是看重他的专业水准，而是在借助他的大名。

③听众是否熟悉并尊敬这位专家？

④这段言论确属专家的科学评断，而不是出自他的个人偏好而随意说出。

我曾在布鲁克林商会开办培训班，班上有一位学员，在演讲“专业化的必要性”时，开场白引用了安德鲁·卡耐基的言论。这的确是很聪明的做法，因为他引用的言论真实无误，而且是一位已经取得事业成功并受人尊重的人所说。直到今天，他所引用的那段言论仍然值得我们学习：“我坚信无论任何一个行业，取得成功的主要因素，在于你是否能成为那一行业的专家。依据我的经验，我不赞成一个人同时涉足多个领域，即便他的聪明才智异于常人，但也鲜见同时多方面发展，最后名利双收的人，至少在制造行业，我可以很肯定地说，尚无此先例。往往选定一个行业，执著地为之奋斗终生的人才会最终会取得成功。”

（3）类比之法

据韦氏大词典的解释，类比是指“两种事物相近之处的联

系……并非事物本身的相近，而是两种或两种以上特性、形式及作用的相近之处”。

类比是一种非常有效的支持论点的方式。下面是C·杰莱德·戴维森在担任内政部助理秘书时，作的关于“我们需要更多电力资源”演讲中的一段，极为和谐地运用了类比法：

“繁荣的经济如果不能向前发展，就会陷入一片混乱之中。这就如同飞机停在地面上时，不过就是一些螺丝和螺母，但当它飞上天空时，却展现了非凡的活力，为了不坠落下来，它就必须保持高速前进的状态。”

林肯也曾经运用此法来回答攻击自己的人，而且他的那段话堪称是历史上最精彩的类比之语。

“诸位，我想请大家想象一下，如果你的全部家财都是黄金，并且你把它们统统交给了著名的高空走索专家帕罗亭，请他走过架在尼亚加拉大瀑布的绳索。在他小心翼翼前行的时候，难道你会摇晃着绳索，还对他不断地大喊：‘重心再压低一点，帕罗亭，走快一点！’我相信，你绝对不会这样去做。你一定会站到一旁，凝神静气地默默注视着，直到他有惊无险地走完全程。目前，政府所处的情形也与此类似，它正身负重物穿越惊涛骇浪，它将尽一切力量保护所有的珍宝。此时，请你保持安静，不要去扰乱它的步伐，它一定会安然达到目标。”

（4）展示之法

钢铁锅炉公司的销售主管为了向经销商说明，一定要从锅炉的下端而不是上部添加燃料。他们琢磨出来一个简单明了的展示方法。主讲人点着一支蜡烛，然后讲解道：“请诸位看一看，蜡烛的火苗蹿得很高，而且没有冒烟，这是因为燃料被充分转化为了热能。”

“就像蜡烛的燃料由下部供应，锅炉也是从下端加入燃料。”

“现在，我们假设蜡烛的燃料是由上部供应，就像传统的煤炉那样。”（主讲人边说边将蜡烛大头朝下）“请注意看，火苗的颜色变红了，还发出劈里啪啦的声音，是不是闻到了烟的味道？瞧！火光越来越弱，最后熄灭了。这是因为来自上部的燃料不能充分燃烧所导致的。”

亨利·摩登·罗宾几年前为《你的生活》杂志写过一篇文章，叫做《律师怎样打赢官司》，讲述了一位保险公司律师亚博·乌姆，在处理一起伤害索赔案时，巧妙地运用了展示之法，取得胜诉。

原告勃士特威先生提起诉讼，说自己在电梯通道摔倒，右肩受了重伤，现在都不能正常举起右手臂。乌姆律师关心地问勃士特威先生："请你给陪审团示意一下，你的手臂现在可以举多高？"勃士特威迟疑地把手臂举到与耳朵齐高。乌姆又真诚地问道："再让我们看看，你在受伤前，手臂可以举多高？"勃士特威腾地一下手臂举过肩膀，高高地伸直了："原来这么高。"

这番展示对陪审团做出决议的影响有多直接，已无需我再说明了。

以说服或激励为目标的演讲，一般最多 3 到 4 个讲述重点，只单纯地说这些，大概还用不了一分钟，而且听众会觉得单调无趣。为了让要点变得形象生动、易于理解，你就要充分使用论据来阐述。运用事例、类比、展示的方法，能突出演讲主题；运用统计数字和专业言论，能加深听众对主题重要性的认识，以及对要点的认可。

●演讲该结束了

可以从演讲的哪些环节明显地分出谁是演讲新手，谁是出色的行家里手？最明显之处就是开场和结束的段落。有一句形容演员的俗语："看一个演员是否出色，只需注意他上场和下台时的表现。"

对于任何行动而言，开场和结束大概都是最难以把握的。当你参加社交活动时，如何从一开始给人留下良好的印象，以及离开时保持优雅的风度，这都是很考验人的时刻。当你进行一次会晤时，一见面就争取对方对你的信任，结束时让双方都感到愉快，这两点都是极为重要的。

一场演讲的结束语应该是点睛之笔，这样听众才会在演讲过去很久之后，仍然能够回忆起最后几句有力的话语。然而，大多数演讲新手却忽略了这一重要之处，结束时令听众感到很无趣。

现在，我们来探讨一下，哪些错误是新手们最容易出现的，以针对性地制定对策。

第一种，有些演讲者在结束时会这样说："对此，我也只能说这些了。我想，就到这里吧，我讲完了。"这完全是个错误的结尾，而且不容原谅。演讲者试图用谦虚的话"谢谢诸位"来掩饰自己的无力感。这足以显示你是一个不折不扣的新手。既然要讲的都已经讲完，就不必说什么"我讲完了"等等废话，你应该就此结束，回到自己的座位上。请你记住一定要这样做，因为听众有足够的判断力来明白你是否已经讲完，给他们留一点回味的空间吧！

还有一些演讲者，把要说的都说完了，却不知怎么结束。乔斯·彼灵斯曾说抓牛的时候，不要抓牛角，而是抓牛尾巴，这才比较容易抓到。这一类演讲者却是从牛头前面去抓，现在，他想要和牛分开，跳到树上或者围墙上去，可是他用尽了一切气力，还是不能摆脱这头牛。他只能留在原地转来转去，不得不把自己说过的意思再重复一遍又一遍，听众一定会非常失望。

怎样改变这种状况呢？要预先设计好你的结尾。当你面对听众紧张地演讲时，脑海中一边要专注于你正在讲的内容，一边还要不断琢磨怎样结束，这是多么愚蠢的做法！聪明理智的你，当然是要在演讲前就预先想好结束之语。

就连那些极负盛名的演讲家，如韦伯斯特、布赖特、格雷斯东也一致认为：应该把结束语预先写好，并将之背记下来。

一位演讲新手可以参照他们的做法，这毕竟是前人成功的经验。先想清楚自己结束时打算说些什么，然后将此反复练习念诵，可以不必一字一句都不相差，但是必须能明确表达你的思想。

要是你做的是即席演讲，那可能要临时改变一些演讲内容，以配合现场的气氛和听众的感受。那么预先考虑好两三种结束语，以备选用，则不失为聪明之举。

还有一些演讲者似乎永远讲不完。他们的演讲散漫无边，乱无头绪，就好像汽油快耗完时，汽车的引擎砰砰响个不停，还会不断熄火，几经挣扎之后，汽车就此抛锚，不能向前冲了。这一类的演讲者需要给自己的油箱多加些油——多做些准备，事前多做练习。

有一些演讲者很突然就结束了演讲，没有任何铺垫和示意。他们戛然而止，严格地评价，这算不上是结尾，只是一次紧急停车而已。这既显示了演讲者实在是演讲的门外汉，也会令听众觉得很不舒服。就好像正在进行社交活动时，谈话的对方突然沉默下来，未作任何解释，转身就匆匆跑了出去。

演讲者的典范人物林肯也曾经出过这样的差错，那是他第一次就职演说的演讲稿。那时，美国的形势危机四伏，几个星期后，美国就爆发了激烈的内战。

林肯最初的结尾是这样对南部人民说的："诸位激动的同胞，内战的大权并不由我掌控，而是完全控制在你们手中。政府不会责怪你们，冲突来自你们的侵入。与政府对抗并不是你们的初衷，但对于我而言，尽一切能力维护政府却是我当初立下的誓言。你们可以放弃对政府采取行动，但我却不能放弃对它的责任。'要和平还是要战乱'，这是你们面临的选择，不是我所能决定的。"

当国务卿席化看到这份演讲稿时，直率地对林肯指出，这段结束语过于激烈、直接。席化还对此作出了两种不同的修改，林肯认可了其中一种，并且做了改动，以代替原稿的最后三句话，用温和友好替代了原本强烈的刺激感，而且充满诗意和辩才："我痛恨这些冲突！我们是朋友，绝不是敌人，我们之间永远不要成为敌对的关系。激动的情绪会让局势变得紧张，但不要影响我们彼此的友情。合众国呼吁团结友好的声音，应从每一次爱国战争及为国捐躯的勇士们的墓地一直延伸到这片广袤土地的每一颗跳动的心和每一户家庭。那时，我们会，也一定会，以我们最真诚的心来对待我们的祖国。"

一位演讲新手怎样才会对结束语有正确的认识，必须依照什么条条框框吗？并非如此，这好似一种极其微妙的感觉，或者说是一种直觉。你只有通过感觉才会知道怎样结束演讲。

好在，感觉和经验都可以想办法获取，最直接的途径就是研究著名演讲家的结束语。下面就是威尔士亲王当年在多伦多帝国俱乐部演讲时的结束语：

"诸位，我想自己有点失控，现在已经谈得太多了。但我还是想对诸位说，我在加拿大发表演讲以来，你们是人数最多的听众。我想让你们知道，我对于自己地位的认识，以及随地位而来的责任，并向诸位保证，我会永远遵守我的职责，并努力不令诸位对我失去信心。"

谁都能意识到这就是结束语，哪怕一位"失明"听众也会非常确定。它既不是乱糟糟未经打理的草绳，也不是随风飘动的线头，它已经打理完毕，收拾整齐，就应该到此结束。

如果我们摘选的精彩结束语中，竟然没有林肯第二次就职演说的结尾部分，那必然是我们极大的疏漏。前牛津大学校长库桑伯爵夸赞林肯的这段结束语"是人类无价的珍宝和荣誉……是人类演说史上最纯粹的黄金……最神圣的口才"。

这是一段如钢琴曲般优美、庄严的结束语："我们满心欢喜地盼望着，我们一心一意向上帝祈祷，这场战乱导致的毁灭影响将慢慢成为过去。如果这场战争将250年来那些奴隶们创造的财富完全消耗，每一滴被皮鞭抽打流出的鲜血都要被刀剑刺伤流出的鲜血来赔偿，如果

这真的是上帝的旨意，那我们也要喊出3000年来毫不动摇的一句话：‘上帝的裁决是公正的！’

“对任何人都心怀善念，对所有人不耿耿于怀，我们坚守正义之门。上帝会指引我们，让我们坚持完成我们不容置疑的事业：为国家治疗伤痛，让那些为国家献出生命的战士们安息，照顾他们的妻儿老小——尽到我们的一切责任。为了我们之间永远公正的和平，并且将之推行到全世界的每个国家。”

卡尔·史兹写道：“这就像是一首诗，从没有一位美国总统向美国人民说出这样的言语，也从未有一位总统能在信中发出这样的动人的感慨。”

当然，你不会在华盛顿、渥太华或者堪培拉发表总统的就职演讲。你所面对的问题，是怎样在听众面前简单的结束一次演讲。我们一起来探讨，看能否总结出一些较好的方法，对你有所帮助。

（1）把你的观点作个总结

大多数演讲者在无意中会将话题扯得很远很远，即使只有5分钟的演讲时间，他们也经常如此，带着听众在广泛的话题里游来荡去，直到该结束的时候，听众还没搞明白究竟什么是他的主要观点。其中一部分演讲者虽然注意到这一点，但他们想当然地认为：既然这些观点在自己的脑海里如水晶般透彻明亮，那听众必然也和自己一样清楚。可事实上，演讲者早对自己的观点深思熟虑过很久，听众却是头一回听到他的观点，是完全新鲜而陌生的。这就好像你扔了一大把玻璃弹珠给听众，有一些被听众接住了，大部分却都散落在地上。听众感觉“听了好多故事，但不知说的什么意思”。

一位芝加哥铁路公司交通部的经理作过一次很不错的总结：“诸位，简单地说吧，我们在自家院子后面多次试行这套信号系统，也在东部、西部、北部经过了长期试用。以上可靠的经验证明——它操作便捷，正确无误，可以有效地防止撞车事件的发生，每一年都会让我们公司节约大笔资金。因此，我急切而诚挚地希望：我们南方分公司也立即使用这套系统。”

你是否看出了这段结束语的精妙之处？你完全不必听到他全部的演讲，就已经知道他说了些什么，最后几句总结就已经包含了他整个演讲的重要内容。

如果你觉得这种结论似的结尾对你很有帮助，那不妨也试着运用这个方法。

（2）请求行动

上文的例子，就是结尾时“请求行动”的最好的一个说明。演讲者所请求的行动，就是安装一套信号系统。

在你的演讲是以说服为目标时，最后的结束语也就是你请求行动的时候。说出你的请求吧！是让听众募捐、参加选举、发信件、打电话、购买或者抵制，还是参军、调查、无罪赦免，还是其他你希望他们去做的事情。但请你注意，要遵循下面几项原则：

明确指出请求他们做的事情。不要只笼统地对听众说：“请给红十字会捐钱。”而要明确地说：“请今晚就寄出一美元，地址是史密斯大街125号美国红十字会。”

你所请求的是听众力所能及的事情。如果你说：“让我们一起给‘酗酒者’投反对票。”这是不现实的事情，因为现在并没有针对“酗酒者”的投票活动。但你可以请他们捐助酗酒者开办的治疗组织，或是参加戒酒集会。

要让请求变得简单易行。当你说：“请给参议员写信反对这项提案。”估计百分之九十九的听众都不会有兴趣，或是觉得太麻烦，也可能回家就忘了。你可以自己先写好一封给参议员的信：“我们大家联名请求您，为第74321号提案投反对票。”在现场将信和

签字笔递给听众，请他们轻松地签下他们的大名，最后你必然会得到许多人的签名——就不要对拿回那支笔抱有幻想了。

（3）真诚的赞颂

“伟大的宾夕法尼亚州是引导新时代飞速发展的先驱者，这里是大型钢铁生产基地，这里诞生了世界上最大的铁路公司，是美国第三大农业中心——也是美国的商业中心，宾州的发展前景不可估量，作为引领者，宾州的前程一片光明。”

这是史兹韦伯在纽约宾州协会演讲时的结束语，它令全场听众心情愉快而激动。这种结束方式效果非常好，但必须注意的是，演讲者不能抱着谄媚之心，更不可言过其辞。如果不能充分表现出你的真诚，只会被人视作虚伪，就像是一枚假币，任何人都不想要。

（4）在快乐的笑声中结束

乔治·克翰曾说：“要让他们微笑着听你说再见。”也许你具备这样的能力，也作了这方面的准备，那你是否清楚怎样才能做到呢？借用哈姆雷特的话：这是一个问题。每个人的表现方式都与众不同。

洛伊德·乔治在一次宗教集会上，对教众谈到著名传教士维斯利墓地的维护。这是个很严肃的题目，应该不会有什么幽默之处，可洛伊德·乔治不但谈出了幽默，而且大获成功。请你留意他的结束语多么干净流畅：

“看到诸位已经开始整修他的墓地，我感到非常高兴，这个墓地理应受到重视。他生前最不喜欢一切不洁净或脏乱的事物，他曾经说过：‘不要让人看到教徒中有一位衣衫不整者。’正是因为他的教导，所以你们永远不会看到这样一位教徒。（笑声）要是我们对他的墓地不闻不

问，任由那里杂草丛生，凌乱不堪，那就是对他最大的不敬。诸位都知道，当他来到德比夏郡时，有一位年轻女士跑来迎接他，并且说道：'上帝祝福你，尊敬的维斯利先生。'他回答说：'女士，你的脸和你的围裙要是能再干净一些，我想你的祝福会更有价值。'（大笑声）我们都了解他对不干净的看法，就请不要让他的墓地变得不干净。若是有一天，他无意中从此地路过，那样的情形会令他多么伤感。你们应该精心地照管这处墓地，这是一处神圣的纪念之所，也是你们可以寄托信仰的地方。（欢呼声和掌声）"

（5）引用名句作结尾

听众最喜欢的结束语有两种，一是幽默话，另外就是引用诗句。要是你能找到符合你演讲主题的诗句、名言作为结束语，基本上就可以称作是完美的结尾。它能展现你别样的风格，引领全场的气氛，并且令听众的感觉更为美好。

哈利·莱德爵士是世界扶轮社社长，他在美国扶轮社代表团爱丁堡年会上发表的演讲，就运用了这样的结束方式：

"诸位回美国之后，你们中间会有人给我张明信片。我也会给你们大家都寄一张，包括那些没给我寄的朋友。你们一眼就能分辨出哪张是我寄去的，因为我没在上面贴邮票。（笑声）不过，我会写下这样一段话送给你：

春季过去夏天来临，秋日之后是寒冷冬季，

一切事物由盛到衰走完轮回，

只有一件事却永远像晨露那么新鲜，

那就是我对你永远的关心和牵念。"

用这几句诗作为结束语，非常符合哈利·莱德的气质和他演讲时的风格。要是换作一位严谨而古板的扶轮社成员，在一次严肃的演讲结束时念出这几句诗来，那就不止令听众惊诧，也会觉得难以接受。

我研究演讲已有多年，已经深深地认识到：基本上，没有一条演讲规则是适用于任何演讲场合的。因为演讲的主题、时间、地点、演讲者本人，这些都大不相同，必须施以相应的演讲规则。圣保罗曾说：

“每个人必须自发地努力，才能拯救自我。”

(6) 引用《圣经》里的话

在你讲述自己的观点时，如果可以引用《圣经》里的一句话来做辅佐，那效果会出奇的好。

(7) 至顶峰处戛然而止

这种方式虽然比较常用，但也很难把握好尺度。对于演讲者和演讲主题来说，这也不能算是正式的结束语。它是随着一句一句向上提升的发展，语感和力度都越发强烈，直至达到演讲高潮。我们前面在第二章第一节举出的关于费城的演讲就充分体现了这种方式。

林肯在关于尼亚加拉大瀑布的演讲中，也运用了这种结束法，同时，你也会注意到，他所用的比喻，一个比一个更具有激情，他把自己所处的时代和哥伦布、耶稣、摩西、亚当的时代相比较，产生了十分强烈的震撼效应：

“这让我们想起久远的过去，当哥伦布首次发现我们这块大陆——当耶稣还被钉在十字架上——当摩西带领以色列人穿越红海——就连神奇的上帝创造出亚当的那一刻；在那些时刻，尼亚加拉瀑布就已经像现在这样奔流不息，发出巨大的吼声。早已不见踪影只留下硕大头骨的在印第安人的土堆上的巨人族，他们当年也和我们今人一样，远望着尼亚加拉瀑布。尼亚加拉瀑布的历史可以追溯到人类的远祖时代，却远远早过第一个人类的出现。直至今天，它还依然像1万年前那样势不可挡，威力无穷。那些只能用化石碎片证明它们曾经在地球上生活过的史前巨象们，也曾经来到尼亚加拉瀑布前——多么漫长的时间，尼亚加拉瀑布从未停息过一秒钟，不曾结过冰，不曾干涸过，不曾闭上眼睛，也不曾休憩过。”

要经过不断地寻找、研究、练习，最终才能得到一段精彩的开场白或结束语，接下来，你要把它们完美地结合起来，使首尾呼应。还要学会精简演讲内容，令演讲更符合现代人的需求，不然，只会招致听众的不耐烦甚至反感。

塔瑟斯城的扫罗也曾犯下这样的错误。有一次，他啰里啰唆地讲

说教义，耗时太久，以至于有许多听众都昏昏欲睡。其中有一个名叫尤泰铢斯的年轻人，不仅真的睡着了，还因此一下从坐着的窗台上栽了下去，把脖子摔断了。我见过一位医生在布鲁克林大学俱乐部发表演讲，在他之前，已经有许多人都上台演讲过了，时间已经过去了很久，轮到他时，已经是凌晨一点钟了。要是他灵活而善解人意，就该简短地说上几句话，好让我们快点回家睡大觉去。可是他没有这样做，反而整整讲了45分钟，这漫长演讲的主题居然是大力反对活体解剖。在他还没讲到一半的时候，听众们就已经坐立不安，恐怕很多人都默默希望，让他像尤泰铢斯那样从窗台上摔下来，也摔断某个部位，哪里都可以，只要能让他在此刻闭上嘴巴。

鲁里博担任过《星期六晚邮》的编辑，他告诉我，当连续刊登的一组文章达到最受读者欢迎的程度时，他就会马上停止这个系列。读者会提出抗议，要求再多刊登几期。为什么要在这个时候停发呢？鲁里博解释说："因为，每当达到最受读者欢迎的高峰时刻，也就在此时获得了最大的满足感。"

这是同样适用于演讲的聪明做法，当你的演讲到达高潮，而听众热切地想听你继续说下去时，请你就此打住吧！

林肯的盖兹堡演讲极为简短，总共只有10个句子。你通读一遍《圣经·创世纪》中上帝创造世界的故事的时间，还比不上你读报纸上面一篇谋杀案的报道用的时间长。

据说，在非洲一个原始部落里，有这样一条规定：演讲者只能用金鸡独立的姿势站立，等到他坚持不住放下举起的那只脚时，他的演讲也就必须结束了。

通常，听众都比

较有涵养，善于控制自己的情绪，但请你记住：事实上，所有的听众都讨厌没完没了的演讲。

重要的是考虑和关注听众对演讲的反应。

我相信你一定会重视这个问题。

要以听众的感受为出发点进行演讲。

第3节　将学到的技巧融入你的生活

洛克菲勒说过："保持耐心和求索精神，终将获得成就，这是商业成功的第一要则。"成功地学习演讲或高效谈话的要则也是如此。马上行动起来，运用我们所说的要则和技巧，踏上通往成功的道路。

每当培训课程要结束的时候，我总是高兴地听到学员们总结说，怎样将我们传授的技巧运用在生活的各方面。推销人员说自己的业绩逐步提高，经理们也表示业务方面大有帮助，管理者认为自己的管理和控制能力都增强了。

观点如何阐述，怎样正确的说话演讲，保持真诚和热情的态度，这些都是令你的演讲达到最终目标的重要因素。以上诸要点，我们都已经在本书作了详细的介绍，希望你能学习、练习并灵活地运用到自己的日常生活中去。

或许你这会儿正在计划从何时开始运用这些技巧，听到我的答案请你不必惊讶，因为我要说：立刻开始。

我想，你已经明白，即使自己不会去公开演讲，但这些技巧运用在生活中可以令你受益。那么，你马上会明白我的意思，我所说的立刻就是指你下次说话的任何场合。

如果你将自己每天所说的话回想一下，好好分析，你就会发现，自己平时说话和我们在书里谈论的内容，其性质竟然有如此多的相同之处。你会对此大为吃惊吗？

在第三章的第一节里，我们讲过，演讲的四种目的：说服或者激励人们做某事；对事件的解释、说明；加深人们的印象，增强信念；

调整人们的情绪，娱乐大众。在对大众做演讲时，我们不论是演讲题材还是演讲态度，都要目标明确。但在日常生活中，这些目的变化不定，也可能同时并存。这会儿我们还在和朋友神侃，过一会儿可能就要极力推销某样东西，或是教导孩子应当把结余的零花钱存进银行里。在日常生活中运用本书的技巧，会让我们表达观点更加明确、有力度，能有效地说服或者激励他人，从而达成我们的目标。

●运用特别的细节

在第二章的第一部分，我们曾经探讨过如何在演讲中运用细节，其实，细节在我们的日常生活中也同样重要。在脑海里搜索一下你所熟悉的特别擅长讲话的人，他们是不是也习惯于使用一些具有强烈画面感的语言？他们说话的时候，是不是也有许多生动活泼戏剧化的情节？

首先你要对自己有信心，然后开始学习说话的各种技巧。我们所列出的要则会对你有很大帮助，让你勇气倍增，敢于和别人说话交流，并且在一些半公开的场合主动说出自己的想法。当你逐渐变得积极，喜欢将自己内心的想法讲述出来时，你会回味自己的人生体验，将其作为谈话的中心思想。令你惊喜的变化就这样发生了——你开拓了眼界，你建立了自信，你发现了自己生命更深层的含义。

我们中间大部分人都不是教师，可是我们每天都需要对别人讲话，像教育孩子、告诉邻居怎样修剪玫瑰花枝，旅游时和别的游客评论景点、路线。我们会发现我们随时都有可能说话，这时就需要理智的头脑、清晰的思考，再通过语言明确表达出来。这些时候，都可以运用到第三章第二部分中所谈到的要则。

●将谈话的技巧运用到工作当中

在工作中，我们也无时无刻不需要沟通。不论你是销售员、经理、营业员、组织领导人、牧师、医生、护士、教师、律师、会计师还是工程师等，都需要将所处专业范畴的知识解释给他人，并予以指导。而上司拿来衡量我们是否有能力的标准之一，就是我们能否做出清楚、明确的解说。多做以“说明、解释”为目标的演讲练习，可以锻炼你的灵敏度和反应能力，这些技巧并不局限于演讲，还可以运用于我们每个人每一天的生活之中。

●主动在人前说话

你应该主动找寻可以当众说话的机会，比如参加一个俱乐部，做一名积极活跃的会员，每当有活动时，不要躲在一边作壁上观，而是参与活动或是协助工作。这或许就需要不停地和别人打交道，提出要求或者沟通想法。如果当活动的主持人，你可能就有机会接触邀请的嘉宾，也许就要准备在活动中说一番介绍辞呢。

就从现在开始，参照我们所提出的建议，多做20分钟到30分钟的演讲练习。让俱乐部里的伙伴们知道你想要演讲。一些志愿者基金会会找志愿者为他们做宣传工作，而且他们也会传授你一些演讲的技巧，这也会对你有一定的帮助。有不少著名的演讲家就是这样磨炼出来的，还有一些取得了惊人的成绩。

●坚持不懈

不论我们学习任何新事物，法语、高尔夫球或者是说话的技巧，都不会一帆风顺地进步下去，总是有些起伏，就像波浪一样，不太稳定，可能会在一段时间内停滞不前，甚至有些下滑，甚至把已经掌握的东西也忘得一干二净。心理学家对于这种停滞或衰退的现象早有说法，称之为“学习曲线上的高原区”。有些培训班的学员，会在所谓的高原区一待就好几个星期，不管怎样使劲努力，还是不能向前进。一些意志不坚定的人就此放弃了，顽强的人却坚持下来。令他们惊奇的是，不过转眼之间，找不到任何原因，他们可以前进了，而且速度惊人，就如同飞机一下腾空飞起，自己在演讲时变得自然、有张力，且信心十足。

我们曾经说过，一开始面对听众时，你难免会紧张甚至害怕，就连公开演出无数次的大师们都不能完全摆脱这样的情绪。帕德烈夫斯基每次坐到钢琴前，都会下意识地摆弄袖扣，等他把双手放到琴键上开始演奏时，他的紧张和不安就犹如夏天灿灿阳光中消散的迷雾，再也看不到一丝痕迹。

你可以从中得到启迪，如果你坚持不懈，很快也就会抛开一切不安和紧张。起初开始演讲的恐惧心理也就留在了初期，当说完开场的几句话后，你的自信和勇气就会催促你轻松而愉快地讲下去。

林肯曾经写信回复一位想要当律师的青年人，信中写道："要是你决定做律师的想法已经不可动摇，那你现在已经成功了一大半……请你永远记住，你所下定决心要做的事情，比任何其他事情都更重要。"

林肯一生所接受的正规教育，加在一起不过一年时间。他曾经步行50英里地去借一本书，他住在四面漏风的木屋里，天一亮，他马上就拿出书来看。到了夜晚，他还借着火光读书。他为了听一场演讲，经常会走上二三十英里地。他平时自己有空就练习演讲，在麦田间、树林中，在人来人往的杂货店门口……

正因为亲身体验过坚持不懈的奋斗历程，所以林肯才会说："要是你决定做律师的想法已经不可动摇，那你现在已经成功了一大半。"

当他竞选参议员时，曾经败给道格拉斯，但他还是自信坚定地对自己的拥护者说，不可"因一次挫折或者百次挫折而宣告放弃。"

●对未来充满期待

请你在心底牢记威廉·詹姆士教授的这段话："不论分界线止于何处，年轻人都不必为自己所受的教育而烦恼。他只需在每天的工作时间，充实而忙碌的度过自己每一小时，就可以掌握自己最终的成就。他期待着在某一天清晨充满自信的醒来，发现自己已经成为自己所追求的事业中的强者。"

那我是不是可以这样说：只要你坚持努力练习，你就可以充满自信地期望，在某一个美妙的早晨醒来，你发现自己已经成为本地区最杰出的演讲家之一。

这话听起来或许有些虚无缥缈，但却是完全可以实现的理论。如果一个人自卑、封闭，脑子里没有半点可供讲说的东西，那他必然不可能成为第二位韦伯斯特，这样的人属于特例。

我曾观察过上千人，他们都想要获得自信，敢于在人前说话。在成功人士中，只有极少一部分是天赋英才，大部分人都是在小地方也可见到的平常人，可是他们贵在坚持，一些有天分的人，会因没有毅力而放弃，或是利欲熏心，而沦为毫无建树的平庸之人。反倒是一些平常人，充满自信，决不放弃，始终向前方努力，终于建功立业，成就大作为。

你在演讲中也是如此，当你预先考虑演讲时，先给自己定下用怎样的态度去面对听众，这会对你的成功与否造成最直接的影响。当你对演讲的成功充满自信时，就会努力去做成功所需要做的任何事情。

在南北战争期间，海军上将都彭率领的舰队没能进入查尔斯港，他罗列了一大堆理由来为自己辩解。法拉可上将耐心地听完他的解释，然后问道："有一个理由你始终没有说到。""什么理由？"都彭问。法拉可回答说："你不相信自己可以做得到。"

培训班的学员们，学到的最宝贵的一课，就是增强自信心，也就是对自己能力多一分肯定。无论何种行业，没有什么比一个人想要获取成功的决心更为重要。

爱默生曾说："没有热诚之心，不会成为伟大人物。"这句话指明了成功的必经之路。

请将你的热诚投入高效说话的学习中来，以往的障碍将会一一消失不见，这是需要集中全部的精力和能量的自我挑战。记住你的目标是和同为人类的他人沟通、交流。想想自己掌握这种高效说话的能力，会带来的喜悦和胜利之情。而且，你也会发觉，自己各方面的能力也随之有了突飞猛进的进步，因为在学习中，你所建立的自信心适用于生活的方方面面以及各个行业。

在发给《戴尔·卡耐基培训课程》老师的教学手册上写着："当学员发现自己可以引起听众的关注，受到老师的真心的表扬，全班同学热烈的掌声——此时，他们已经满怀信心和勇气，他们从容镇定，内心深处积累着蓬勃的能量。这对他们而言，是一个全新的开始，他们开始把自己当初不敢梦想的事情变为现实，他们成为自己行业中的佼佼者，各种活动的积极分子，直至成为极具号召力的领袖人物。"

附录：增强记忆的天然法则

著名的心理学教授卡尔·希休曾说："因为人们没有掌握正确的记忆法则，因此大部分人只使用了人类实际记忆能力的百分之十，另外百分之九十都被荒废了。"假如你也是大部分人中的一员，你一定正被社交和事业上的难题所困扰。依照附录进行有趣的练习，你会大获裨益。附录中介绍了记忆的自然法则，并详尽说明你应该怎样将其运用到社交、事业以及演讲当中。

可以令人类增强记忆的天然法则并不繁琐，可简单地划分为三部分：加深印象、不断重复、善于联想。无论何种记忆方式都是以此为基础演变而来。

（1）一棵樱桃树

爱迪生的电灯工厂曾经同时聘请了27位助理工程师，他们每天都要从工厂去往实验室，唯一的路线就是穿过新泽西州的门罗公园。在他们连续走了6个月之后，爱迪生问他们是否注意到路旁有一棵樱桃树，竟然没有一个人给予肯定的答复。

爱迪生对此感慨万千："他们肉眼所看到的东西，只有不到千分之一引起了他们的注意。这真是令我难以置信，人们的观察能力竟然如此稀缺。"

（2）大声朗读的林肯

因为家境贫寒，林肯幼年时在一所乡村学校读书。教室的窗户没有玻璃，是用作业本的纸张糊上的，木地板也破烂不堪。全班只有一本课本。上课时，老师拿着课本领读，学生们跟着大声念。每天读书声都不断，附近的住户因此把学校称作“大嗓门学校”。

林肯在这所学校养成了一个伴随终生的习惯：他总是把自己想要记住的东西，大声朗读数遍。

林肯形容自己的好记性：“就像一块钢板那样——在上面刻字非常难，可是一经刻上，就再也抹不去了。”他就是通过双重接触的方法来达到这样的效果；你也可以这样去做。

还有更胜一筹的方法，你不仅要听要看你所记忆的事物，还要去摸、去闻，甚至品尝它的味道。

因为人类的视觉感应较强，所以最重要的还是要看，通过眼睛留存的印象可以保持相当长的时间。你或许记不住一个人的名字，但你通常能记住他的长相。眼睛和大脑的神经连接是耳朵的25倍。中国人不是有句俗语，叫做：百闻不如一见，说的就是这个道理。

把你想要记住的人名、号码、演讲大意写下来，先通读几遍。然后闭上眼睛，在脑海中像电影一样回放，每一个词都会清晰地闪现出来。

记忆法则之二：不断重复

(1) 背诵和《圣经·新约》字数相仿的书

开罗的埃尔法大学是世界上最大的学校之一。每年约有21000名学生在这所回教大学学习。这所大学的入学面试非常特别，要求学生背诵《可兰经》。《可兰经》的长度大致和《圣经·新约》一样，要完全背诵一遍需要三天的时间。

只要你不断地重复，就能够记住你所要记住的一切。经常反复念诵、接触、运用它们，在你谈话时主动提起它们，如果你想记住一个人的名字，那就喊出他的名字。在聊天时提及你想要在演讲中说的事情。

(2) 正确的方法

我们要注意适当正确的方法，不能死记硬背，要懂得灵活地运用，结合一定的思考来做不断地重复。比如说，艾宾浩斯教授让学生背诵诸如“deyux”、“goli”等许多没有意思的词，当学生每天背诵达38遍以上，3天之后，居然可以把全部字词记住。要是连续读上68遍，那当时就可以全都背下来。另外的一些心理试验，也得出了同样的结论。

这说明，一个人不停地重复一件事，直到把这件事牢牢记住，他所花费的时间恰好是分阶段进行重复记忆的两倍，而记忆效果是相同的，这是对记忆能力研究的重要发现。

记忆法则之三：善于联想

(1) 好记性怎么来

我们已经谈完了前两项记忆法则，第三项——联想对于记忆力而言，是最不可缺少的重要一环，我们甚至可以说，联想等同于记忆。

詹姆士教授明确指出："可以将我们的大脑看做是一台具有联想功能的仪器。如果在片刻沉默之后，我突然命令你：'记下来！'你大概无法接受这个讯号，也不可能联想到过去某一时刻相似的情形。你反而会迷惑地问道：'把什么记下来？'如果加上相应的指示，比如我问你：'你的生日？早餐你吃的什么？音符的排列顺序？'那你的记忆会自动开始搜索，找到我问题的答案。而且这些提示具有很强的联想性，如果你现在好好想一想，就会发觉，每一个提示问题都把你的回忆引向具体的某个方向。'生日'会让你立刻联想到特别的年、月、日；'吃早餐'会让你暂时忘记别的记忆，而集中在与吃相关的'咖啡'、'熏肉'、'鸡蛋'等记忆上面。'音符'则直接指引你来到'do、re、mi、fa、sol、la、si、do'的记忆库中。联想的能力不受感情的左右，却能够影响我们的全部思想。每一样新事物被储存进你的记忆库后，都会和原有的某项事物挂上钩。无论你所看到、听到还是想到的，都无一例外……记忆需要有规划地连接，而至关重要的两点特质，一是长期的连接，二是具体的数字。好的记性也就意味着你想要记住的每项事物都具有稳定和长久的连接。假设有两个人经历完全相同，其中把经验回想得最多，并把它们密切关联的那个人，必定是记性最好的一个。"

（2）怎样联想

我们要怎样做，才能把各种事实密切关联在一起呢？简单地说，就是认真思考它们的含义。如果你完全想清楚了与新事实相关的下述问题，那就能够毫不费力地把它和原有事实关联在一起。

①这是为什么？

②是什么原因导致的？

③从何时开始的？

④在何地发生的？

⑤是什么人告诉的？

你一定有这方面的体会，已经见过某个人两三次了，你记得他是做什么工作的，却始终记不住他的姓名。想要增强对姓名的记忆能力，可以用一句特别的话将一个人的姓名和职业包括进去，产生联想后，记性就会大有进步。在费城的潘斯运动员俱乐部，有20位原本陌生的人参加了一次记忆能力培训。首先每个人都站起来说出自己的姓名和职业，然后用一句话将两者串联在一起。只用了几分钟的时间，每个人都记住了另外19位的姓名。后来，他们又多次在一起上课，彼此都没有忘记对方的姓名和职业，因为两者已紧密连接在一起，深深印在了每个人的脑海里。

(3) 时间记忆的方法

要把某件事的具体时间牢牢记住，最好的方法就是和已经存在于记忆里的时间相联系。比如说，让一个美国人直接记住1869年是苏伊士运河开航的时间，不如告诉他，美国内战结束4年以后，苏伊士运河才开通航线，这样一样，他就能很轻松地记住这个时间。或者要求一个美国人记住澳洲于1788年设立第一个农垦区，就好像一颗松动的螺丝钉从汽车上脱落一样，他要不了一会儿就把这个时间数字抛在脑后。如果换一种方法，让他联想到1776年，那他可能会记得在美国独立宣言发表12年后，澳洲建立了第一个农垦区，这样一联想，就好像把螺钉和螺帽紧紧地拧在一起，很难忘掉了。

(4) 把要点记清楚

通常人们用两种方式思考，一种是“由外界刺激”引发，另一种就是和原本已知的事物产生关联。我们在演讲时，也常会用到这两种方式：第一种，依靠外界的刺激，比如讲稿、纸条等，可以提示你演讲的段落大意。可是，很明显，听众对握着纸条的演讲者不是很感兴趣。第二种，你可以事先按照合理的顺序，把演讲的要点和你记忆中的某些事情联想在一起。从第一点可以自然地转换到第二点，然后是第三点，就如同打开一扇房门，走向相通的另一个房间。

(5) 针对性地增强记忆力

前面已经谈过了关于印象、重复以及联想的有效方法。但就像詹姆士所说：“我们只能通过对特殊事物的联想来增强记忆，平常性的记忆能力是不能得到增强的。”记忆能力始终取决于联想的能力。

如果我们每天背诵一段莎士比亚的名言，可以帮助我们在文学方面的记忆能力，每一段新的名言都可以在我们的记忆库中找到可以联想的同伴。可从另一角度来说，即使我们把莎翁全集都背记住，不论是阿姆雷特，还是罗密欧，都很难帮助我们回想起棉花行业或是钢铁工业的任何资料。

我还要重申的是，只要我们结合使用附录中的记忆法则，将会极大改善我们的记忆，增强记忆效率和能力。如果你完全弃这些法则于不顾，那纵然你能记住和棒球相关的成千上万条资料，也对我们想要记忆的股票行情，毫无用处。没有联想的桥梁，它们永远互不相干。“将我们的大脑看做是一台具有联想功能的仪器。”